大数据专业新工科人才培养系列规划教材

# 大数据导论

上海德拓信息技术股份有限公司　编著

西安电子科技大学出版社

## 内 容 简 介

本书作为大数据基础教材，包括七章内容。前面五章系统、全面地介绍了关于大数据技术及应用的基本知识和技能，后面两章是大数据平台的具体应用和案例实战。第 1 章主要介绍大数据相关概念及基础知识；第 2 章介绍大数据与人工智能的关系，以及大数据在人工智能中的典型应用；第 3 章阐述大数据开发各环节典型技术，使读者能够对大数据系统开发流程及关键技术建立一个相对系统的认知；第 4 章较系统地介绍了大数据开发系列平台，并讲解了依托平台的完整大数据应用开发过程；第 5 章详细分析了几个典型大数据应用案例的实现过程；第 6 章和第 7 章是结合前五章内容的具体实验，其中第 6 章介绍了 Noah 大数据基础引擎管理平台、Dana Studio 数智开发平台及 PandaBI 数智决策平台的操作应用，第 7 章详细讲解了基于 Dana Studio 和 PandaBI 实现政务舆情分析大数据应用的实验过程。

本书遵循理实一体的内容组织原则。理论部分通过大量案例加以演示说明，力求降低读者的阅读门槛；实验部分围绕真实应用案例展开，让读者能够对大数据应用开发建立系统的认知。

本书是大数据相关专业的基础通识教材，可作为高职高专及应用型本科院校计算机类和电子信息类相关专业的专业教材，也可作为其他专业的参考教材，同时也是大数据技术人员的参考读物。

**图书在版编目(CIP)数据**

**大数据导论** / 上海德拓信息技术股份有限公司编著. —西安：西安电子科技大学出版社，2020.5
ISBN 978–7–5606–5600–7

Ⅰ. ① 大…　Ⅱ. ① 上…　Ⅲ. ① 数据处理　Ⅳ. ① TP274

中国版本图书馆 CIP 数据核字(2020)第 021796 号

策划编辑　戚文艳
责任编辑　郭　魁　雷鸿俊
出版发行　西安电子科技大学出版社(西安市太白南路 2 号)
电　　话　(029)88242885　88201467　　邮　　编　710071
网　　址　www.xduph.com　　电子邮箱　xdupfxb001@163.com
经　　销　新华书店
印刷单位　陕西天意印务有限责任公司
版　　次　2020 年 5 月第 1 版　　2020 年 5 月第 1 次印刷
开　　本　787 毫米×1092 毫米　1/16　印　张　11.5
字　　数　263 千字
印　　数　1～3000 册
定　　价　28.00 元
ISBN 978-7-5606-5600-7 / TP

**XDUP 5902001-1**

***如有印装问题可调换***

# 序

人类文明的进步总是以科技的突破性成就为标志。19世纪，蒸汽机引领世界；20世纪，石油和电力扮演主角；21世纪，人类进入了大数据时代，数据已然成为当今世界的基础性战略资源。

随着移动网络、云计算、物联网等新兴技术迅猛发展，全球数据呈爆炸式增长，影响深远的大数据时代已经开启大幕，大数据正在不知不觉改变着人们的生活和思维方式。从某种意义上说，谁能下好大数据这盘棋，谁就能在未来的竞争中占据优势并掌握主动。大数据竞争的核心是高素质大数据人才的竞争，大数据所具有的规模性、多样性、流动性和高价值等特征决定了大数据人才必须是复合型人才，需要具备超强的综合能力。

国务院2015年8月发布《关于印发促进大数据发展行动纲要的通知》，明确鼓励高校设立数据科学和数据工程相关专业，重点培养专业化数据工程师等大数据专业人才。2016年，教育部先后设置“数据科学与大数据技术”本科专业和“大数据技术与应用”高职专业。近年来，许多高校纷纷设立了大数据专业，但其课程设置尚不完善，授课教材的选择也捉襟见肘。

由上海德拓信息技术股份有限公司联合多所高校共同开发的这套大数据系列教材，包含《大数据导论》《Python基础与大数据应用实战》《大数据采集技术与应用》《大数据存储技术与应用》《大数据计算分析技术与应用》及《大数据项目实战》6本教材，每本教材都配套有电子教案、教学PPT、实验指导书、教学视频、试题库等丰富的教学资源。每本教材既相互独立又与其他教材互相呼应，根据真实大数据应用项目开发的“采、存、析、视”等几个关键环节，对应相应的教材。教材重点讲授项目开发所需的专业知识和专业技能，同时通过真实项目(实战)培养读者利用大数据方法解决具体行业应用问题的能力。

本套丛书由浅入深地讲授了大数据专业理论、专业技能，包含了大数据专业基础课程、骨干核心课程和综合应用课程，是一套体系完整、理实结合、案例真实的大数据专业教材，非常适合作为应用型本科和高职高专学校大数据专业的教材。

上海德拓信息技术股份有限公司　董事长 谢赟

## 《大数据导论》编委会


主　编　孙　苗

副主编　兰晓红　张仁永　张振荣

编　委　王维玺　刘　慧　刘　星　张永儒　刘在云

　　　　李晓峰　王庆军　司冠男　李　奇　都昌胜

# 前　言

随着物联网、云计算和人工智能等新一代信息技术的迅猛发展，大数据以势不可挡的趋势向我们袭来，并影响和改变着人类的生活方式。当今，无处不在的移动终端、各类智能交互软件、监控传感器等每分每秒都在产生着大量的数据。与此同时，数据的价值也在不断凸显，如何更好地发现和利用海量数据产生的价值，成为大数据时代面临的重要课题。

从本质上来说，大数据代表了一种新型的能力。人们通过分析海量数据，可以从中获得巨大的价值。在当今大数据的时代，数据已经转型为一种新的经济资产，犹如在日常生活中所需要的货币和黄金。目前，大数据的竞争已经引领着全球商业展开一场新的变革。传统的数据处理技术已经不能满足对海量数据的处理需求，大数据处理技术如雨后春笋般涌现。

本书针对计算机、电子信息、信息管理等相关专业高职高专学生的发展需求，从初学者易于理解的角度，用通俗易懂的语言、简单明了的图表等将大数据基础知识如数家珍地呈现出来。

本书的主要特点如下：

(1) 语言精练易懂，图文并茂。本书采用通俗易懂的语言将晦涩的理论知识娓娓道来，通过搭配清晰明了的图片将知识更形象、更清楚地展现出来。

(2) 以平台为依托，结合案例分析。本书以一些主流的软件平台为依托，介绍具体知识的应用，案例设计力求典型、创新，案例分析详细具体、清楚到位。

(3) 理论与实践结合紧密，相辅相成。本书使用理论解决实际问题，对知识进一步扩展，做到理论不再抽象，实践不再盲目，让学生不仅能够理解理论知识，而且可以熟练地动手进行操作。

(4) 注重立体化教材建设。通过主教材、电子课件、电子教案、实训指导、配套视频和习题等教学资源的有机结合，提高教学服务水平，为高素质技能人才的培养创造良好条件。

由于大数据技术发展日新月异，加上编者水平有限，书中难免存在疏漏之处，恳请广大同行、专家及读者批评指正。

编　者

2020 年 1 月

# 目　录

# 第 1 章　大数据基础

## 学习目标

- 了解大数据的发展历史和价值
- 掌握大数据的概念
- 掌握大数据的特征
- 掌握大数据的类型
- 了解大数据的发展趋势

## 本章重点

- 大数据的概念
- 大数据的特征
- 大数据的类型

大数据已经成为老幼皆知的话题和研究人员关注的热点，各大媒体都充斥着大数据各个维度的报道，其范围涉及大数据的概念、技术、应用和展望等各个方面、各个层次。数据正在以前所未有的速度增长，大数据时代俨然已经到来。下面将带领读者共同探寻和学习大数据相关知识，揭开大数据的神秘面纱。

## 1.1 理解大数据

大数据的英文是 Big Data，即海量数据。那么数据达到多少可以称得上是大数据呢？在计算机出现之后，一般用 U 盘、硬盘存储数据，但可存储的数据量是有限的，通常都在 GB/TB 级别的存储容量范围之内；后来随着互联网、云存储等更先进的技术出现，数据的存储量大增，存储单位也升至 PB 级别，达到这个量级的数据就可以称其为大数据。这里简要介绍一下字节 B(byte)、千字节 KB(KiloByte)、兆字节 MB(MegaByte)、千兆字节 GB(GigaByte)、太兆字节 TB(TeraByte)的换算关系。

$$1\ \text{KB} = 2^{10}\ \text{B} = 1024\ \text{B}$$
$$1\ \text{MB} = 1024\ \text{KB}$$
$$1\ \text{GB} = 1024\ \text{MB}$$
$$1\ \text{TB} = 1024\ \text{GB}$$
$$1\ \text{PB} = 2^{10}\ \text{TB} = 1024\ \text{TB}$$

随着大数据的出现，大数据技术也得到了快速发展，主要经历了以下四个阶段，如图 1-1 所示。

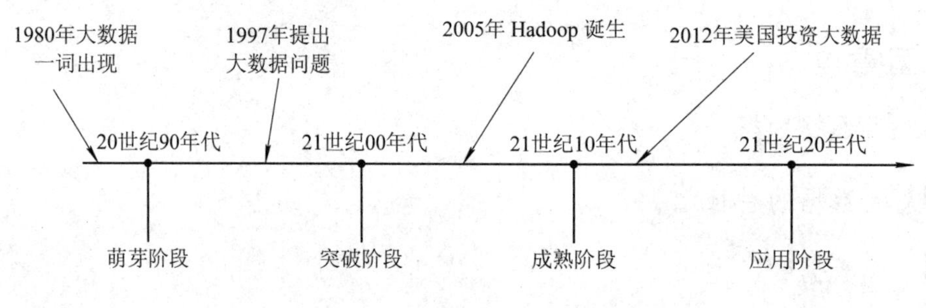


图 1-1 大数据几个发展阶段

(1) 萌芽阶段：20 世纪 90 年代到 21 世纪初是大数据的萌芽期。“大数据”一词最早出现在 1980 年美国阿尔文·托夫勒著的《第三次浪潮》中，书中将“大数据”称为“第三次浪潮的华彩乐章”。“9·11”事件后，美国政府为阻止恐怖分子，开始涉足大规模数据挖掘领域，这一时期，数据库技术得到迅速发展，数据挖掘理论逐渐成熟，也称数据挖掘阶段。

(2) 突破阶段：21 世纪 00 年代是大数据发展的突破阶段。从 2005 年 Hadoop 的诞生开始(Hadoop 是一个由 Apache 基金会所开发的分布式系统基础架构，可以充分利用集群进行高速运算和存储)，大数据技术有了重大突破，进入不断完善、高速发展的阶段，几乎所有行业或多或少都会受到大数据的影响。这一阶段，非结构化的数据大量出现，传统的数据库处理技术难以应对，因此也称非结构化数据阶段。

(3) 成熟阶段：21 世纪 10 年代是大数据进入成熟阶段。2012—2016 年，谷歌公开发表两篇论文《谷歌文件系统》和《基于集群的简单数据处理：MapReduce》，其核心的技术包括分布式文件系统 GFS、分布式计算系统框架 MapReduce、分布式锁 Chubby 及分布式数据库 BigTable，这期间大数据研究的焦点是性能、云计算、大规模的数据集并行运算算法等。在这个阶段，各国政府也纷纷出台相关政策，将大数据提升到国家发展战略的高度。2012 年，美国奥巴马政府宣布斥资 2 亿美元投资大数据领域，这标志着在美国大数据技术从商业行为上升到了国家科技战略。2015 年，我国国务院发布《促进大数据发展行动纲要》，将“加快政府数据开放共享”放在首位。

(4) 应用阶段：21 世纪 10 年代到 21 世纪 20 年代是大数据的应用阶段。大数据基础技术成熟之后，学术界及企业界纷纷开始转向大数据应用研究。2016 年之后大数据技术逐渐向商业、科技、医疗、政府、教育、经济、交通、物流及社会的各个领域渗透。

大数据时代已经来临，未来谁能利用大数据发掘更有价值的信息必然会成为时代的赢家。

### 1.1.1　人类与大数据

近年来，由于互联网技术的快速发展和硬件设备成本的不断降低，大数据不仅得到了飞速发展，同时在我们生活中发挥的作用也越来越重要。几乎可以说只要有人类活动的地方，就会有大数据产生，利用大数据可以为我们制定各种个性化服务、制定最优决策参考等，给我们的生活带来很多方便。

大数据技术可以为我们提供便捷查询、推送服务。比如，我们在网上购物时，输入关键词之后进行搜索，会出现按照销量、价格等关键词进行选择的筛选排序，这样就可以让我们快速找到商品，这些主要是通过大数据分析技术实现的。而且每次我们买完商品之后，根据我们平时浏览的足迹，大数据推荐系统会自动为我们推送相关商品，推荐系统比我们自己更了解我们的喜好。

大数据技术可以为我们提供最佳的决策参考。比如，我们想去某个地方，只要拿出手机打开一个已经安装的地图软件 APP，输入我们要去的地方，软件立马就会根据当时的交通路况显示出几条路线供我们选择。我们可以根据自己的需求选择一条最佳路线，即使是对道路一点都不熟悉，只要跟着导航，就可以轻轻松松地到达我们想要去的地方。

大数据技术可以为我们提供海量、可靠的存储服务。以往我们一般都是利用硬件设备，比如 U 盘、移动硬盘、光盘来存储数据，但是这些硬件设备可靠性较低，而且一旦丢失或者损坏，就会瞬间失去很多有价值的信息。现在有了云存储，可以把有用的信息存在云盘里，这样既方便又可靠，不需要携带任何工具，无论在什么时间什么地点，只要有网络，就可以随意地下载和查看存储在云盘里的信息。

除了上面提到的大数据在生活中发挥的作用，大数据在社会生活的各个领域都得到了广泛的应用，如金融、交通、医疗、多媒体、生物和军事侦察等。不同领域的大数据应用具有不同的特点，其稳定性、响应时间的要求各不相同，解决方案也层出不穷。相关内容将在后续章节中讨论。

虽然大数据技术给人们的生活带来了很多便捷，但是人们的很多隐私也在无形中被暴露，因为大数据已经完全地融入人们的生活，人们的一言一行、去过哪里、干了些什么都会被悄无声息地记录下来。除非你不使用手机电脑，不使用互联网，否则这一切就无法避免。当人们安装一些软件和APP时，通常它们都需要获取很多权限，比如读取短信和位置信息等，这样很多个人隐私就被这些工具获取了。比如，购房之后，会有很多装修公司人员打来电话，推销装修信息；有了孩子之后，会有很多辅导班打电话或者发短信，宣传辅导班信息。这些信息虽然有些是当时需要的，但是接二连三的电话或短信，会让我们感到很烦恼，同时也会担心自己的个人信息被泄露。因此，在大数据时代，在利用大数据技术带来的便利的同时，也要注意信息安全，提高网络安全意识。

### 1.1.2　概念与术语

初步了解大数据之后，下面介绍几个与大数据相关的概念和术语。

**1．数据**

关于数据(Data)的定义，目前还没有一个权威版本。为了方便，此处将数据简单定义为：数据是可以获取和存储的信息。除了直观的数字，数据也可以是文字、图像、声音、视频等能被记录下来的信息。

**2．大数据**

关于大数据(Big Data)的定义，不同行业、机构有不同的说法。2011年，麦肯锡全球研究院(MGI)在研究报告《Big Data：The Next Frontier for Innovation，Competition and Productivity》(《大数据：未来创新、竞争、生产力的下一个前沿》)中这样定义大数据：大数据是指大小超出了传统数据库软件工具的抓取、存储、管理和分析能力的数据群。亚马逊网络服务(AWS)、大数据科学家John Rauser提到一个简单的定义：大数据就是任何超过了一台计算机处理能力的庞大数据量。

本书对大数据的定义为：在特定的时间内，用现有的一般软件工具难以进行获取、存储、处理和分析的超大型数据的集合。

**3．元数据**

元数据(Metadata)是提供一个数据集的特征和结构信息来描述数据属性的数据。元数据主要是描述数据属性的信息，用来支持如指示存储位置、历史数据、资源查找、文件记录等功能。这种数据主要是由机器生成的，搜寻元数据对于大数据的存储、处理和分析是至关重要的一步，因为元数据提供了数据系谱信息以及数据处理的起源。例如，MP3歌曲文件中的歌名和作者信息以及数码照片中提供文件大小和分辨率的属性信息就是元数据。

**4．云计算**

现阶段对云计算的定义有多种说法。对于到底什么是云计算，至少可以找到数十种解释。广为接受的说法是美国国家标准与技术研究院(NTSI)的定义：云计算是一种按使用量付费的模式，这种模式提供可用的、便捷的、按需的网络访问，进入可配置的计算资源共享池(资源包括网络、服务器、存储、应用软件、服务)，这些资源能够被快速提供并释放，使管理资源的工作量和与服务提供商的交互减小到最低限度。中国云计算网将云计算定义为：云计算是分布式计算(Distributed Computing)、并行计算(Parallel Computing)和网格计算(Grid Computing)的发展，或者说是这些科学概念的商业实现。

本书对云计算(Cloud Computing)的定义为：云计算是一种基于互联网的分布式计算方

式，通过这种方式，共享的软硬件资源和信息可以按需求提供给计算机和其他设备。

从技术上看，大数据与云计算的关系密不可分。大数据离不开云计算，大数据要对海量数据进行分布式数据挖掘，就必须依托云计算的分布式处理、分布式数据库和云存储及虚拟化技术。云计算是大数据分析与处理的一种重要方法，云计算强调的是计算，而大数据则是计算的对象。

### 5. 大数据技术

大数据技术就是处理大数据所用到的技术，一般是指根据特定的目标要求，从各种各样类型的海量数据中快速获得有价值信息所需要的技术。常用的大数据技术有：大数据采集技术、大数据存储技术、大数据分析处理技术和大数据可视化技术等。

## 1.2 大数据的特征

根据大数据的定义和字面意思来理解，大数据主要强调的是数据容量非常大，但容量大只不过是大数据一方面的特征，不能全面地描述大数据。目前，业界公认的大数据的基本特征有五个，分别是容量(Volume)大、种类(Variety)多、速度(Velocity)快、真实性(Veracity)和价值性(Value)，这里简称为 5V 特征，如图 1-2 所示。

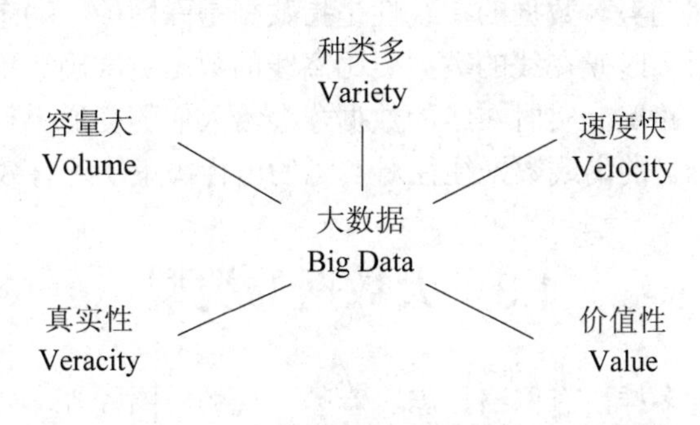


图 1-2　大数据的 5 V 特征

### 1. 容量(Volume)大

容量大是大数据首要也是最容易理解的特征。数据容量大包括采集、存储和计算的量都非常大。但是容量要达到多大才算大数据呢？目前，业内人士普遍认为大数据的起始计量单位至少是几十 TB。如今，随着数据规模的不断增长，尤其是实时监控产生大量数据，PB 级别将成为常态。当然，随着技术的不断发展和进步，这个数值还会发生变化。

### 2. 种类(Variety)多

种类多主要是指大数据包含的数据结构类型多样化。以往的数据大多是可以通过二维表表示的结构化数据，目前由于数据复杂性的增加，比如图像、声音和视频等，这类数据多是非结构化的。对于大数据来说，处理的数据类型不仅包含结构化数据，更多的将是半结构化和非结构化数据。

### 3. 速度(Velocity)快

随着互联网技术的发展，数据产生和更新的频率非常快，数据处理速率也要快，这也是大数据的一个重要特征。数据的处理速率快，同时对时效性要求增高。比如，使用搜索引擎查询几分钟前的新闻动态，要求个性化推算算法响应速率极快，同时最新的搜索结果也会被实时更新。这是大数据区别于传统数据挖掘的显著特征。

#### 4. 真实性(Veracity)

真实性主要是指数据的质量和保真度，即数据要保证一定的准确性和可信赖度。只有真实而准确的数据研究起来才有意义，对于噪音和不真实的数据是需要去掉的。因此，也可以说信噪比越高，数据真实性越高。

#### 5. 价值性(Value)

价值性主要是指数据的有用程度。大数据的价值密度相对较低，需要从海量的信息中提取精华——有价值的信息。比如，一段监考视频数据可能只有几秒的数据是有价值的。当然，价值性特征与前面提到的真实性特征相关，真实性越高，价值性越大；同时，还与数据的时效相关，时效越快，提供的数据越及时，价值性也越大。在当今，随着互联网和信息技术的不断发展，信息不断增长，如何获取有价值的数据是大数据时代要解决的重要问题。

除了以上五个普遍被业界提到的大数据的基本特征，随着互联网的普及和应用，大数据还具有在线性(Online)的特征。这也是大数据区别于其他传统数据的一项主要特征，是互联网高速发展下的必然趋势。数据的在线性是指数据是联网的、动态的，要求数据必须随时可以调用和计算，很多时候在线的数据要比离线的数据更准确、更有价值。例如，要了解某段区域目前的交通路况，实时在线的数据才会给人们的交通出行提供准确、可靠的路况依据，以前存储在磁盘的离线数据往往对实时的出行决策缺乏有效的参考价值。

## 1.3 大数据的类型

大数据的种类多种多样，有网络日志、音频、视频、图片等，要存储、处理这些复杂的数据首先要将数据分成不同的类型，然后针对不同类型的数据采取相应的存储和处理方法。根据数据存储方式和内部的组织结构，将大数据分为三种类型：结构化数据、半结构化数据和非结构化数据。这三种数据类型的关系是由简单到复杂，各自有不同的特点，传统数据库存储处理的主要是结构化数据类型，而大数据时代将以半结构化和非结构化数据为主流数据类型。图 1-3 显示了三种类型的数据的增长趋势。

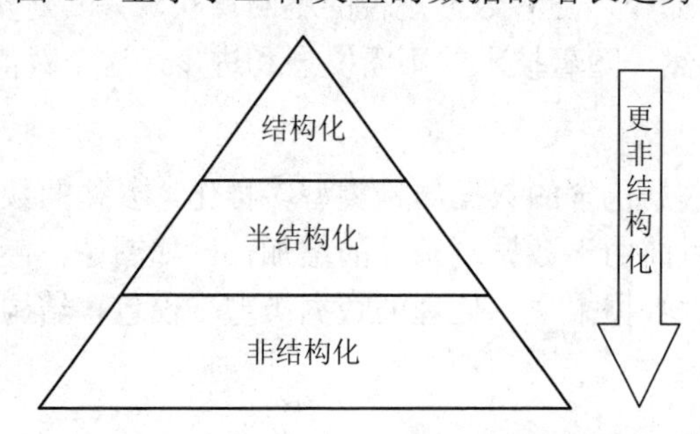


图 1-3 数据增长日益趋向非结构化

### 1. 结构化数据

结构化数据是指数据格式严格固定，可以由二维表结构来表达和实现的数据，也称作行数据。结构化数据可以用关系型数据库存储处理，比如在 Access 数据库软件中可以查看到类似 Excel 中的二维表数据。这种类型的数据关系最简单，符合二维映射关系。大多数传统数据技术主要基于结构化数据，如银行数据、政企职工工资数据、保险业数据、医疗数据等。图 1-4 二维数据表展示了典型的结构化数据。

| 2016 年 5 月职工工资 | | | | | | |
|---|---|---|---|---|---|---|
| 职工代码 | 姓名 | 性别 | 年龄 | 所属部门 | 职工类别 | 基本工资 |
| A001 | 唐正 | 男 | 56 | 管理部 | 管理人员 | 4000 |
| A002 | 徐仁华 | 女 | 55 | 管理部 | 管理人员 | 3800 |
| A003 | 张淼 | 女 | 36 | 管理部 | 管理人员 | 3000 |
| B001 | 郑昂 | 男 | 28 | 销售部 | 销售人员 | 3000 |
| B002 | 李凡 | 男 | 33 | 销售部 | 销售人员 | 3000 |
| B003 | 吴兴 | 男 | 36 | 销售部 | 销售人员 | 2500 |
| B004 | 唐佳 | 男 | 45 | 销售部 | 销售人员 | 2500 |
| B005 | 孙俪 | 女 | 29 | 销售部 | 销售人员 | 2500 |
| C001 | 徐涛 | 男 | 22 | 生产部 | 工人 | 2100 |
| C002 | 陈菲菲 | 女 | 26 | 生产部 | 工人 | 2100 |
| C003 | 王芳芳 | 女 | 23 | 生产部 | 工人 | 2100 |

图 1-4　结构化数据中的二维表

### 2. 半结构化数据

半结构化数据是有一定的结构但结构不固定的数据。与非结构化数据相比，半结构化数据有一定的结构性，但和具有严格理论模型的关系型数据库里的结构化数据相比更灵活多变。半结构化数据虽然不符合关系型数据模型结构，但包含相关标记，用来分隔语义元素以及对记录和字段等进行分层，因此也被称为自我描述型数据。在关系型数据库中都存在一个信息系统框架，即模式，它用来描述数据及其之间的关系，模式与数据完全分离。但是在半结构化环境中，模式信息通常包含在数据中，即模式与数据间的界限不清晰。

目前，对半结构化数据及其模式主要有以树或者图的描述形式。这类数据常常用文本文件进行存储，包括电子邮件、配置文件、Web 集群等。这里举例说明半结构化数据和结构化数据的区别。比如，存储员工的简历不像员工基本信息那样一致，每个员工的简历大不相同。有的员工的简历很简单，比如只包括教育情况；有的员工的简历却很复杂，比如包括工作情况、婚姻情况等，也就是说每个员工的简历属性是不完全一样的，如图 1-5 所示。由于结构不固定且存在动态变化，不能简单地建立一个表和它对应，员工的简历数据就属于半结构化数据。半结构化数据可以通过灵活的键值调整来获取相应的信息，且没有模式的限定，数据可以自由流入系统，还可以自由更新，更便于客观地描述事物。虽然这种动态性和灵活性可能使查询处理更加困难，但它给用户存储提供了显著的优势。

XML(Extensible Markup Language，可扩展标记语言)和 JSON(Java Script Object Notation，JavaScript 对象简谱)表示的数据就有半结构化的特点。

| 名称 | 教育情况 | 工作情况 | 婚姻情况 |
| --- | --- | --- | --- |
| 员工 A | 本科 | | |
| 员工 B | 硕士 | 工作 2 年 | |
| 员工 C | 本科 | | 已婚 |
| 员工 D | 博士 | 工作 3 年 | 已婚 |
| 员工… | … | | |

图 1-5　存储员工的简历数据

**3．非结构化数据**

非结构化数据是指数据结构不规则、不遵循规范模型的数据。这类数据可以是文本的，也可以是数据的，一般包含在文本文件和二进制文件中存储和传输。这里说的文本文件和二进制文件主要讨论的是文件数据的内容，与文件本身的格式无关。文本文件中包含文本文档(比如 Microsoft Office)和 ASCII 文件，二进制文件中包含图像、声音及视频等媒体文件。图 1-6 为几种常见的非结构化数据。据统计，目前大数据中以非结构化数据为主，其庞大的规模和复杂性需要更加智能和高级的技术来处理和分析。

图 1-6　几种常见的非结构化数据

## 1.4　大数据的发展趋势

近年来，大数据作为新的重要资源，逐渐成为工程技术人员和科研人员的研究热点，世界各国都在加快大数据的战略布局，鼓励和支持大数据产业的发展。大数据正在开启一个崭新时代，未来大数据的发展趋势将主要体现在以下几个方面。

(1) 数据科学成为一门新兴学科。未来，数据科学将成为一门专门的学科，被越来越多的人所认知。各大高校不仅将设立专门的数据科学类专业，也会催生一批与之相关的新的就业岗位。与此同时，基于数据这个基础平台，也将建立起跨领域的数据共享平台，之后数据共享将扩展到企业层面，并且成为未来产业的核心一环。

(2) 大数据将与物联网、云计算、人工智能等热点技术领域相互交叉融合，产生很多综合性应用。近年来计算机和信息技术的发展趋势是：前端更前伸，后端更强大。物联网与人工智能加强了前端的物理世界和人的交互融合，大数据和云计算加强了后端的数据存储管理能力和计算能力。

(3) 大数据产业链逐渐形成。经过数年的发展，大数据初步形成一个较为完整的产业链，包括数据采集、整理、传输、存储、分析、呈现和应用，众多企业开始参与到大数据产业链中，并形成了一定的产业规模。相信随着大数据的不断发展，相关产业规模会不断扩大。

(4) 数据资源化、私有化，进而商品化成为持续的趋势。数据资源化的本质是实现数据共享与服务，在数据资源化的过程中，必须建立高效的数据交换机制，实现数据的互联互通、信息共享、业务协同，将成为整合信息资源，深度利用分散数据的有效途径。同时，基础数据的私有化和独占问题也成为关注的焦点，数据产权界定问题日益突出。在数据权属确定的情况下，数据商品化成为必然选择和趋势。

# 本 章 小 结

本章首先介绍了大数据的发展历史以及在生活中的常见应用，接着介绍了几个与大数据相关的概念及大数据的六大特性：容量(Volume)大、种类(Variety)多、速率(Velocity)快、真实性(Veracity)、价值性(Value)和在线性(Online)。然后，简述了大数据的三种数据类型：结构化数据、半结构化数据和非结构化数据。最后，分析了大数据未来的发展趋势。

# 课 后 作 业

**一、名词解释**

1. 数据
2. 大数据
3. 元数据
4. 云计算
5. 大数据技术
6. 结构化数据
7. 半结构化数据
8. 非结构化数据

## 二、简答题

1. 简要叙述大数据和云计算的关系。
2. 具体描述大数据的基本特征。
3. 具体描述大数据的三种类型。
4. 列举几种常见的非结构化数据。
5. 简要说明大数据未来可能的发展趋势。

## 三、读书报告

1. 阅读相关文献资料，简单阐述“促进大数据发展”的主要因素有哪些，哪种因素是最主要因素。

2. 查阅相关资料，简单叙述大数据有什么应用价值，为什么说“得数据者得天下”。

# 第 2 章　大数据智能

- 掌握人工智能的概念及其主要研究领域
- 理解大数据与人工智能的关系
- 了解基于大数据的人工智能实例
- 理解大数据支撑的典型行业应用

## 本章重点

- 人工智能的概念
- 基于大数据的人工智能行业应用
- 大数据与人工智能的关系

2017 年，阿尔法狗(AlphaGo)以 3∶0 完胜世界排名第一的棋手柯洁，这场人机大战之后，“机器战胜人类”的呼声达到了前所未有的高潮，人工智能的热潮再一次被引爆。但是，人工智能学科早在 1956 年的达特茅斯会议上就被提出，在这 60 多年里，人工智能从没有像今天这样受到如此广泛的关注。毋庸置疑，人工智能在现在被引爆，与大数据的发展是密不可分的。那么，人工智能和大数据到底有什么关系呢？

## 2.1 大数据与人工智能概述

人工智能技术是在计算机科学、控制论、信息学、心理学、生物学等多种学科研究基础上发展起来的一门综合性的边缘学科。人工智能在社会各个行业获得令人瞩目的成绩，在很多领域中发挥的作用是人力所达不到的，在游戏、人脸识别、语音识别等方面，已超过人类顶级专家水平。

大数据技术的发展与进步，为大量数据信息的存储、解析提供一定的技术支撑，确保机器获得充足的数据量并持有相应的处理能力，为人工智能时代的发展提供数据支撑。同时，人工智能的一些理论与方法，在很大意义上也能够促使大数据应用价值的实现。

### 2.1.1 人工智能概述

人工智能即 Artificial Intelligence，简称 AI。1956 年，在由达特茅斯学院举办的一次会议上，计算机专家约翰·麦卡锡提等出了“人工智能”一词，标志着“人工智能”这门新兴学科的正式诞生。随着科学技术的发展，人工智能在很多学科领域得到了广泛的应用，已逐步成为一个独立的分支。关于人工智能的科学定义，学术界目前还没有统一的认识。下面是部分学者对人工智能概念的描述，可以看作他们各自对人工智能所下的定义。

——“人工智能是一种计算机能够思维，使机器具有智力的激动人心的新尝试。”(Haugeland，1985 年)

——“人工智能是关于知识的科学——怎样表示知识以及怎样获得知识并使用知识的科学。”(尼尔逊教授，2014 年)

——“人工智能就是研究如何使计算机去做过去只有人才能做的智能工作。”(美国麻省理工学院温斯顿教授)

上述定义从不同侧面反映了人工智能学科的基本思想和基本内容。即人工智能是研究人类智能活动的规律，构造具有一定智能的人工系统，研究如何让计算机去完成以往需要人的智力才能胜任的工作，也就是研究如何应用计算机的软硬件来模拟人类某些智能行为的基本理论、方法和技术。简要地说，就是让机器像人一样，能听、能看、会说、会动、会学习、会思考。

目前，人工智能的研究大多是结合具体的领域进行的，围绕以下分支和研究领域开展了大量的工作。

#### 1. 问题求解

问题求解是人工智能最早的一个分支，研究人员使计算机仿人类进行推理，类似于玩棋盘游戏或进行逻辑推理时人类的思考模式。20 世纪 80 年代，利用概率和经济学上的概念，研究出了非常成功的人工智能方法处理不确定或不完整的数据。

求解难度较大的问题，需要大量的运算资源，有可能发生“可能组合暴增”。即当问题超过一定的规模时，求解问题就会需要天文数量级的存储器或是运算时间，寻找更有效的算法是人工智能研究的优先项目。

### 2．机器学习(Machine Learning，ML)

学习能力无疑是人工智能研究最为关注的一个方面，学习是人工智能的重要标志和获取知识的基本手段。

机器学习是人工智能的核心。机器学习是利用算法分析数据，从中得到学习训练模型，然后使用模型做出推断和预测的一种方法。机器学习过程如图 2-1 所示。从图中可以看出，机器学习中对历史数据的“训练”与“预测”过程与人类对以往经验的“归纳”和“推测”的过程相对应。因此，机器学习是使用大数据集模拟人类学习的能力，而不是基于编程规则形成的结果。机器学习常见算法包括决策树、朴素贝叶斯、支持向量机算法、关联规则、深度学习等。

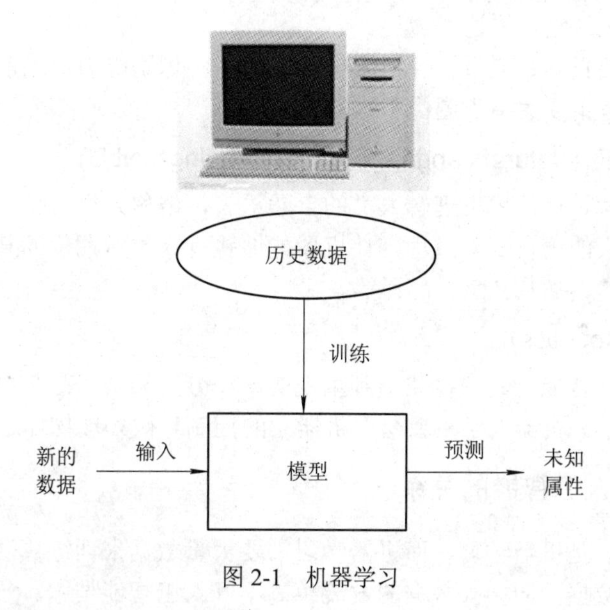


图 2-1　机器学习

### 3．深度学习(Deep Learning，DL)

深度学习(人工神经网络)是机器学习领域中一个新的研究领域。如果说机器学习是人工智能研究的前沿，那么深度学习则是人工智能研究的尖端。机器学习的专家们发现，可以让神经网络自己学习如何抓取数据的特征，这种学习方式的效果更佳。后来，神经网络进一步加深，出现了多层次的“表示学习”，它把学习的性能提升到另一个高度。这种多层次的学习，称为深度学习。与传统机器学习有所不同的是，它需要更大量的数据进行训练，并且可以识别更复杂的特征。

因为深度学习的灵感来自于大脑中的神经网络，所以可称其为人工神经网络。如图 2-2 所示为深度学习的一个案例——利用卷积神经网络将一幅图像的内容与另一幅图像的风格相结合。

图 2-2　卷积神经网络案例

**4．模式识别(Pattern Recognition，PR)**

模式识别是研究如何使机器具有感知能力的一个研究领域。所谓模式是对一个物体或某些事件进行的定量或结构描述。

模式识别的主要目标是通过计算机来模拟人的各种识别能力，当前主要是对视觉、听觉能力的模拟，并且主要集中于图像和语音识别。

**5．自然语言理解(Natural Language Understanding，NLU)**

自然语言理解就是使计算机理解人类的自然语言，俗称人机对话。自然语言理解研究用电子计算机模拟人的语言交际过程，让机器能够执行人类所期望的某些语言功能，包括查询资料、解答问题、摘录文献、翻译等。

**6．机器人学(Robotics)**

机器人学是人工智能研究中日益受到重视的一个分支领域，是与机器人设计、智能制造和应用相关的科学。机器人学主要研究机器人的控制与被处理物体之间的相互关系。

### 2.1.2　大数据与人工智能的关系

人工智能的核心是机器学习，而机器学习需要大量数据来训练算法模型，因此人工智能的发展离不开大数据，同样大数据的发展也离不开人工智能技术。二者的关系是相辅相成、相互促进的。只有有了大数据的支撑，人工智能技术才能更好地发挥作用，才能更准确地为人类服务。

(1) 大数据为人工智能提供数据基础，提升人工智能的能力。

大量、多样、多维的数据，为人工智能提供丰富的数据积累和训练资源。人工智能，尤其是机器学习，需要读取大量数据，以提升人工智能本身的能力。比如，AlphaGo 围棋软件需要上万棋谱作为训练样本，以提高其下棋能力。无论是 Google 公司的无人驾驶、科大讯飞公司的语音识别，还是百度公司的“小度”机器人，这些人工智能技术无不以海量数据学习为基础。高质量的数据是人工智能的前提，因此人工智能依赖于大数据技术的支持。在大量数据产生之后，利用大数据技术，可以快速对数据进行采集、预处理等，以获得准确而有效的数据，使机器学习的效率大大提升。由此可见，人工智能的快速演进，不仅需要理论研究，还需要大数据的支撑。

(2) 人工智能为大数据提供硬件支撑，加速大数据技术的发展。

大数据技术包括数据采集、数据存储、数据计算等，这些技术的发展都必然要求硬件设备具有高存储、高处理能力，而传统的处理器难以满足需求。AI 芯片的出现，大大提升了大规模数据处理效率。目前，出现了 GPU、NPU、FPGA 和各种各样的 AI-PU 专用芯片。相比传统的双核 CPU，AI 芯片能提升约 70 倍的运算速度。因此，人工智能为大数据提供最底层的硬件支撑，推动了大数据技术的发展。

(3) 人工智能推进大数据应用深化，大数据加速人工智能技术落地应用。

在计算力指数级增长及高价值数据的驱动下，以人工智能为核心的智能化正在不断延伸其技术应用广度、拓展其技术突破深度，并不断增强技术落地的速度。例如，在新零售领域，大数据与人工智能技术相结合，商家可以更好地预测每月的销售情况；在交通领域，大数据和人工智能技术相结合，基于大量的交通数据开发的智能交通流量预测、智能交通疏导等人工智能应用可以实现对整体交通网络进行智能控制。同时在技术层面，大数据技术已经基本成熟，并且推动人工智能技术以惊人的速度进步；产业层面，智能安防、自动驾驶、医疗影像等都在加速落地。

(4) 二者相辅相成，只有将二者紧密结合，才能更好地为人类服务。

大数据与人工智能是相辅相成的，谁离开谁都不行。人工智能没有大数据做基础，很难实现精准和智能；大数据没有人工智能做支撑，就好比纸上谈兵，找不到真正的应用价值。只有将二者紧密结合，才不会出现“误诊”“跑偏”等现象，才能更好地服务于人类、服务于社会。

下面举一个“幸存者偏差”的例子来更形象地说明二者之间的密切关系。二战后期，美军每天都有上千架的轰炸战机呼啸而去，但是返回时往往损失惨重。对此，需要在飞机上焊上防弹钢板，但过多的钢板会使飞机的速度、航程等受到影响。这时候，数学家沃尔德让地勤技师统计飞机上的弹孔，之后在白纸上将弹孔画在相应的位置，如图 2-3 所示。画完之后发现飞机的机身和机翼中弹率较高，密密麻麻的都是弹孔。于是，有人建议应该在机翼等那些密集中弹的地方加厚装甲。但沃尔德却建议，在飞行员座舱和尾翼这两个位置焊上钢板，而白纸上这两处几乎是空白的。老飞行员一看就明白其中的道理，如果飞机的座舱中弹，飞行员九死一生；如果尾翼中弹，飞机将会失去平衡而坠毁。这两处一旦中弹，飞机多半就回不来了，因为死人不会说话，白纸上这两处才会一片空白。这就是一个非常简单的统计学知识——幸存者偏差。

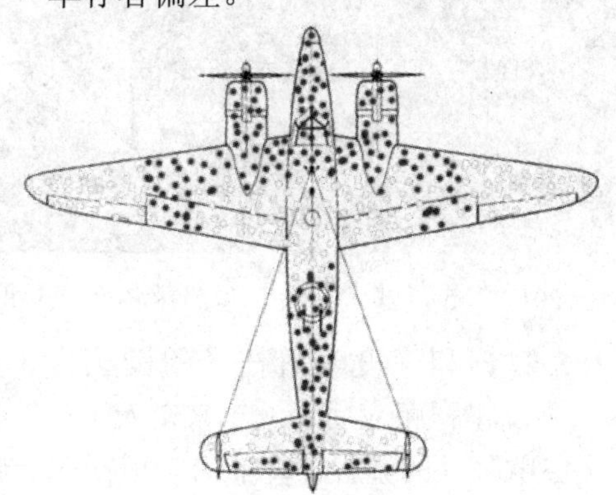

图 2-3 飞机中弹情况图

这个问题相信大多数人都能够理解，但是今天我们重新思考一个维度，如果是人工智能来判断，它会不会落入幸存者偏差的陷阱呢？因为人工智能只能基于已有的数据进行分析，却不能主动思考那些没有被输入的数据，所以人工智能一定会落入幸存者偏差的陷阱。这个问题的解决方法就是大数据。因为出现幸存者偏差的原因在于数据源本身是缺失的，如果能够看到全部的数据，自然就不会有幸存者偏差这样的问题。这就是为什么人工智能离不开大数据的原因。

## 2.2 基于大数据的人工智能实例

上节提到人工智能的很多研究(比如机器学习)，都离不开大数据作为其海量训练资源。那么具体有哪些人工智能的应用实例运用了基于大数据的算法呢？本节将通过三个典型实例：阿尔法狗、人脸支付、无人驾驶汽车，讲解基于大数据的人工智能的应用。

### 2.2.1 阿尔法狗

2016年，是人工智能诞生60周年。这一年IT行业最轰动的事件就是阿尔法狗(AlphaGo)围棋软件横扫人类世界围棋冠军。

2016年3月，阿尔法狗围棋软件与世界围棋冠军、职业九段棋手李世石进行围棋人机大战，以4∶1的总比分获胜；2016年12月29日至2017年1月4日，阿尔法狗在弈城围棋网和野狐围棋网以“大师”(Master)为注册名，依次对战数十位人类围棋顶尖高手，取得60胜0负的辉煌战绩；2017年5月，阿尔法狗以3∶0完胜世界排名第一的棋手柯洁，如图2-4所示。到目前为止，围棋界公认阿尔法狗围棋的棋力已经超过人类职业围棋顶尖水平。那么，到底阿尔法狗为什么会具有如此强的“大脑”，它是怎样一步步学习和思考，最终战胜人类几乎所有顶尖围棋高手的？

图2-4 阿尔法狗于2017年5月以3∶0完胜世界排名第一的棋手柯洁的比赛图

阿尔法狗是一款基于大数据和深度学习技术的围棋人工智能程序，由谷歌旗下DeepMind公司开发。阿尔法狗围棋程序应用了近年来在人工智能领域有重大突破的深度学习和强化学习等技术，以及谷歌强大的并行计算能力。根据DeepMind公司在《自然》杂志上发表的文章，阿尔法狗系统主要由以下几个部分组成。

(1) 策略网络(Policy Network)：给定当前局面，预测下一步的走棋。对棋盘上的每个可下的点都给出了一个估计的分数，也就是围棋高手下到这个点的概率。评估一步棋的时间仅需 2 ms 左右。

(2) 快速走子(Fast Rollout)：目标和策略网络一样，但在适当牺牲走棋质量的条件下，速度要比策略网络快 1000 倍。下一步棋的时间仅需 2 μs 左右。

(3) 估值网络(Value Network)：给定当前局面，估计是白胜还是黑胜，给出输赢的概率。

(4) 蒙特卡罗树搜索(Monte Carlo Tree Search，MCTS)：把以上三个部分连起来，形成一个完整的系统。

简单来说一下阿尔法狗的“训练”过程。阿尔法狗团队首先利用几万局专业棋手对局的棋谱来训练系统，得到初步的“策略网络”和“快速走子”，完成这一步后，阿尔法狗已经初步具备模拟了人类专业棋手“棋感”的能力；接下来，阿尔法狗采用左右互搏的模式，不同版本的阿尔法狗相互之间下了 3000 万盘棋，利用人工智能中的“深度增强学习”算法，通过每盘棋的胜负来学习，不断优化和升级“策略网络”，同时建立了一个可以对当前局面估计黑棋和白棋胜率的“估值网络”。据估计，单机上采用“快速走子”的下棋程序已经具备了围棋三段左右的水平；而“估值网络”对胜负的判断力已经远超所有人类棋手。

实际对局时，阿尔法狗通过“蒙特卡罗树搜索”来管理整个对弈的搜索过程。首先，通过“策略网络”，阿尔法狗可以优先搜索本方最有可能落子的点。对每种可能，阿尔法狗可以通过“估值网络”评估胜率，同时可以利用“快速走子”走到结局，通过结局的胜负来判断局势的优劣，综合这两种判断的评分再进一步优化“策略网络”的判断，分析需要更进一步展开搜索和演算的局面。综合这几种工具，辅以超级强大的并行运算能力，阿尔法狗在推演棋局变化和寻找妙招方面的能力已经远超人类棋手。

与 20 年前的“深蓝”(超级计算机)象棋下棋机相比，“深蓝”之所以能战胜人类最顶尖高手，主要是依靠它无穷无尽的计算能力，但它最大的一个缺陷就是不会“思考”。人类还和电脑进行了多次较量，虽然电脑胜多负少，但也不是说它是不可战胜的。如果从人工智能的角度来说，“深蓝”还处于“暴力”搜索的初级阶段。阿尔法狗令人震惊的地方是它不是利用计算机超快的速度来穷举各种可能，而是它具备了“思考”的能力。阿尔法狗不是亦步亦趋地将以往棋手的经验集中起来对付人类，而是具有自己的围棋观点和思路。在棋战中阿尔法狗下出了很多人类不能理解的招数，开始的时候被职业棋手评论为错招、臭棋，但最后证明这只不过是这些职业棋手无法理解的招数，也就是说阿尔法狗已经有了“创新”的能力。

阿尔法狗颠覆了职业棋手的围棋观，让几千年来的围棋理论出现了动摇。由于围棋的变化太过复杂与多样，于是人们认为在可以预见的时间里，人工智能可以在所有智力游戏中战胜人类。阿尔法狗的横空出世，横扫了人类高手，展示了人工智能取得的突破性进展。

### 2.2.2　人脸支付

人工智能的一个重要分支是深度学习，下面讨论深度学习在计算机视觉领域的应用情况。

计算机视觉是一门研究如何使机器学会“自己看”的科学，即通过摄影机和电脑及其他相关设备代替人眼对目标进行识别、跟踪和测量等，并进一步做图形处理，目标是使计算机能像人那样通过视觉观察和理解世界，具有自主适应环境的能力。计算机视觉目前在两个热门领域的应用就是人脸识别和无人驾驶。

人脸识别技术的主要特点是通过对人脸的图像或视频流进行采集，并自动提取特征、比照检测，以完成图像处理和鉴定识别过程，从而达到识别不同个体身份的目的。作为一种身份辨识方式，人脸识别技术为人类生产、生活的智能化应用提供了广阔的前景，可以在不同领域的不同场景广泛运用。

人脸识别系统主要包括四个组成部分，分别为：图像采集、人脸定位、特征提取以及特征对比，如图 2-5 所示。

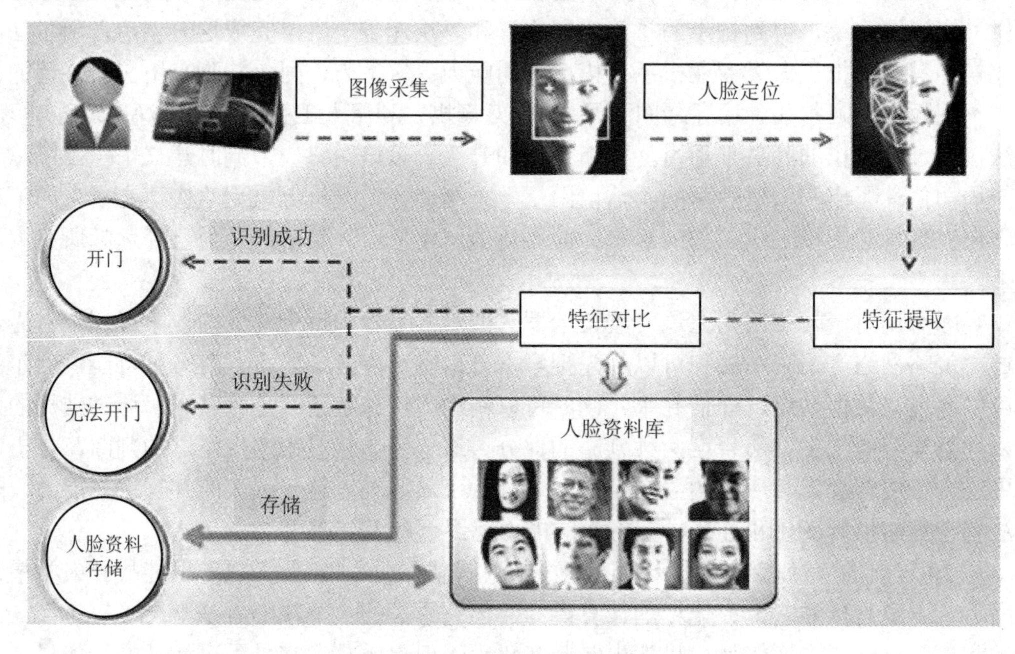


图 2-5　人脸识别过程

过去，人脸识别技术主要应用在金融、安防等领域。如今，在日渐丰富的消费和生活场景中，刷脸大潮不断涌现，刷脸门禁、刷脸检票、刷脸支付等比比皆是。据报道，在我国的北京、上海、深圳等一线城市，人脸识别技术的运用即将实现全城覆盖。钥匙、银行卡甚至身份证等即将被人脸识别技术代替的美好愿景指日可待。

人脸支付系统是一款基于脸部识别系统的支付平台，它于 2013 年 7 月由芬兰创业公司 Uniqul 全球首次推出。该系统不需要钱包、信用卡或手机，支付时只需要面对 POS 机屏幕上的摄像头，系统会自动将消费者面部信息与个人账户相关联，整个交易过程十分便捷。

2017 年 9 月 1 日，杭州万象城的肯德基餐厅出现支付宝“刷脸支付”，如图 2-6 所示。支付宝的刷脸支付过程十分便捷。第一次使用需要在支付宝 App 上开通此功能，开通后在自助点餐机上选好餐，进入支付页面，选择“支付宝刷脸支付”，然后进行人脸识别，大约需要 1～2 秒，再输入与账号绑定的手机号，确认后即可支付，支付过程不到 10 秒。随后，拿着定位器就座，等着服务员送餐到桌前就可以了。据了解，目前支付宝刷脸支付还支持多人、化妆、变换发型等多种复杂场景。

图 2-6　刷脸支付

“刷脸支付”让用户体验到一种全新的支付方式，让支付更加安全、快捷。在“刷脸支付”过程中，支付宝新的技术可以抵抗各种伪造攻击，无论是用 3D 融合软件重建人脸，还是屏幕重放/打印面具，又或者拿打印照片/数字照片等，支付宝刷脸支付技术均能抵御各种伪造攻击。当然人脸信息也都会被妥善保存，以保护个人隐私。

## 2.2.3　无人驾驶汽车

无人驾驶汽车是人工智能应用于人类生活的一个典型实例。它是一种集多项智能系统于一体的一款智能汽车。无人驾驶汽车其实就是机器人在驾驶汽车，通过智能化控制汽车行驶，车子上的每一个零件都受计算机的控制，计算机通过监测系统来检测路面的状况和一些障碍物，然后针对不同状况发出不同的指令，由对应的零件来执行操作。

2011 年 7 月 14 日，国防科技大学自主研制的红旗 HQ3 无人驾驶汽车首次完成了从长沙到武汉 286 公里的高速全程无人驾驶实验。

2012 年 5 月 8 日，在美国内华达州允许无人驾驶汽车上路 3 个月，经过几十万公里的测试之后，机动车驾驶管理处(Department of Motor Vehicles)为 Google 的无人驾驶汽车颁发了一张合法车牌。为了醒目，无人驾驶汽车的车牌用的是红色。图 2-7 所示是谷歌无人驾驶汽车的主要设计原理。

图 2-7　谷歌无人驾驶汽车设计原理图

2018 年 2 月 15 日，百度 Apollo 无人驾驶汽车亮相央视春晚，在港珠澳大桥开跑，并在无人驾驶模式下完成“8”字交叉跑的高难度动作；同年 4 月，美团和百度已经达成协议，计划率先在雄安试验无人驾驶送餐；同年 11 月，百度世界大会上，百度与一汽共同发布 L4 级别无人驾驶乘用车。

实现无人驾驶并不是一项简单的工程，需要各种复杂的电子控制设备互相协同才能实现目标。对于目前的无人驾驶技术来说，以下几大方面的技术必不可少。

(1) 车辆定位技术。目前常用的技术包括磁导航和视觉导航等，可准确识别车辆位置。

(2) 车辆控制技术。主要包括速度控制和方向控制。目前最常用的方法是经典的智能 PID 算法，例如模糊 PID、神经网络 PID 等。

(3) 车辆稳定系统。主要包括 ESP、电子手刹以及各类电子稳定系统，防止车辆失控。

(4) 自动泊车系统。通过该系统，车辆可以通过雷达等感应系统将车自动停入车位。

(5) 雷达系统。激光雷达(LIDAR)是一种用于精确获得三维位置信息的传感器，能够确定物体的位置、大小、外部形貌甚至材质。激光雷达最大的优势就是精准、快速和高效作业。激光雷达是无人驾驶的关键技术，如图 2-8 所示。

图 2-8　激光雷达

(6) 车道保持系统。安装在挡风玻璃上的感应器可识别车道标志线。如果汽车意外离开自己的车道，方向盘会通过短暂振动或干扰驾驶进行提醒。

(7) 预防碰撞系统。感应器放置于车头保险杠位置，通过感应器监测前车距离，然后信息处理芯片对两车距离进行判断并发出指令，最后执行机构采取安全措施，发出警报，紧急情况下可实现自动刹车。

(8) 红外照相机设备。安装在挡风玻璃上的照相机监测红外信号，而长波红外只观测待测主体与环境之间温度差，不受光线情况影响，十分适合夜间观察路边行人，保障安全。

(9) 电磁控制系统。通过电磁原理控制相应的部件，以代替人工操作。

目前，无人驾驶技术还不是很成熟，存在一些安全隐患。据报道，2018 年 3 月 18 日，在美国亚利桑那州坦佩市发生了一起车祸，Uber 的一辆配备自动驾驶技术的沃尔沃 SUV 汽车撞上了一位过路行人，致该行人死亡。

人工智能随着大数据的发展，将智能应用发展得淋漓尽致。除了上面讨论的三个典型的人工智能的应用实例，在各行各业都得到广泛的应用，包括智能家居、智能客服(如图 2-9 所示)、智能制造、智能医疗、智能翻译等各大领域。

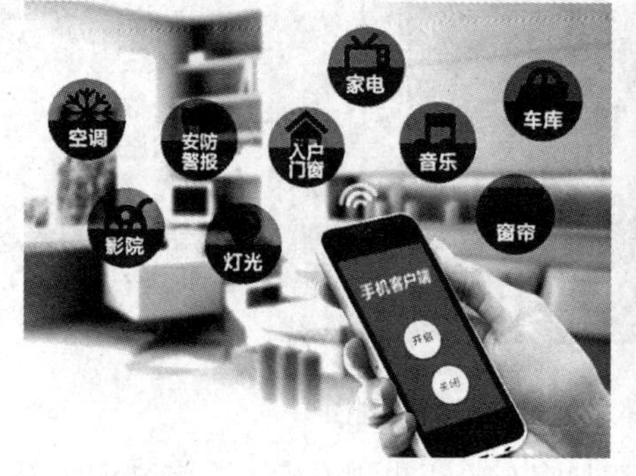

图 2-9　智能家居、智能客服

智能家居，将人工智能技术嵌入家居环境或设备(比如，Echo 音箱、智能窗帘)，只需要通过碰触、手势、语音识别、人脸识别即可实现家中环境及设备的智能控制。智能客服，在线客服通过语音识别技术、自然语言处理技术实现人机交互。其用于客服领域，业务咨询、专业问题解答、投诉反馈等都能替代人工客服，从而减轻客服压力，降低企业运营成本。智能制造，主要体现在工业机器人的应用。在生产制造业，人工智能技术可以极大地提高生产效率、代替人力、节省劳动成本以及提升产品质量。

# 2.3　大数据支撑的智能应用

大数据时代已经来临，在大数据的驱动下人工智能技术也日渐成熟，以大数据为基础的智能应用比比皆是。本节将介绍几个以大数据为支撑的行业应用，并讲解大数据技术是如何应用在各个领域的。

## 2.3.1　大数据提升社会管理效能

自 2014 年以来，佛山市禅城区以大数据为抓手，推出以“一门式”改革和社会综合治理“云平台”为两翼的基层社会治理新模式，让数据为老百姓“跑腿办事”，省去了“跑断腿、磨破嘴，办事跑十几个部门，盖几十个公章”的苦恼和无奈，既提高了行政审批效率，又节约了政府开支，被评为全国创新社会治理最佳案例。“一门式”改革，即以串联、并联、跳转等方式，破除壁垒，共享信息，协同审批。每个服务窗口职能相同，对接所有行政审批服务，一口受理，一窗通办。一窗可办结所有事项，每次只需 5 至 10 分钟，还可以 24 小时“全域通办”“零跑腿服务”。

禅城紧抓大数据进行社会管理改革的成功案例充分说明：大数据可以提升政府社会管理效能——告别传统管治，迈向智慧善治。那么具体怎么应用大数据来提升政府社会管理效能呢？下面简单介绍大数据在舆情分析、人口细分和定制政策以及使用自动计算代替或辅助人为决策三个方面对社会管理效能的提升。

### 1. 舆情分析

随着互联网和自媒体的发展，公众可以更加自由地在网络上发表言论和看法，反映公众对现实社会中各种现象所持的政治信念、态度、意见和情绪。各级政府部门越来越关注公众舆论，希望能够及时掌握舆论动向、快速分析舆论趋势、并积极引导舆论走向，维护社会稳定，真正做到关注民生、重视民生、保障民生、改善民生。运用社会大数据进行舆情分析研判，建立社会舆情汇集和分析机制，引导社会热点、疏导公众情绪、搞好舆论监督，有效监测和评估风险，并在事前采取适当的措施进行规避是社会管理创新的重要手段。

图 2-10 所示是由清华大学国际传播研究中心李希光教授主持团队研发的——社会舆情研判预警系统(以下简称预警系统)的工作流程。该系统以社会舆情的监测、研判和预警为工作目标，以互联网信息挖掘技术和分析技术为基础，为党和政府的舆情管理提供服务。其目的在于及时了解和把握社情民意，对当前相关热点话题进行科学分析和研判，尽量降低各类突发事件带来的负面影响，科学预测重大危机事件的舆论走势，提供危机管理和应对的决策参考。

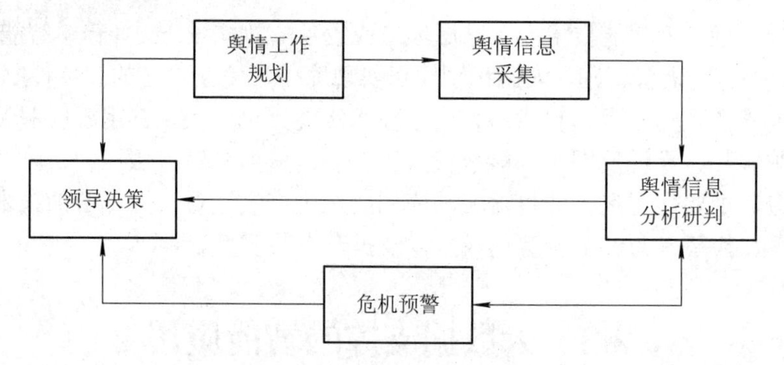


图 2-10　舆情研判预警系统工作流程图

在舆情系统的工作流程中，领导决策既是舆情信息工作的起点，又是舆情工作的中枢，最终目的是为了给决策者提供科学的舆情信息情报。为了使决策者有效地使用舆情信息，有关舆情信息工作者需要有较高的政治觉悟、精准分析问题的能力、高度的危机意识、准确领悟舆情监测的内容以及科学设计舆情工作的规划，包括：通过哪些渠道调研舆情、调研哪些方面的舆情、使用哪些关键词进行监测、监测的周期和监测的内容等。

舆情信息的采集可根据预设的关键词和监测范围，通过接入互联网自动采集新闻网站、论坛、博客、微博等多媒体平台的舆情信息，自动筛选有用的数据、自动统计、自动识别，大大地节省人力物力，为实时掌握舆情动态、发出预警提供基本条件。

舆情信息分析研判是舆情信息研究的核心内容，主要包括话题识别、话题追踪、倾向性分析和热点分析。

危机预警是通过对每一个舆情危机事件出现前重要信息的收集和监测，为危机预警管理提供决策和建议的过程。及早发现危机的苗头，及早对可能产生的现实危机的走向、规模进行判断，及早通知各有关职能部门共同做好应对危机的准备。危机预警关键在于准确判断这种危机发现与危机可能爆发之间的时间差。

舆情系统的架构设计、工作流程与相应的关键技术解决方案如表 2-1 所示。

**表 2-1　舆情系统的架构、工作流程与相应的关键技术解决方案**

| 舆情系统构架 | 工作流程 | 关键技术解决方案 |
|---|---|---|
| 信息采集系统 | 信息定向采集 | 基于网络爬虫技术的互联网信息采集技术 |
| 元搜索系统 | 信息全网采集 | 元搜索引擎技术(Mete-Search Engine) |
| 数据处理系统 | 信息预处理 | 文本挖掘技术，中文分词技术 |
| 智能分析系统 | 定量描述与风险识别 | 舆情走势模拟、舆情热点发现、舆情态度分析以及重点人物关联分析 |
| 风险预警系统 | 发出预警信号 | 宏观舆情风险指数研究，微观敏感舆情识别研究 |

目前有很多舆情系统架构方式，图 2-11 所示为典型的系统架构示意图。该系统以分布式平台为基础，架构符合目前主流的舆情系统架构标准，且具备强大的技术升级能力。系统的抓取服务器、数据处理服务器、结果展示服务器可分布式处理，能满足对大型数据业

务的需求，可以在各类主流硬件平台和 Windows、Linux 等多个操作系统上运行，支持各类 Web 浏览器和服务器，通过各类电脑操作系统或各种终端都可以访问、管理整个系统平台。

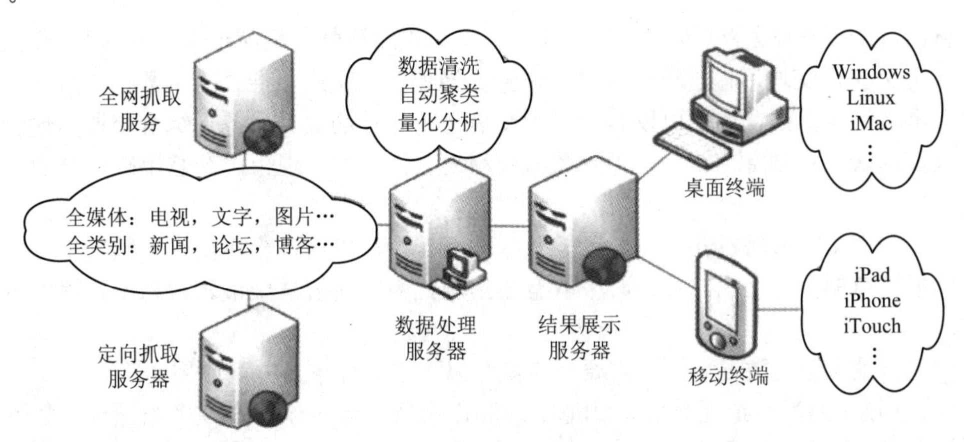


图 2-11　舆情系统架构

### 2．人口细分和定制政策

随着公共事务的日益复杂，仅凭个人感知已经很难全面了解所有正在发生的事情并做出正确判断，政府部门想要提高决策的科学性，就需要把大数据思维和大数据技术运用到政府治理与决策中，通过相应的数据挖掘来辅助政府部门进行科学决策。麦肯锡的研究报告发现，根据个体和人群将公共服务进行细分与定制能够提高效率和公民的满意度。因此，政府可以利用大数据分析对人口进行细分，并制定相应的政策，来提升社会管理水平，增加公民的满意度。比如，德国联邦劳工局分析了数量巨大的公民历史数据，包括失业工人的历史、政府干预及其结果、求职花费时间等。随后劳工局根据此分析形成了人群细分，调整了政府对失业人群的帮助。这个政策连同其他政策实施了三年，帮助劳工局每年减少 149 万美元的开支，不仅缩短了失业人口重新入职的时间，而且提高了使用服务者的满意度。同样，政府部门可以使用大数据对个人和企业纳税人、对农村和城市的看病群体进行分割等，并定制合理的政策。

### 3．使用自动计算代替或辅助人为决策

大数据更为复杂、更为高级的应用是使用自动算法来分析大数据库，从而帮助决策者。例如，政府机构需要找出财政支出中的异常，劳动或社保部门需要了解缴税、保险支付的异常状况。税收机构使用自动运算对纳税申报单进行系统和多层级检查，并且能自动标识出需要进一步检查或是审计的税单。这种方法能够大大提升征税功能的管理效能。

运算法则能够对多种源头获取来的大量数据进行判别，识别不一致、错误和虚假信息。比如，基于规则算法能够标识出可疑的相关事件一个人在收到失业补助的同时还提交了一份工伤案件。使用更加先进的算法技术(比如，机器学习、人工神经网络)可以降低错误判断的可能性。

上述实例讨论了如何利用大数据来提升社会管理。在“全面深化改革，推进国家治理体系和治理能力现代化”的时代背景下，我们应牢牢抓住大数据为政府治理提供的机遇，

切实提高各级政府部门的治理能力。

## 2.3.2 大数据促成智慧交通

目前，全国高速公路网已经超过 24 万公里，铁路运营里程超过 12 万公里，高铁里程超过 2 万公里，交通运输过程中产生大量的交通调度、交通监控、收费数据和票务数据，以及日常运维等数据。如果可以有效利用交通运输行业的数据服务于综合交通运输管理及相关政策的研究和制定，就可以提升政府交通运管能力和实现市民智慧出行，从而建设智慧城市。

面对城市交通拥堵、安全、污染、效率等问题，可以通过构建交通大数据平台，实时精确掌握城市的交通状况，并及时采取有效措施，为实现智慧城市、智慧出行提供良好的条件。

构建智慧交通大数据平台，需要至少满足以下三点要求，方可应用实施。

(1) 从城市路网、地面公交、轨道交通和出租汽车等多途径收集多源异构的数据，进行数据关联、融合、语义化处理，建立索引、管理平台。

(2) 提取路况信息、客流信息、事故信息、能耗信息，用于智能调度、公交服务等，并通过网站、移动互联网、数字广播等多种方式展示给服务人群，达到为业务管理部门、决策部门、交通运输企业和社会公众提供更有效服务的目的。

(3) 可视化展示和研判预警：能够全面实现基础设施、交通运行速度、客流、公交服务、运输行业等信息的日常监测展示；极端天气、客流变化、道路路面状况等条件的安全预警与应急协调展示。如图 2-12 所示为广东省全省 30 天内高速公路交通事件、交通事故监控大数据综合展示图。

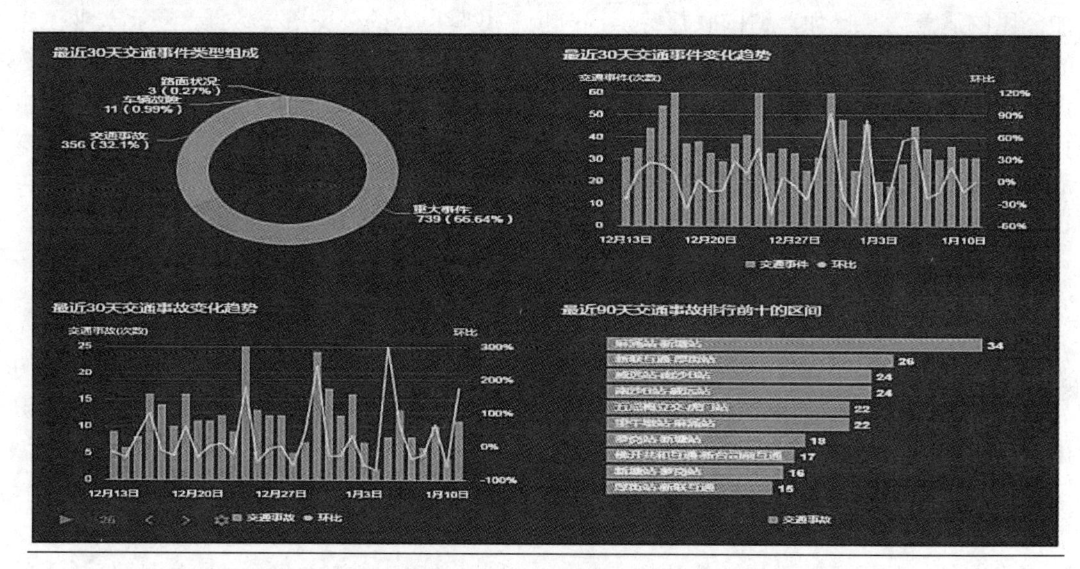


图 2-12　广东省全省 30 天内高速公路监控大数据综合展示图

根据以上几点需求，某市构建了智慧交通大数据平台，总体架构如图 2-13 所示。该大数据平台架构主要分为五个层次：感知层、数据资源层、应用层、展现层和用户层。

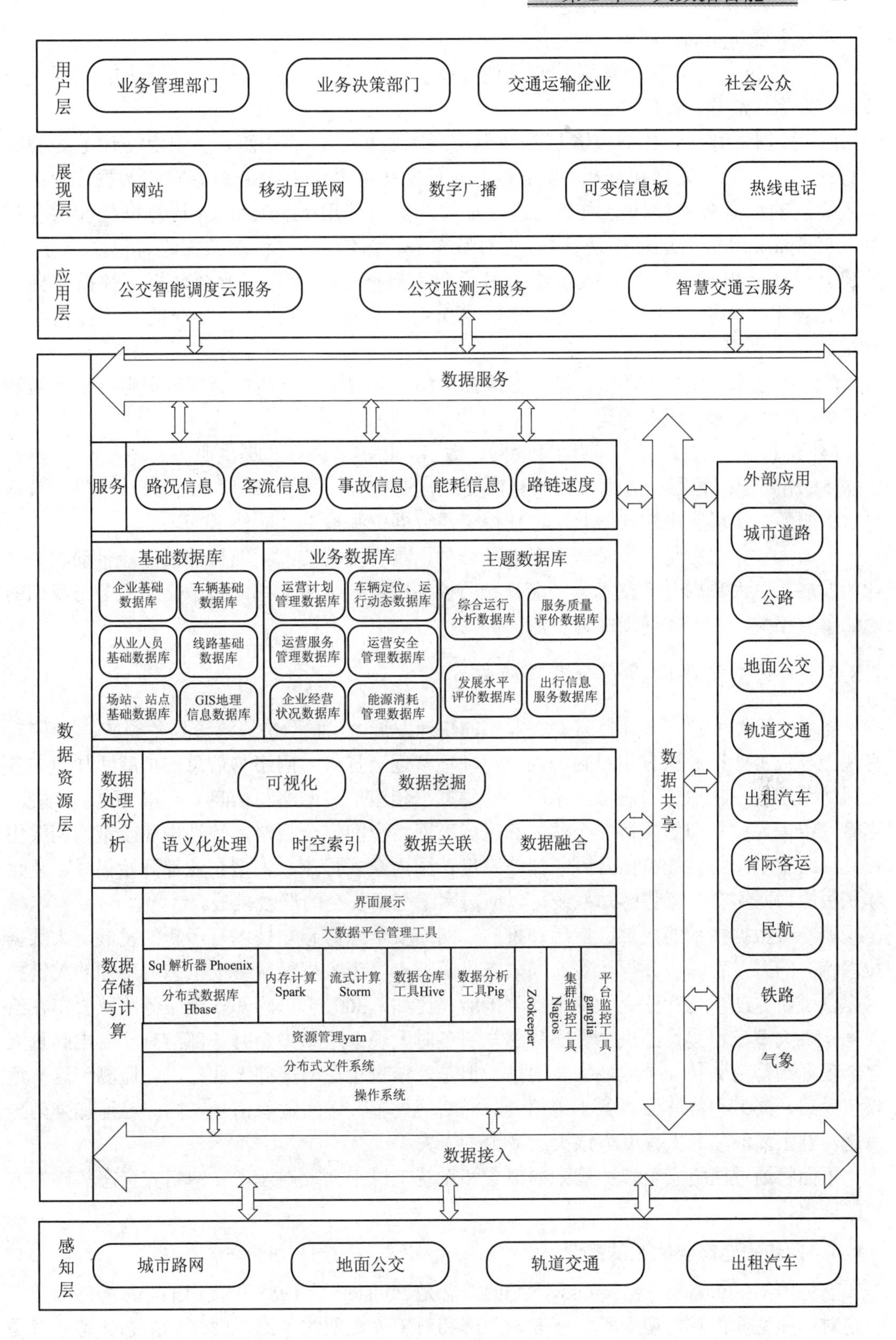

图 2-13　智慧交通大数据平台的总体架构

各层主要功能如下：

(1) 感知层：采用大数据采集和预处理技术，实现对分布广泛、多源异构的海量交通数据的采集、汇聚以及清洗。

(2) 数据资源层：数据资源层是智慧交通大数据平台的心脏，实现对交通数据的存储与计算以及数据处理和分析。首先利用分布式文件系统 HDFS 和分布式数据库 HBase 对采集到的海量多源异构交通数据进行存储；然后使用 MapReduce 计算框架和内存计算框架 Spark 对数据进行快速计算；再对数据进行组织与分析：对数据进行语义化处理，并建立时空索引对其进行有效组织；最后利用数据关联和数据融合分析、数据挖掘、可视化技术，提取有价值的交通信息，为企业、政府部门和社会公众的决策提供有效支持。

(3) 应用层：通过计算和存储，支撑公交都市应用中公交智能调度云服务、公交监测云服务和智慧交通云服务的运行。

(4) 展现层：通过网站、移动互联网、数字广播等多种方式提供服务。

(5) 用户层：智慧交通大数据平台向交通行业企业、政府部门和社会公众提供大数据平台的服务，实现应用数据的共享，使得交通数据资源被更好地使用。

交通大数据服务是未来新兴服务业的一种，具有重要的产业发展前景，能带动相关产业的发展。以大数据分析技术、智能视频监控和图像处理为支撑的智慧交通服务与我们的生活息息相关，并正在逐步成为主流。

### 2.3.3 大数据实现网络安全态势感知

随着“互联网+”、云计算等新兴业态的快速发展，互联网快速渗透到各领域、各环节，客观上导致工业行业原有相对封闭的使用环境被逐渐打破，网络与信息安全威胁加速向各类网络系统、设备渗透，病毒、木马日益猖獗。相应地，网络与信息安全形势愈加严峻。随着《中华人民共和国网络安全法》和《国家网络空间安全战略》等法规和政策的相继出台，网络安全态势感知被提升到了战略高度，国内众多行业、大型企业都开始倡导、建设和积极应用网络安全态势感知系统，以应对网络空间安全的严峻挑战。

随着大数据技术的成熟、应用和推广，网络安全态势感知技术有了新的发展，大数据技术特有的海量存储、并行计算、高效查询等特点，为大规模网络安全态势感知的关键技术提供了新方法，为行业企业安全保驾护航。比如，360 态势感知安全服务团队去年在给一家从事大型工程建设的央企做态势感知服务时发现：这家央企财务部门有一台电脑每天自半夜开始与南美某一个地域大量通信。但是，该央企在南美并无业务。在监测到这一危险信号后，360 态势感知服务小组第一时间断网处置，切断危险信号，同时迅速加强防护措施，补上漏洞，最大程度为该央企减少了损失。

下面将通过网络安全态势感知的概念和系统来讨论大数据技术在网络安全态势感知方面的应用。

#### 1. 网络安全态势感知的概念

态势感知(Situation Awareness，SA)的概念是 Endsley 于 1988 年提出的。态势感知是在一定时间和空间内对环境因素的获取、理解和对未来短期的预测。网络安全态势感知就是利用数据融合、数据挖掘、智能分析和可视化等技术，直观显示网络环境的实时安全状况，为网络安全提供保障。借助网络安全态势感知，网络监管人员可以及时了解网络的运行状态、受攻击情况、攻击来源以及哪些服务易受到攻击等情况，并据此对发起攻击的网络采取相应的措施。

网络安全态势感知包括三个级别：第一级是能够获取感知攻击的存在；第二级是能够识别攻击者或攻击的意图；第三级即最高级是态势预测，也叫风险评估，通过对攻击者行为的分析，评估该行为(包括预期的后续动作)对网络系统有什么危害，从而为决策提供重要的依据。整个态势感知过程可由图 2-14 所示的三级模型直观地表示出来。

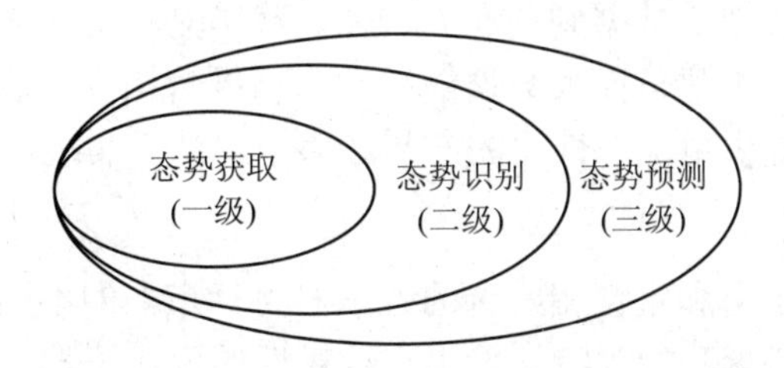


图 2-14　网络安全态势感知三级模型

### 2. 网络安全态势感知系统

图 2-15 为一种基于大数据的网络安全态势感知系统。系统通过收集各种网络安全数据，并通过大数据平台对数据进行处理、分析，结合威胁情报进行关联，再基于可视化技术实现网络安全态势感知呈现。该系统可以针对整体范围或某一特定时间与环境，基于特定的条件进行因素理解与分析，最终形成历史的整体态势以及对未来短期的预测和研判。

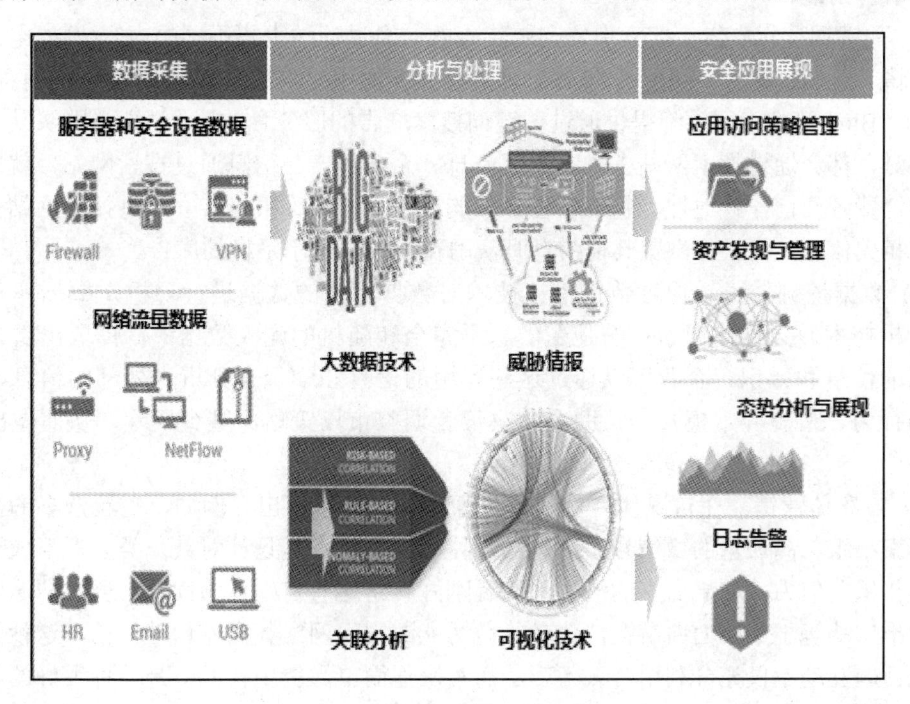


图 2-15　网络安全态势感知系统

为了解决日益严重的网络安全威胁，建立基于大数据的网络安全态势感知系统，不仅能够全面掌握当前网络安全状态，还可以预测和研判未来网络安全趋势，以应对各种威胁。

### 2.3.4 大数据助力精准营销

据数据显示，每一天上网高峰期主要集中在22:00～24:00之间。研究人员发现，出现这种现象的原因是现代人睡觉前普遍都会有上网的习惯，于是有些网上商家就利用消费者这种习性在晚上12点进行促销秒杀活动，带动销量的倍增。

从上述现象可以看出，对历史数据进行分析挖掘，从大量的数据系统中提取、整合有价值的数据，进而可以实现从数据到利润的转化。我国是制造业大国，产能往往是供大于求，经济效益无法实现最大化，而大数据能够助力精准营销、精确的市场定位与分析、高效地寻找客户，为客户提供更加个性化的产品和服务，从而实现经济效益最大化。

**1. 精准营销的定义**

精准营销是指通过定量和定性相结合的方法对目标市场的不同消费者进行细致分析。根据消费者不同的消费心理和行为特征采用有针对性的现代技术、方法和指向明确的策略，实现对目标市场不同消费者群体强有效性、高投资回报的营销沟通。

**2. 精准营销的主要方法**

(1) 基于数据库营销。建立一个相关信息比较完备的潜在消费者数据库，是进行精准营销的重要基础，需要企业持续的努力，如果企业还没有建立独立的、完备的消费者数据库，可以借助其他组织的数据库，从中挑选出符合企业需要的潜在消费者的信息来开展自己的精准营销活动。

(2) 关键词搜索广告。搜索引擎利用特殊的信息过滤技术将不同的内容(例如电影、音乐、书籍、新闻、图片、网页等)推荐给可能感兴趣的用户，从而实现精准推送。百度、谷歌、微软Bing等搜索网站都提供通过关键词搜索广告的服务。大多数消费者购买某类产品或服务时，都会通过搜索网站去查询相关信息。企业的产品信息通过搜索网站，就出现在需要的消费者面前，针对性、精准性强。如购买手机时，你很可能会通过搜索网站去查询手机的相关信息，而当你浏览其他信息时，网页上也会显示手机的广告。

(3) 数据挖掘技术。通过数据挖掘技术对数据库中的数据进行分析是数据库营销的主要分析技术。数据挖掘的目的是在信息不完全和随机的庞大数据中，提取出隐含于其中有用的信息和知识。企业可以通过这些有用的信息和知识来分析内外部的信息、预测客户的行为、检验异常模式，帮助企业决策者调整市场策略、减少风险，从而做出正确决策。

(4) 自媒体营销。在自媒体时代，很多意见领袖脱颖而出。例如，粉丝众多的微博名人、豆瓣小组、高质量的微信号。这些自媒体明星的特点是只针对某一类人群形成了话语体系与传播公信力。如果商家的潜在消费者刚好就是这些自媒体的读者人群，与这些自媒体合作推广就等于集中面向潜在消费者。微博能够实现网络数据库精准营销，这种微博营销通过话题互动不仅充分利用名人效应，而且操作简单、费用较低，是一种很好的精准营销方式。

#### 3. 大数据对于精准营销的作用

大数据为精准营销提供了海量的数据，通过这些数据可以建立起更加精确的市场定位与分析，高效地寻找客户。基于数据和分析做出营销决策，从而更加科学和精准地实现营销的新发展。另外，通过用户数据的积累和挖掘，可以分析用户行为规律，准确地描绘其个体轮廓，为用户提供更加个性化的产品和服务。

1) 助力客户信息收集与处理

精准营销所需要的信息内容主要包括：

(1) 描述信息：顾客的基本属性信息。如年龄、性别和联系方式等基本信息。

(2) 行为信息：顾客的购买行为上的特征，它通常包括顾客购买产品或服务的类型、消费记录等。

(3) 关联信息：顾客行为的内在心理因素。常用的顾客关联信息包括满意度、对产品与服务的偏好或态度等。

以淘宝网为例，淘宝网日活跃用户超 1.2 亿，在线商品数量达到 10 亿，每天产生约 20 TB 数据。这些海量的数据汇集起来使得进行大数据的精准营销成为可能。通过数据挖掘技术，在海量的客户资料中筛选出对公司有价值的信息，对客户行为模式与客户价值进行准确判断与分析，找到与公司自身产品和品牌定位相匹配的客户，从而可以减少在市场推广和营销上的无效投资，提高营销的精准度。

2) 更精准的市场定位

根据二八原则，企业大约 80%的收益是由企业 20%的忠诚客户提供的。因此企业需要将极其有限的资源投入到这少部分的忠诚客户中，把营销开展的重点放在这最重要的 20%的客户上，以最小的投入获取最大的收益。

利用海量数据和先进的数据挖掘技术可以助力精准营销，挖掘客户行为特征，清晰地描述目标消费者对企业产品和服务的需求特征。从客户需求、客户认知、竞争者的角度等多方面因素来考虑企业要提供的产品和服务所应该满足的客户群体，从而进行精准的市场定位。

3) 辅助营销决策与营销战略设计

通过数据的收集和挖掘找到目标客户群，根据目标客户群营销活动的目标设计有针对性的营销活动创意(包括产品、价格、渠道和促销)，并就各方案进行评估，挑选出最佳创意，形成最终的营销方案。一个好的营销方案必须聚焦到某个目标客户群，如果没有数据支撑，那么制定的营销方案和营销决策难免会不够科学合理，不能真实地聚焦用户。

### 2.3.5　大数据辅助医疗服务

近年来，随着互联网、大数据等信息技术的高速发展，医疗领域内的信息包括病历数据、医学检验数据和医学影像数据等正从纸质的单一数据信息向系统的数据信息方式转变。与此同时，大型卫生信息平台、医疗业务体系也在逐步完善。这就决定了大数据技术必将对医疗卫生领域带来重大影响。图 2-16 所示是某医院大数据融合平台，其可以实现医院各类数据的挖掘分析及数据应用服务，从而提升医院管理能力。

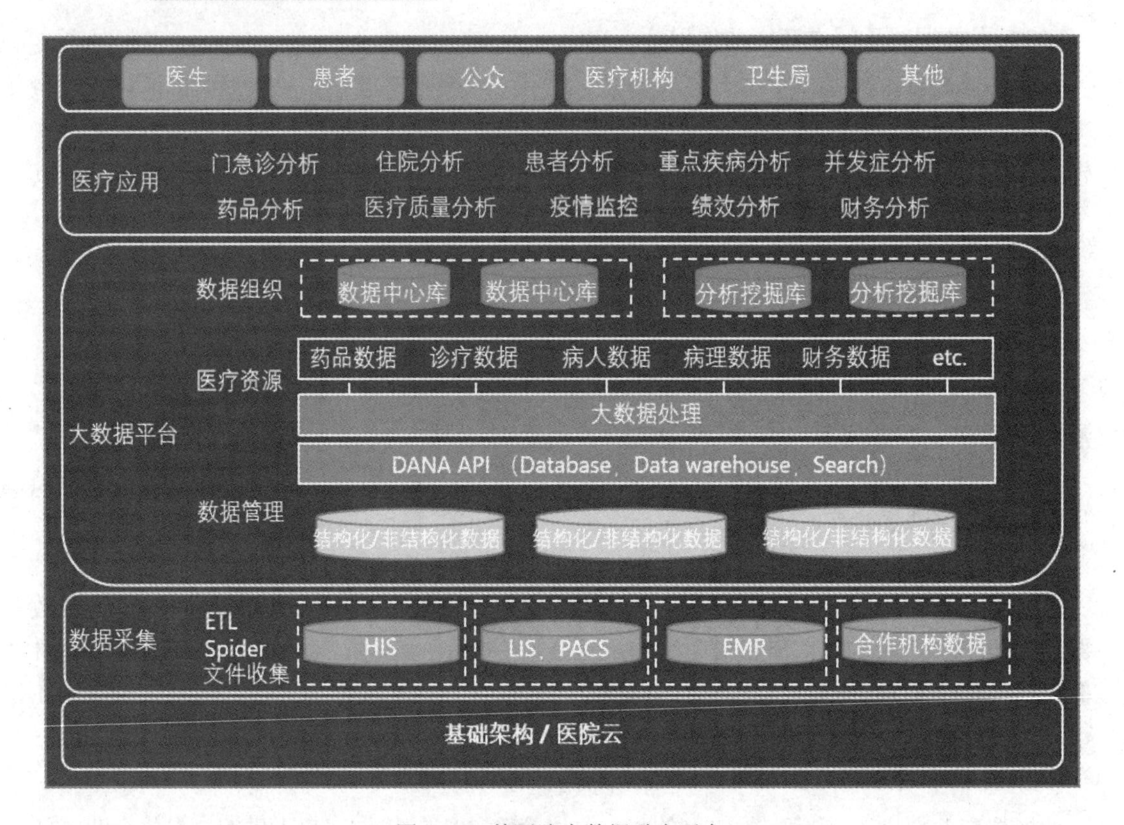


图 2-16　某医院大数据融合平台

大数据技术在医疗领域的技术层面、业务层面都有十分重要的应用价值。在技术层面，大数据技术可以采集来自多维度的医疗数据，并对数据进行处理、分析，挖掘有价值的信息，为医疗卫生管理系统、综合信息平台等的建设提供技术支持；在业务层面，大数据技术可以向医生提供临床辅助决策和科研支持，向管理者提供管理辅助决策、行业监管、绩效考核支持，向居民提供健康监测支持。下面简单介绍大数据技术在医疗健康领域的典型应用。

1) 大数据技术在医疗系统、医疗信息平台建设中的应用

大数据技术可以通过建立海量医疗数据库、网络信息共享、数据实时监测等方式为国家卫生综合管理信息平台、电子健康档案资源库、国家级卫生监督信息系统、妇幼保健业务信息系统、医院管理平台等提供基本数据源，并提供数据源的存储、更新、挖掘分析、管理等功能。通过这些系统及平台，医疗机构之间能够实现同级检查结果互认、节省医疗资源、减轻患者负担；患者可以实现网络预约、异地就诊、医疗保险信息即时结算。

2) 大数据技术在临床辅助决策中的应用

在传统的医疗诊断中，医生仅依靠目标患者的信息以及自己的经验和知识储备作出临床决策，这种方式局限性很大。而大数据技术则可以将患者的影像数据、病历数据、检验检查结果、诊疗费用等各种数据录入大数据系统，通过机器学习和挖掘分析方法，医生即可获得类似症状患者的疾病机理、病因以及治疗方案，这对医生更好地把握疾病的诊断和

治疗十分重要。

3) 大数据技术在医疗科研领域中的应用

在医疗科研领域，运用大数据技术对各种数据进行筛选、分析可以为科研工作提供强有力的数据分析支持。例如，在健康危险因素分析的科研中，利用大数据技术可以在系统全面地收集健康危险因素数据(包括环境因素、个人行为因素、医疗卫生服务因素以及人类生物遗传因素等)的基础上，进行比对关联分析，针对不同区域、家族进行评估和遴选，研究某些疾病发病的家族性、地区区域分布性等特性。

4) 大数据技术在公共卫生管理中的应用

大数据可以连续整合和分析公共卫生数据，提高疾病预报和预警能力，防止疫情爆发。公共卫生部门可以分析医疗大数据的变化，通过分析不同地域患者出现相同或相似症状及其蔓延的信息，快速检测传染病，进行全面疫情监测，并快速响应。

## 本 章 小 结

本章首先介绍了人工智能在学术界的几种定义以及目前人工智能的主要分支和研究领域，其中重点讲述了机器学习和人工神经网络的概念，并阐述了人工智能与大数据的关系；然后又介绍了几个基于大数据的人工智能实例：阿尔法狗、人脸支付和无人驾驶汽车；最后阐述了几个大数据支撑的行业应用，包括大数据在社会管理方面的应用、大数据在交通领域的应用、大数据在网络安全态势感知方面的应用、大数据在精准营销方面的应用和大数据在医疗健康领域的应用。

## 课 后 作 业

### 一、名词解释

1. 人工智能
2. 机器学习
3. 深度学习(人工神经网络)
4. 模式识别
5. 自然语言理解
6. 计算机视觉
7. 人脸识别
8. 网络安全态势感知
9. 精准营销

### 二、简答题

1. 简要叙述模式识别技术特点。
2. 简要介绍一下机器学习。
3. 简述机器学习与深度学习的区别。

4. 简单叙述人工智能为什么离不开大数据，以及人工智能与大数据的关系。
5. 简要说明阿尔法狗的系统组成和主要训练过程。
6. 简单介绍无人驾驶技术主要运用了哪些现代高科技技术。
7. 简述网络安全态势感知关键技术。
8. 简要介绍大数据在医疗领域的应用。

## 三、读书报告

1. 阅读相关文献资料，简单介绍几个基于大数据的人工智能应用实例。
2. 查阅相关资料，简单叙述大数据在商业和教育领域的应用。

# 第3章 大数据开发流程

## 学习目标

- 掌握大数据开发的基本流程
- 理解大数据采集与预处理技术
- 了解大数据存储技术
- 理解大数据处理方式
- 了解大数据可视化工具

## 本章重点

- 大数据开发流程
- 大数据采集工具
- 大数据处理与分析工具

本章主要讨论大数据开发基本流程和相关的技术方法。

大数据来源广泛、种类繁多、价值密度不高，各大企业行业都竞相针对不同的应用需求进行大数据开发，想要挖掘出更多数据背后的价值。虽然针对不同的数据和需求，会涉及不同的大数据技术，但是大数据开发的基本流程是大体一致的。大数据开发的基本流程可以理解为在合适的工具辅助下，对不同结构的数据源进行采集、清洗和集成，并按照统一的标准进行存储，然后利用合适的数据处理技术对存储的数据进行计算、分析，从中提取、挖掘有价值的信息并使用恰当的方式将结果呈现给终端用户。

如图 3-1 所示，大数据开发的基本流程涉及六大关键技术环节：大数据采集、大数据预处理、大数据存储、大数据处理、大数据分析和大数据可视化。其中，大数据的处理和分析是大数据开发流程中的核心。大数据开发流程中涉及的相关技术与工具如表 3-1 所示。

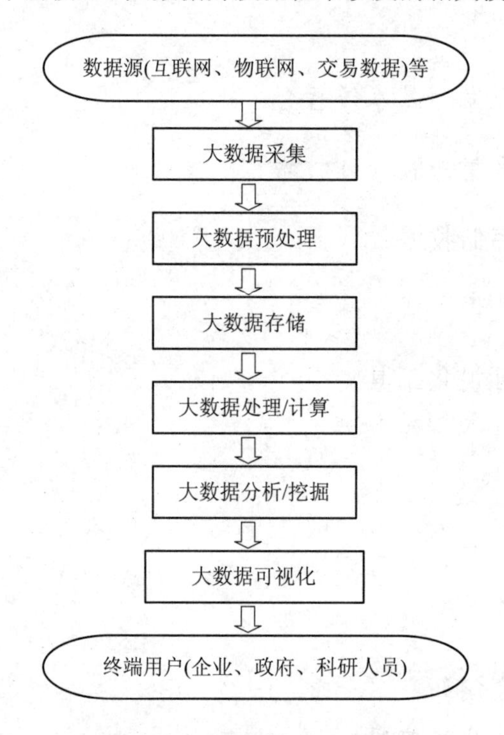


图 3-1　大数据开发的基本流程

**表 3-1　大数据开发流程涉及的相关技术与工具**

| 大数据开发环节 | 相关技术与工具 |
|---|---|
| 大数据采集 | 系统日志采集、网络爬虫技术 |
| 大数据预处理 | 数据清洗、数据集成、数据变换、数据规约 ETL 工具 Kettle |
| 大数据存储 | 数据库存储(MysQL、Oracal、NoSQL)、<br>分布式存储系统(HDFS)、云存储 |
| 大数据处理 | 批处理、流式处理、交互式处理 |
| 大数据分析 | 定量分析、定性分析、统计分析、<br>聚类分析、分类分析、语义分析 |
| 大数据可视化 | 可视化技术、标签云、聚类图 |

# 3.1　大数据采集与预处理

大数据的采集是指在确定用户需求和目标的基础上，对一定范围内的所有结构化、半结构化和非结构化的数据源进行收集和整合的过程。大数据采集是大数据开发流程的第一个环节。评判大数据采集系统性能的好坏，主要取决于它的精度和速度。在满足精度要求的条件下，应尽可能提高采集速度，以满足实时采集、实时处理和实时控制等对速度的要求。

数据源的种类繁多、数据类型繁杂，并且数据产生速度快，传统的数据采集方法难以胜任。因此，大数据采集技术面临着很多挑战。

(1) 数据的分布性：文档数据分布在数以万计的不同服务器上，没有预先定义的拓扑结构相连。比如，分布在不同企业内部的数据，如何进行有效的整合。

(2) 数据的冗余性：很多网络数据没有统一的结构，并存在着大量的重复信息。

(3) 数据的不稳定性：数据系统随时可能添加、移动或者删除数据。

(4) 数据的高并发性：成千上万的用户同时进行数据访问和操作而引起的高并发数问题。比如，在春运火车票售卖的最高峰时，火车票网站的访问量在一天之内突破上百亿万次，这对服务器、网络和采集技术提出了更高要求。

(5) 数据的错误性：数据可能是错误或者无效的。错误来源有录入错误、语法错误和识别错误等。

(6) 数据的复杂性：数据既有存储在关系型数据库中的结构化数据，又有文档、日志、图形、语音、视频等非结构化数据。

本节首先介绍大数据来源，然后再对不同数据源的数据采集方法和采集工具进行介绍。

## 3.1.1　大数据来源

按照大数据产生的来源，数据主要分为商业交易数据、互联网数据与物联网数据(机器和传感器数据)三种类型。其中，商业交易数据来自企业资源规划(ERP)系统数据、各种 POS 机数据、网上支付数据和银行卡刷卡数据等；互联网数据来自浏览网页、移动通信数据及 QQ、微信、微博等社交媒体产生的数据；物联网数据也称机器和传感器数据，来自射频识别装置、量表、传感器设备、视频监控设备和其他设施的数据以及定位/GPS 系统数据等。大数据的主要来源如图 3-2 所示。

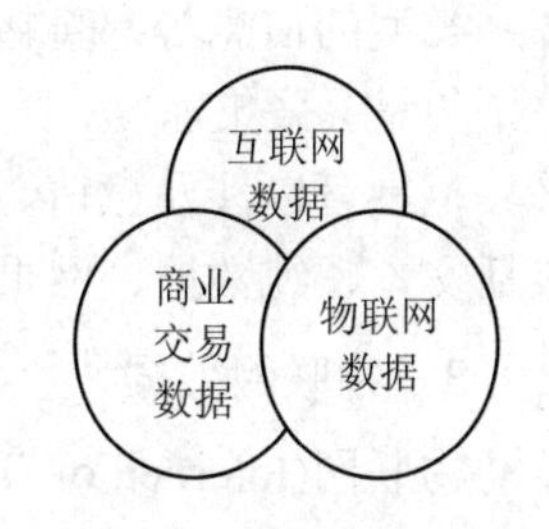


图 3-2　大数据的主要来源

在信息社会中，几乎所有行业的发展都离不开大数据的支持。大数据三大数据来源之间并不是孤立存在的，也有交叉。例如，公司网上转账业务产生的数据既属于商业交易数据，又属于互联网数据。数据的来源多种多样，除了以上三种主要来源以外，还可能来自于纯粹的人类记录，比如大学生长跑体能测试产生的数据等。

### 1. 商业交易数据

商业交易数据是现在大数据采集的主要数据来源渠道。商业交易数据主要分为个人和企业交易数据。个人交易数据包括 POS 机数据、信用卡刷卡数据、网上支付数据等由个人进行商业交易产生的数据；企业交易数据包括企业资源规划(ERP)系统数据、销售系统数据、客户关系管理(CRM)系统数据、公司的生产数据、库存数据、订单数据、供应链数据等。

阿里巴巴集团作为全球最大的电子商务企业，据统计年交易额达数万亿元。阿里巴巴集团通过大数据技术建立新型社会诚信体系，该体系收集个体失信行为记录，同时在各个领域实施惩戒，如贷款额度、购买飞机票和税收等，从数据采集到数据应用，实现了让诚信拥有价值。

#### 2. 互联网数据

互联网数据是指网络空间交互过程中产生的数据，包括浏览网页、通信记录及 QQ、微信、微博等社交媒体产生的数据，其数据复杂且难以被利用。例如，社交网络数据虽然记录的大部分是用户的当前状态信息，但同时还记录着用户的年龄、性别、所在地、职业和兴趣等。

互联网数据具有大量化、多样化、快速化、时代化等特点。

(1) 大量化：在大数据时代背景下网络空间数据增长迅猛，数据集合的规模已实现从 GB 到 PB 的飞跃，互联网数据则需要通过 ZB 来表示。在互联网数据的未来发展中还将实现近百倍的增长，服务器数量也将随之增加，以满足大数据存储需求。

(2) 多样化：互联网数据的结构类型多样化，包括结构化数据、半结构化数据和非结构化数据。其中非结构化数据所占的比重越来越大，这与社交网络和传感器技术的发展有着直接关系。

(3) 快速化：互联网数据一般情况下以数据流形式快速产生，且具有动态变化的特征，其时效性要求用户必须准确掌握互联网数据流才能更好地利用这些数据。

(4) 时代化：互联网数据一般呈现的是当下时代最新的数据。时间和地点不同，互联网数据内容也会发生变化。

互联网数据是大数据信息的主要来源，能够采集什么样的信息、采集到多少信息以及哪些类型的信息等都直接影响着大数据应用功能最终效果的发挥。而信息数据采集需要考虑采集量、采集速度、采集范围和采集类型。其中，信息数据采集速度可以达到秒级以上；采集范围可以涉及微博、论坛、新闻网、电商网站、分类网站等各种网页；采集类型可以包括文本、纯数据、网页、图片、视频和音频等。

#### 3. 物联网数据

物联网(Internet of Things)的定义是将各种信息传感设备(如射频识别装置、红外感应器、全球定位系统、激光扫描器等各种装置)与互联网结合起来而形成的一种巨大的网络体系，因此物联网数据也称作机器和传感器数据。物联网主要是通过传感器、条形码和 RFID 等技术来获取大量数据的。

条形码技术给零售业带来了革命性改变，通过内嵌 ID 等信息，条形码在被扫描之后，可以快速在数据库中进行 ID 匹配，很快获知该产品的价格、性能、厂商等具体信息。近年来，智能手机应用的二维条形码(比如支付宝、微信)随处可见。

RFID 技术又称无线射频识别，是一种通信技术，可通过无线电信号识别特定目标并读写相关数据，无需在识别系统与特定目标之间建立机械或光学接触。许多行业都运用了射频识别技术。RFID 与条形码相比，扩展了操作距离，且标签的使用比条形码更加容易，携带一个可移动的阅读器便可收集标签的信息，被广泛应用于仓库管理和清单控制方面。目前 RFID 技术应用很广，如图书馆、门禁系统等。

物联网与互联网的关系：物联网是互联网的一个延伸，互联网的终端是计算机，而物联网的终端是嵌入式计算机系统及其配套的传感器。物联网是计算机科技发展的必然结果，使得为人类服务的计算机呈现出各种形态，如穿戴设备、环境监控设备、虚拟现实设备等等。只要有硬件或产品连上网，发生数据交互，就会产生物联网数据。

物联网数据的特点主要包括以下几点。

(1) 物联网中的数据量更大。物联网的最主要特征之一是结点的海量性，其数量规模远大于互联网；物联网结点的数据生成频率远高于互联网，传感器结点多数处于全时工作状态，数据流是持续的。

(2) 物联网中的数据传输速率更快。由于物联网与真实物理世界直接关联，很多情况下需要实时访问、控制相应的结点和设备，因此需要高数据传输速率来支持。

(3) 物联网中的数据更加多样化。物联网涉及的应用范围广泛，包括智慧城市、智慧交通、智慧物流、商品溯源、智能家居、安防监控等。在不同领域、不同行业，需要面对不同类型、不同格式的应用数据，因此物联网中数据多样性更为突出。

(4) 物联网对数据真实性的要求更高。物联网是真实物理世界与虚拟信息世界的结合，其对数据的处理以及基于此制定的决策将直接影响真实物理世界，因此物联网中数据的真实性显得尤为重要。

以智能安防应用为例，智能安防行业已从大面积监控布点转变为注重视频智能预警、分析和实战，利用大数据技术从海量的视频数据中进行规律预测、情境分析、串并侦察、时空分析等。在智能安防领域，数据的产生、存储和处理是智能安防解决方案的基础，只有采集足够有价值的安防信息通过大数据分析以及综合研判模型，才能制定智能安防决策。

### 3.1.2　大数据采集方法

大数据来源广泛、种类繁多，针对不同的数据源需要采用不同的数据采集技术和方法。数据采集技术是大数据技术和信息科学的重要组成部分，已广泛应用于国民经济和国防建设的各个领域。下面介绍几个典型的数据采集方法。

#### 1．系统日志采集方法

很多大型互联网公司、金融行业、零售行业、医疗行业等业务平台每天都会产生大量的系统日志数据，并且一般为流式数据，如搜索数据、交易数据等。处理这些日志数据需要特定的日志系统和工具。目前使用最广泛的、用于系统日志采集的数据采集工具有 Facebook 的 Scribe、Hadoop 的 Chukwa、Cloudera 的 Flume 和 LinkedIn 的 Kafka 等。这些系统工具均采用分布式构架，能满足每秒数百兆字节(MB)的日志数据采集和传输需求。

1) Facebook 的 Scribe

Scribe 是 Facebook 开源的分布式日志收集系统，能够从各种日志源上收集日志，存储到一个中央存储系统(可以是 NFS 或分布式文件系统等)上，以便于进行集中统计分析处理。

它为日志的“分布式收集，统一处理”提供了一个可扩展的、高容错的方案。

如图 3-3 所示为 Scribe 的系统架构，Scribe 由 Scribe Agent、Scribe 和存储系统(local、HDFS)三部分组成。

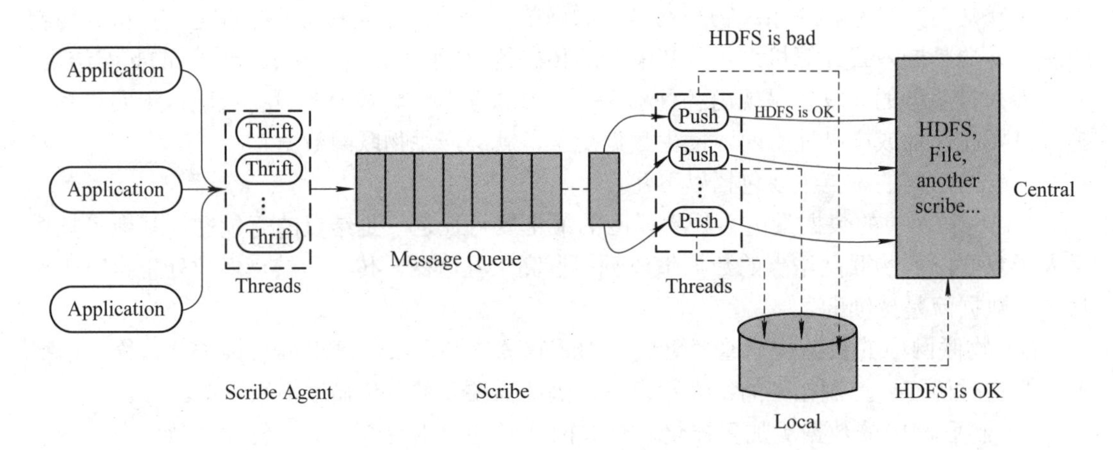


图 3-3　Scribe 的系统架构图

(1) Scribe Agent。Scribe Agent 实际上是一个 Thrift Client，也是向 Scribe 发送数据的唯一方法。各个数据源须通过 Thrift 向 Scribe 传输数据，每条数据记录包含一个种类(Category)和一个信息(Message)，可以在 Scribe 配置中指定 Thrift 线程数，默认是 3。

(2) Scribe。Scrible 接收到 Scribe Agent 发送过来的数据，放到一个共享队列 Message Queue 中，然后根据配置文件，Scribe 可以将不同 Category 的数据存放到不同目录中并 Push 到后端的中央存储系统 HDFS 上。当中央存储系统出现故障时，Scribe 可以暂时把日志写到本地文件“Local”中，待中央存储系统恢复性能后，Scribe 把本地日志续传到中央存储系统上。

(3) 存储系统。存储系统实际就是 Scrible 的 store，存储系统包括中央存储系统 HDFS 和本地文件 Local 两部分。当前 Scrible 支持非常多的存储方式，包括 file、buffer(双层存储，一个主存储，一个副存储)等。

2) Hadoop 的 Chukwa

Chukwa 是解决在集群环境中收集各节点增量日志的一种基于 Hadoop 的实现方案，是一个开源的用于监控大型分布式系统的数据收集系统。Chukwa 包含了强大和灵活的工具集，可用于监控和分析已收集的数据。如图 3-4 所示为 Chukwa 的系统架构。

Chukwa 系统主要由以下五个部分组成。

(1) Agents：负责采集最原始的数据，并发送给 Collectors。

(2) Adaptor：直接采集数据的接口和工具，一个 Agent 可以管理多个 Adaptor 的数据采集。

(3) Collector：负责收集 Agent 送来的数据，并定时写入集群 HDFS 中。

(4) MapReduce：定时启动，负责把集群中的数据分类、排序、去重和合并。

(5) HICC：数据中心，负责数据的展示，用于显示数据的 Web 界面。HICC 是 Chukwa 数据展示端的名字，提供了一些默认的数据展示类型，可以使用“列表”“曲线图”“柱状图”等多种形式以便用户直观地展示数据。

了解了Chukwa的主要部件后，可以将Chukwa的数据流程图简单概述为：数据被 Agent 收集，并传送到 Collector，由 Collector 写入 HDFS，然后由 MapReduce 进行数据的预处理，最后由 HICC 进行数据展示。

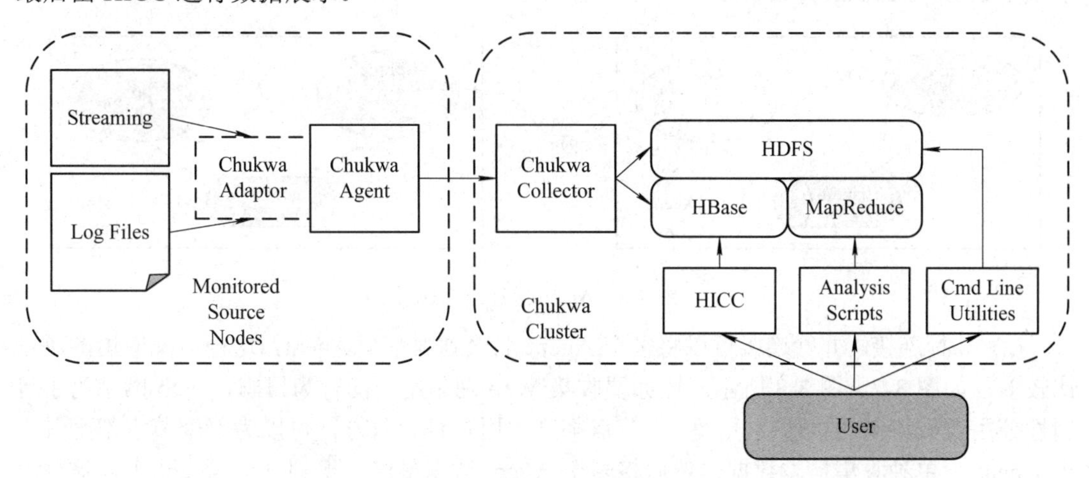


图 3-4　Chukwa 的系统架构图

3) Cloudera 的 Flume

Flume 是 Cloudera 提供的一个高可用的、高可靠的、分布式的海量日志采集、聚合和传输系统。Flume 支持在日志系统中定制各类数据发送方，用于收集数据；同时，Flume 提供对数据进行简单处理并写到各种数据接受方的能力。

Flume 运行的核心是 Agent。Flume 以 Agent 为最小的独立运行单元。它是一个完整的数据收集工具，含有三个核心组件，分别是 Source、Channel、Sink。通过这些组件，事件可以从一个地方流向另一个地方，Flume 组成单元结构如图 3-5 所示。

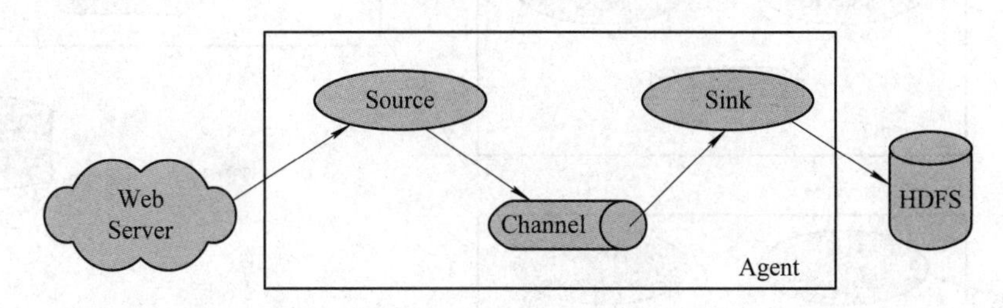


图 3-5　Flume 组成单元结构图

Flume 组成单元 Agent 的三个核心组件功能分别为：

(1) Source 完成对日志数据的收集，并将采集的数据进行特殊的格式化，将数据封装到事件(Event)中，然后将事件推入 Channel 之中。

(2) Channel 主要提供一个队列的功能，对 Source 提供的数据简单地进行缓存。

(3) Sink 取出 Channel 中的数据，发送给相应的存储文件系统、数据库或者提交到远程服务器。

可以将 Flume 的每个组成单元进行不同组合的连接，每种连接应用场景各不相同。下面介绍三种主要的连接方式。

(1) 顺序连接。顺序连接可以将多个 Agent 依次按顺序连接起来，将最初的数据源经过收集，存储到最终的存储系统中，如图 3-6 所示。一般情况下，顺序连接应该控制 Agent 的连接数量，因为数据流经的路径变长了，如果不考虑 Failover(失效备援)，出现故障将影响整个 Flow 上的 Agent 收集服务。

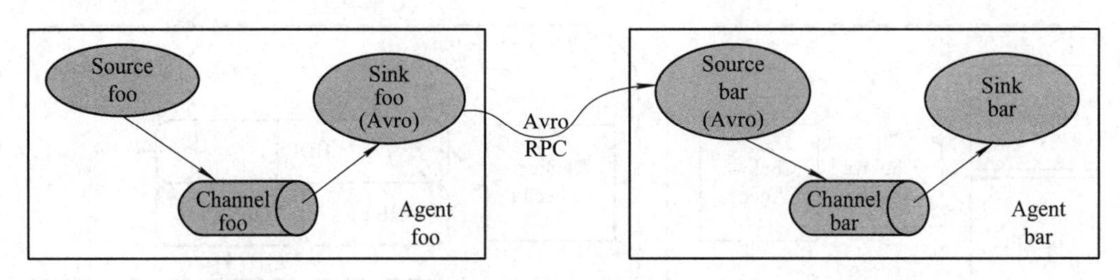


图 3-6　Agent 顺序连接图

(2) 并行连接。并行连接可以将多个 Agent 汇聚到同一个 Agent，这种情况应用的场景比较多，如图 3-7、图 3-8 所示。比如要收集 Web 网站用户的行为日志，Web 网站为了可用性使用负载均衡的集群模式，每个节点都产生用户行为日志，可以为每个节点都配置一个 Agent 来单独收集日志数据，然后将多个 Agent 数据最终汇聚到一个 Agent 上。这种连接方式主要用来将数据存储在分布式文件存储系统上，如 HDFS。

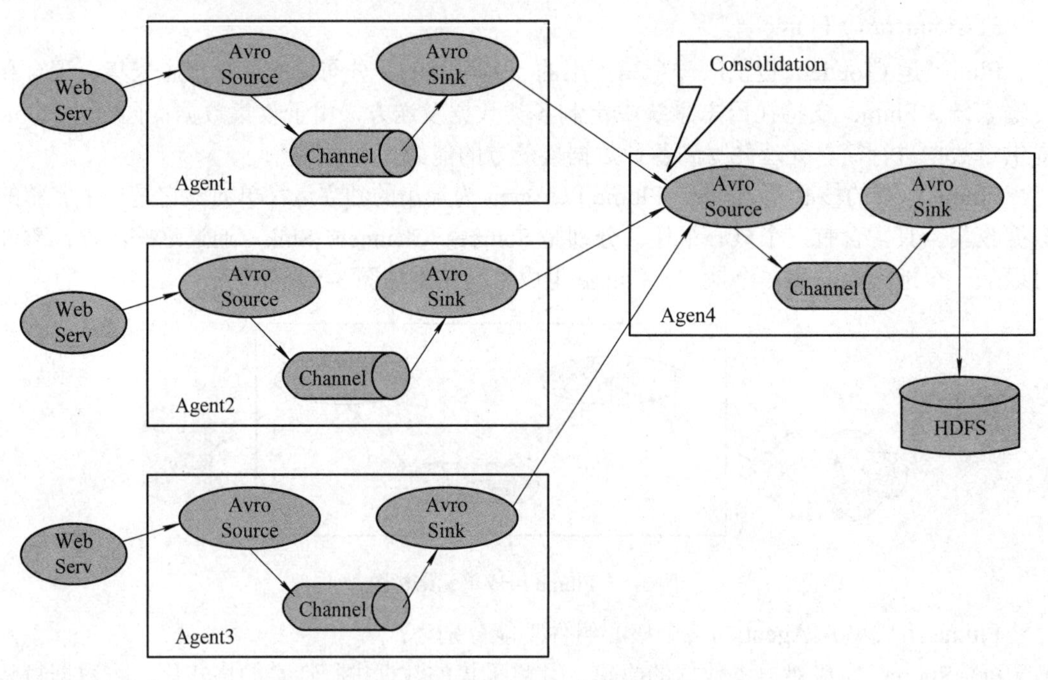


图 3-7　多个 Agent 汇聚到同一个 Agent 应用场景一

(3) 多路复用(Multiplexing)连接。这种连接模式有两种方式，一种是用来复制(Replication)，另一种是用来分流(Multiplexing)。Replication 方式，可以将最前端的数据源复制多份，分别传递到多个 Channel 中，每个 Channel 接收到的数据都是相同的。Multiplexing 方式，Selector 可以根据 Header 的值来确定数据传递到哪一个 Channel。

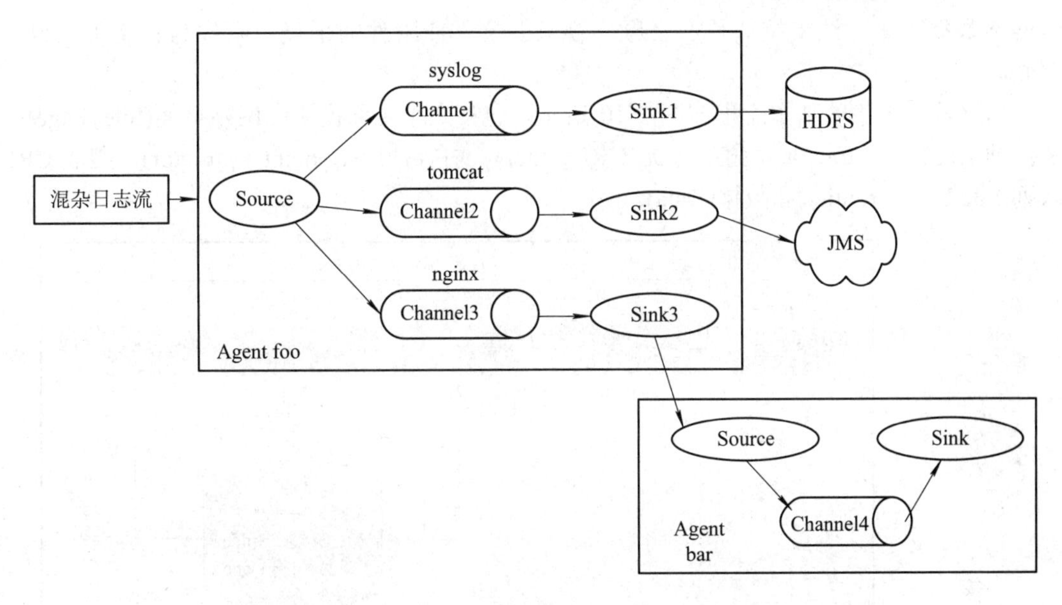


图 3-8　多个 Agent 汇聚到同一个 Agent 应用场景二

想要了解 Flume 的更多信息，可以参看 Flume 官方网站，如图 3-9 所示，地址为 http://flume. apache. org/。

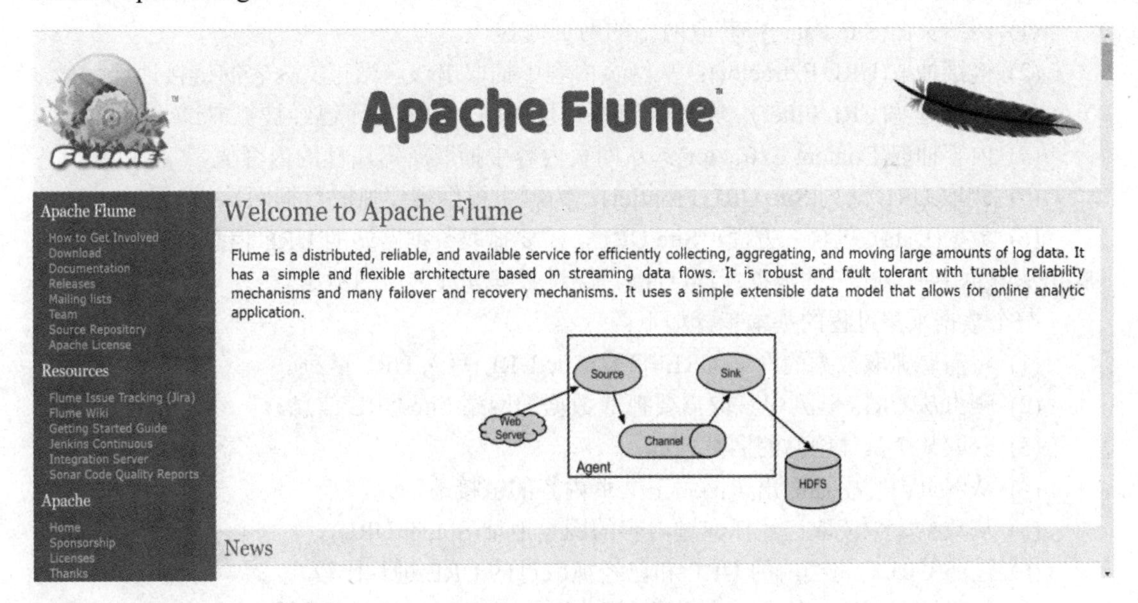


图 3-9　Flume 官方网站

### 2. 网络数据采集方法

网络大数据具有多源异构、交互性、时效性、高噪声等特点。如何从网络中提取有效信息并加以利用是人们面临的一个巨大挑战，因此需要有效的网络数据采集方法。

网络数据采集是指通过网络爬虫或网站公开 API(Application Programming Interface，应用程序接口)等方式从网站上获取互联网中相关网页内容或者有效数据信息的过程。该方法可以将非结构化数据从网页中抽取出来，将其以结构化的方式存储为统一的本地数据文件。

该网络数据采集方法支持图片、音频、视频等文件或附件的采集，附件与正文可以自动关联。

网络数据采集的基本流程如图 3-10 所示，包括六个主要模块：网站页面(Site Page)、链接抽取(URL Extractor)、链接过滤(URL Filter)、内容抽取(Content Extractor)、爬取 URL 队列(Site URL Frontier)和数据(Data)。

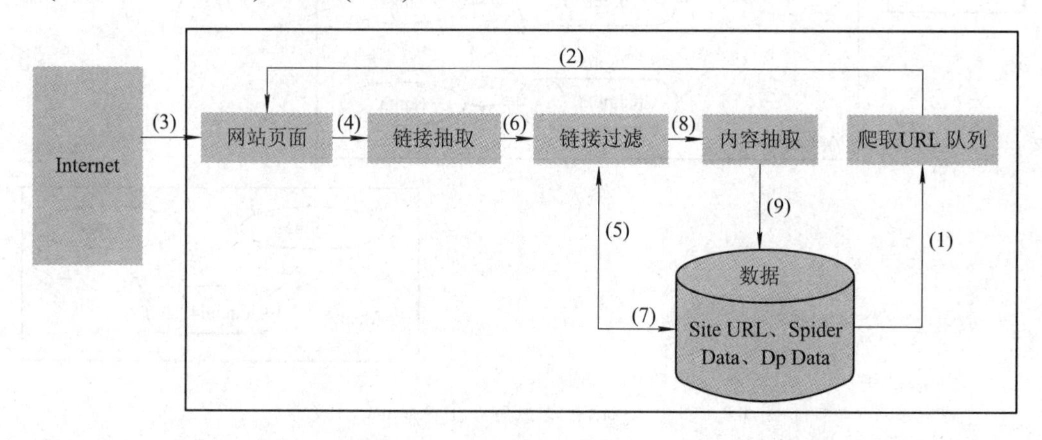


图 3-10　网络数据采集基本流程

这六个模块的主要功能如下：

(1) 网站页面(Site Page)：获取网站的网页内容。

(2) 链接抽取(URL Extractor)：从网页内容中抽取出该网站正文内容的链接地址。

(3) 链接过滤(URL Filter)：判断该链接地址的网页内容是否已经被抓取过。

(4) 内容抽取(Content Extractor)：从网页内容中抽取所需属性的内容值。

(5) 爬取 URL 队列(Site URL Frontier)：为爬虫提供需要抓取数据网站的 URL。

(6) 数据(Data) 包含三方面：Site URL，需要抓取数据网站的 URL 信息；Spider Data，爬虫从网页中抽取出来的数据；Dp Data，经过数据处理之后的数据。

整个数据采集过程的基本步骤如下：

(1) 将需要抓取数据的网站 URL 信息(Site URL)写入 URL 队列。

(2) 爬虫从 URL 队列中获取需要抓取数据的网站 Site URL 信息。

(3) 获取某个具体网站的网页内容。

(4) 从网页内容中抽取出该网站正文页内容的链接地址。

(5) 从数据库中读取已经抓取过内容的网页地址(Spider URL)。

(6) 过滤 URL，将当前的 URL 和已经抓取过的 URL 进行比较。

(7) 如果该网页地址的网页内容没有被抓取过，则将该地址写入数据库(Spider URL)；如果该地址的网页内容已经被抓取过，则放弃对这个地址的抓取操作。

(8) 获取该地址的网页内容，并抽取出所需属性的内容值。

(9) 将抽取的网页内容写入数据库。

网络采集技术主要通过网络爬虫实现。网络爬虫是一种可以按照一定的规则自动抓取网页信息的程序。如搜索引擎可以用网络爬虫从 Web 上下载网页。如图 3-11 所示为基于网络爬虫的一般数据采集系统架构。

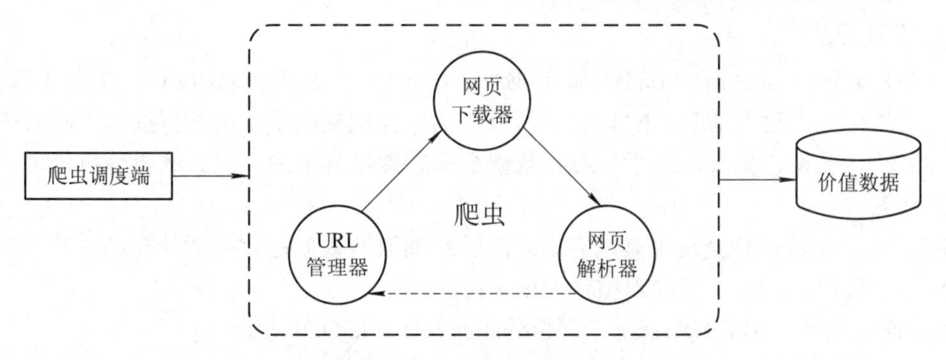


图 3-11　基于网络爬虫的数据采集系统架构图

目前，基于大数据的网络数据采集和抓取软件有很多，使用比较多的主要有：八爪鱼采集器、集搜客(GooSeeker)、狂人采集器和网络矿工等。

(1) 八爪鱼采集器官方网址为 http: //www.bazhuayu.com/。

(2) 集搜客(GooSeeker)官方网址为 http: //www.gooseeker.com/index.html。

(3) 狂人采集器官方网址为 http: //www.kuangren.cc/。

(4) 网络矿工官方网址为 http: //www.minerspider.com/。

### 3.1.3　大数据预处理

数据采集获得的数据往往存在缺失值、重复性、含有噪声以及数据不一致等问题，有可能使得数据质量不高。对这些低质量的数据进行分析和挖掘，不仅得不到准确的结果，还会得出错误的结论。同时，海量数据中重复的、无意义的成分太多，将会严重影响算法的运行效率。因此，对原始“脏”数据进行预处理，以提高数据挖掘的质量，也是整个大数据开发过程中的一个重要环节。

#### 1. 大数据预处理技术

大数据预处理技术主要是指完成对已采集数据的辨析、抽取、清洗、填补、平滑、合并、规格化及一致性等操作。通常数据预处理技术包括：数据清洗、数据集成、数据规约和数据变换。

数据清洗可以用来清除数据中的噪声，纠正不一致。数据清洗主要包含空缺值(缺少感兴趣的属性)处理、噪音数据(数据中存在错误或偏离期望值的数据)处理和不一致数据处理。

数据集成是指把多个数据源中的数据整合并存储到一个一致的数据库中，如数据仓库。这一过程中需要着重解决三个问题：模式匹配、数据冗余、数据值冲突检测与处理。

数据规约可以通过聚集、删除冗余特征或聚类来降低数据的规模。数据规约主要包括数据方聚集、维规约、数值规约和概念分层等。

数据变换可以把数据压缩到较小的区间，如 0.0～1.0。数据变换的主要过程有平滑、聚集、数据泛化及属性构造等。

在实际应用中，这些数据预处理技术不是相互孤立或排斥的，而是可以组合起来一起使用的。比如，对于冗余数据的删除既是一种数据清洗形式，也是一种数据规约。需要针对具体问题，选择合适的预处理技术。

### 2. ETL 工具

ETL(Extract-Transform-Load)，即数据抽取(extract)、转换(transform)、加载(load)的过程，通常简称其为数据抽取。ETL 负责将分布的、异构数据源中的数据抽取到临时中间层后进行清洗、转换、集成，最后加载到数据仓库或数据集市中，成为联机分析处理、数据挖掘的基础。

ETL 工具是数据预处理工具，它必须能够对抽取的数据进行灵活计算、合并、拆分等转换操作。目前，ETL 工具的典型代表如下：

(1) 商业软件：IBM Datastage、Informatica、Oracle ODI 等。

(2) 开源软件：Kettle、Talend、CloverETL、Ketl 等。

# 3.2 大数据存储

海量多类型的数据对数据的存储能力提出了更高的要求，不仅要提供海量的数据存储空间，还要满足多种类型文件的高效存储。而传统关系数据库越来越不能满足大数据的存储需求，暴露了很多难以克服的问题：缺乏对海量数据的快速访问能力，缺乏对非结构化数据的处理能力以及应用场景受限等。

本节首先介绍大数据存储相关概念，然后介绍几种主要的大数据存储技术。

## 3.2.1 大数据存储相关概念

### 1. 集群

在大规模计算和存储中，一个集群是紧密耦合的一些服务器或节点。这些服务器通常有相同的硬件规格并且通过网络连接在一起作为一个工作单元，如图 3-12 所示。集群中的每个节点都有自己的专用资源，如内存、处理器和硬盘。集群可以利用多个计算机进行并行计算从而获得较快的计算速度；也可以用多个计算机做备份，从而使得任何一个机器坏了整个系统还是能正常运行。通过把任务分割成小块并且将它们分发到属于同一集群的不同计算机上执行，使得集群可以采用分布式方式执行一个任务，从而提高系统效率。

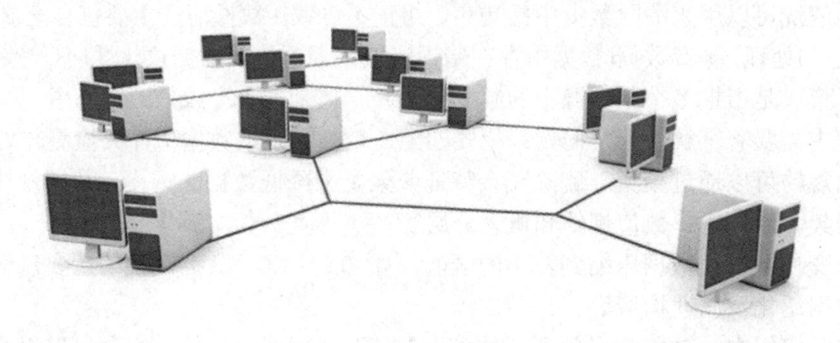

图 3-12 集群连接

### 2. 文件系统

文件系统是操作系统用于明确存储设备(常见的是磁盘、硬盘)或分区上文件的方法和数据结构，即在存储设备上组织文件的方法。一个文件是一个存储的原子单位，被文件系统用来存储数据。一个文件系统提供了一个存储在存储设备上的数据逻辑视图，并以树根结构的形式展示了目录和文件，如图 3-13 所示为文件系统架构图。操作系统采用文件系统为应用程序来存储和检索数据。每个操作系统支持一个或多个文件系统，例如 Microsoft Windows 上的 NTFS 和 Linux 上的 ext。具体地说，文件系统负责为用户建立文件，存入、读出、修改、转储文件，控制文件的存取，当用户不再使用时撤销文件等。

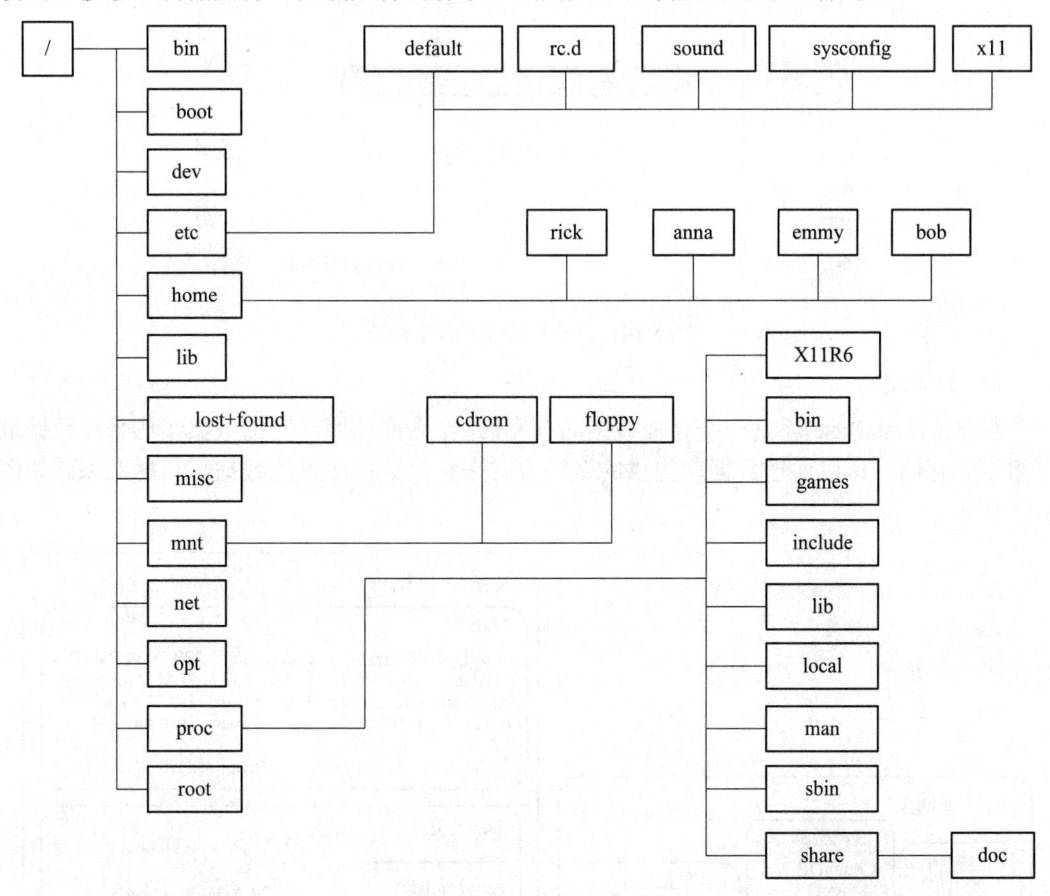


图 3-13　文件系统架构图

### 3. 分布式文件系统

普通文件系统存储容量是有限的，无法满足大数据的存储要求，因此一般采用分布式文件系统来存储大规模数据。

分布式文件系统(Distributed File System，DFS)是指文件系统管理的物理存储资源不一定直接连接在本地节点上，而是通过计算机网络与节点相连，通过一个公共文件系统为地理上分布的计算机用户提供数据和存储资源的共享。一个分布式文件系统作为一个文件系统可以存储分布在集群的节点上的大文件，如图 3-14 所示。对于客户端来说，文件似乎在本地上；然而，这只是一个逻辑视图，在物理形式上文件分布于整个集群。这个本地视图展示了通过分布式文件系统存储并且使文件可以从多个位置获得访问，例如 Google 文件系统(GFS)和 Hadoop 分布式文件系统(HDFS)。其中，每个节点可以分布在不同的地点，用户无无须关心数据是存储在哪个节点上，可以如同使用本地文件系统一样管理和存储数据。

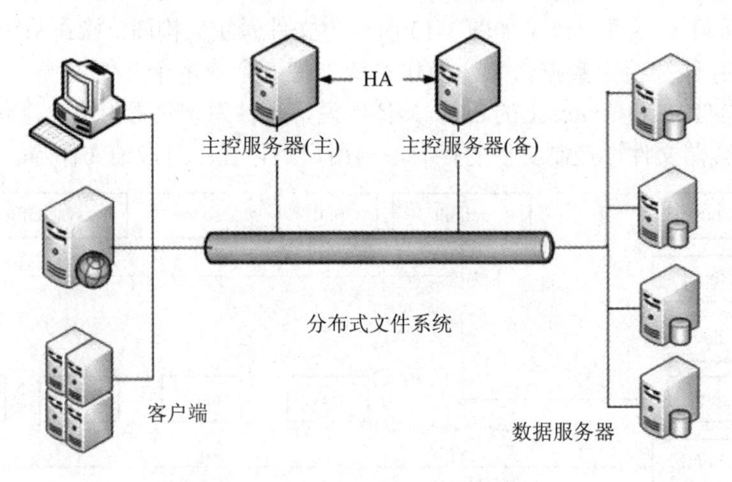


图 3-14　分布式文件系统架构图

## 4．数据库

数据库(DataBase)就是一个存放数据的仓库，这个仓库按照一定的数据结构来对数据进行组织和存储，可以通过数据库提供的多种方式来管理数据库里的数据，数据库家族如图 3-15 所示。

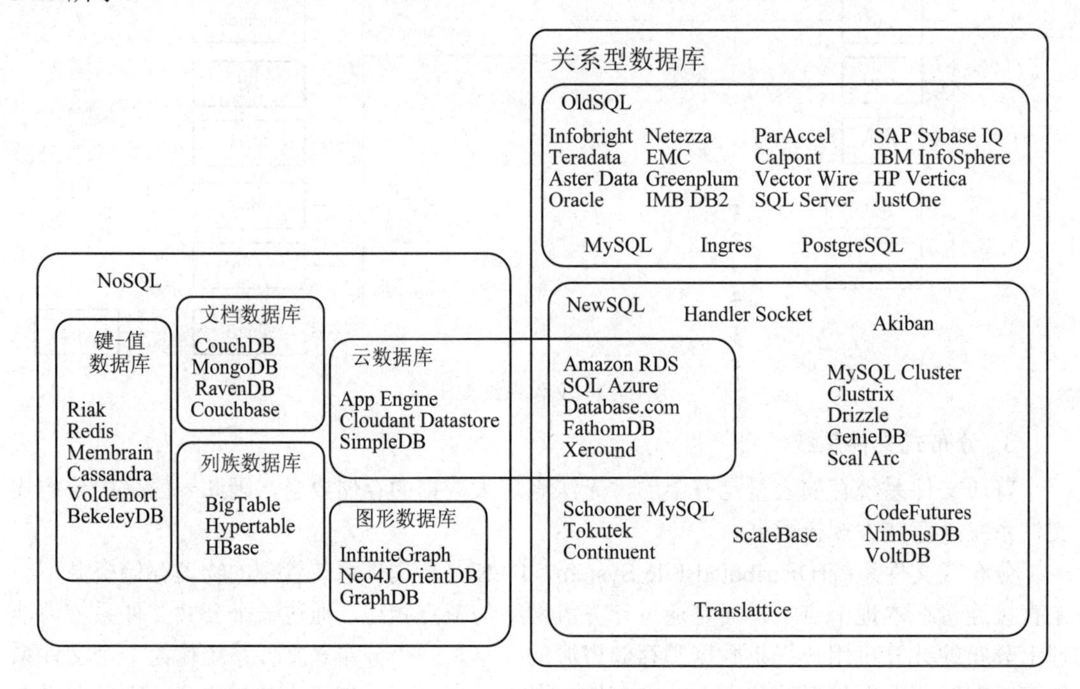


图 3-15　数据库家族

## 5．关系型数据库

关系型数据库是指通过关系模型来组织数据的数据库，关系模型指的就是二维表格模型，而一个关系型数据库就是由二维表及其之间的联系所组成的一个数据组织。关系型数据库的核心是——结构化查询语言(Structured Query Language，SQL)。SQL 是为了查询存储在关系型数据库中的结构化数据而设计的，关系型其功能强大、简单易学、使用方便，已经成为了数据库操作的基础，并且现在几乎所有的数据库均支持 SQL。时至今日，关系型数据库技术已经越来越成熟和完善，其代表产品有 Microsoft 公司的 SQL Server、Oracle 公司的 Oracle 和 MySQL、IBM 公司的 DB2 等。

### 6．非关系型数据库

非关系型数据库也称为 NoSQL(Not only SQL)数据库，泛指非关系型的数据库，而不是“No SQL”的意思，因此 NoSQL 的产生不是为了彻底否定关系型数据库，而是传统关系型数据库的一个补充。 NoSQL 数据库具有高度的可扩展性、容错性，并且可以用来存储半结构化和非结构化数据，可以为大数据建立快速、可扩展的存储体系。目前，市面上有很多 NoSQL 数据库产品，常见的有 Redis、HBase、MongoDB 和 Neo4j 等。

### 7．Hadoop 系统架构

最初的、最为著名和流行的大数据系统是 Hadoop 系统，后来的大数据系统几乎都是在其基础上不断发展和完善。Hadoop 系统的一般架构如图 3-16 所示，Hadoop 的核心模块是 HDFS 和 MapReduce。HDFS 是 Hadoop 分布式文件系统，可以提供海量的数据存储；MapReduce 是典型的大数据批量处理架构，提供大规模海量数据分布式计算框架。

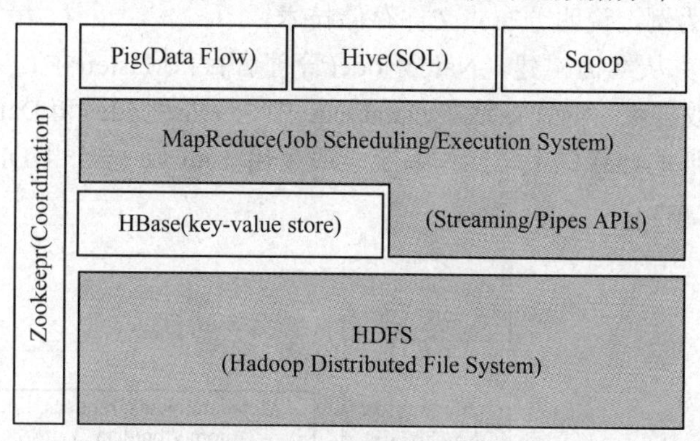


图 3-16　Hadoop 一般架构

Hadoop 架构的其他主要模块还有 HBase、Pig、Hive、Sqoop 和 Zookeeeper。其中 HBase 是一个分布式的、面向列的开源数据库，利用 HDFS 作为其文件存储系统。HBase 常被用来存放一些结构简单，但数据量非常大的数据，数据量通常在 TB 级别以上，如历史订单记录、日志数据、监控 Metris 数据等。Pig 是一种数据流语言和运行环境，用于检索数据量非常大的数据集，为大型数据集的处理提供一个更高层次的抽象。Hive 是基于 Hadoop 的一个数据仓库工具，可以将结构化的数据文件映射为一张数据库表，并提供简单的 SQL 查询功能，可以将 SQL 语句转换为 MapReduce 任务进行运行。Sqoop 是一种 Hadoop 和关系数据库服务器之间传送数据的工具，主要用于在 Hadoop(Hive)与传统的数据库(Mysql、Postgres...)间进行数据的传递，可以将一个关系型数据库中的数据导入到 Hadoop 的 HDFS 中，也可以将 HDFS 的数据导入到关系型数据库中。ZooKeeper 是一个为分布式应用提供一致性服务的软件，相当于 Hadoop 的管理者，提供的功能包括：配置维护、域名服务、分布式同步、组服务等。随着 Hadoop 的不断发展，其框架也在不断更新，不断研发出新的模块来支撑海量数据的存储、处理。

### 3.2.2 大数据存储技术

大数据的数据类型多种多样，针对不同的数据类型相应地需要采用不同的数据存储方式和管理技术。按照大数据存储模式和管理类型，分为五种数据存储方式，包括分布式文件存储、关系型数据库、非关系型数据库、数据仓库和云存储。

#### 1. 分布式文件存储

分布式文件系统对所存储的数据类型是不可知的，因此能够支持无模式的数据存储。分布式文件存储技术将大文件切分成多个小文件块，并将小文件块分布存储在服务器节点上，基于元数据服务器控制各个数据节点，适合于大数据文件的存储和处理、存储与计算一体化，例如 HDFS。对用户和应用程序屏蔽了各个节点计算机底层文件系统的差异，给用户提供方便的管理资源手段和统一的访问接口。

与目前常见的集中式存储技术不同，分布式存储技术并不是将数据存储在某个或多个特定的节点上，而是通过网络分布在每台机器的磁盘空间上，数据分散的存储在各个角落，并将这些分散的存储资源构成一个虚拟的存储设备。

下面以 HDFS 为例，说明分布式文件存储技术。

HDFS 采用了主从结构构建，NameNode(管理者)为 Master(主)，其他 DataNode 为 Slave(从)。文件以数据块的形式存储在 DataNode 中。NameNode 和 DataNode 都以 Java 程序的形式运行在普通的计算机上，操作系统一般采用 Linux。一个 HDFS 分布式文件系统的架构如图 3-17 所示。

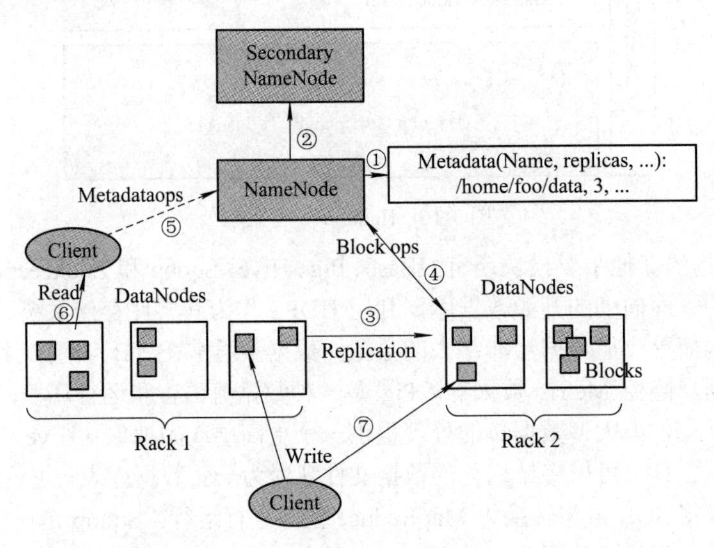


图 3-17 HDFS 分布式文件系统架构图

如图 3-17 所示，HDFS 主要包括 NameNode、DataNode 和 Secondary NameNode 三个工作节点。

NameNode 是 HDFS 的管理节点，主要存放 HDFS 的元数据，主要包括文件名称、文件的副本数、文件对应数据块以及分布等，并负责接受客户端的请求。在 Hadoop 集群中，一般只有一个 NameNode，是整个 HDFS 的关键节点。其中，Metadata 是存储在 NameNode 上的元数据信息。

DataNode 是 HDFS 的数据节点，负责具体数据的存储，其中数据以 Block 块的形式存储。块是 HDFS 的存储单位，默认大小为 64 MB。DataNode 还负责接受来自文件系统客户端的读写请求和数据块的创建与删除。

Secondary NameNode 是 NameNode 发生故障时的备用节点，主要功能是进行数据的恢复。

下面根据图 3-17 具体说明 HDFS 架构各部分的工作原理。

(1) NameNode 作为 HDFS 系统中的管理者，对 Metadata 元数据进行管理，负责管理文件系统的命名空间、维护文件系统的文件树及所有的文件和目录的元数据。

(2) 当 NameNode 发生故障时，使用 Secondary NameNode 进行数据恢复。它一般在一台单独的物理计算机上运行，与 NameNode 保持通信，按照定时间间隔保存文件系统元数据的快照，以备 NameNode 发生故障时进行数据恢复。

(3) HDFS 中的文件通常被分割为多个数据块 Blocks，存储在多个 DataNode 中。DataNode 上存了数据块的 ID 和数据块内容，以及它们的映射关系。文件存储在多个 DataNode 中，但 DataNode 中的数据块未必都被使用，如图 3-17 中的空白块。

(4) NameNode 中保存了每个文件与数据块所在的 DataNode 的对应关系，并管理文件系统的命名空间。DataNode 定期向 NameNode 报告其存储的数据块列表，以备使用者直接访问 DataNode 获得相应的数据。DataNode 与 NameNode 还进行交互，对文件块的创建、删除、复制等操作进行指挥与调度，只有在交互过程中收到了 NameNode 的命令后才开始执行指定操作。

(5) Client(客户端)是 HDFS 文件系统的使用者，在进行读写操作时，Client 需要先从 NameNode 获得文件存储的 Metadata 元数据信息。

(6) Client 发起读请求，并从 NameNode 得到文件的块及位置信息列，然后直接和 DataNode 交互完成数据读操作。

(7) Client 与 DataNode 交互进行数据写操作，写操作流程如图 3-18 所示。

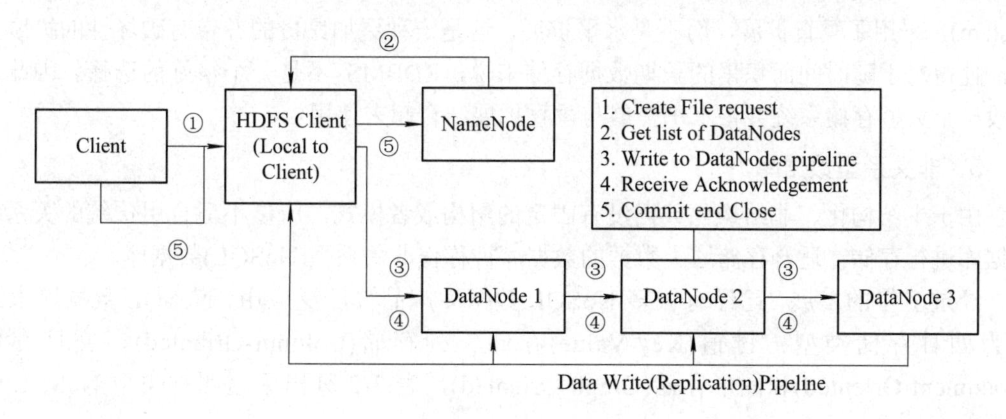


图 3-18　HDFS 写操作流程图

HDFS 写操作具体步骤如下：

① 客户端在向 NameNode 请求之前先写入文件数据到本地文件系统的一个临时文件。

② 待临时文件达到块大小时开始向 NameNode 请求 DataNode 信息。

③ NameNode 在文件系统中创建文件并返回给客户端一个数据块及其对应 DataNode 的地址列表(列表中包含副本存放的地址)。

④ 客户端通过上一步得到的信息把创建临时文件块 flush 到列表中的第一个 DataNode。

⑤ 当文件关闭，NameNode 会提交这次文件创建，此时文件在文件系统中可见。

### 2．关系型数据库

在第一章中已经介绍过结构化数据，它是可以用二维表结构来表达实现的数据，存储在关系数据库里。大多数平台或者系统都有大量的结构化数据，一般可以存储在关系型数据库中，并使用最常用的数据库管理语言——结构化查询语言(SQL)进行数据库的管理。

当系统数据规模大到单一节点的关系型数据库无法支撑时，一般有两种扩展方法：垂直扩展与水平扩展。

(1) 垂直扩展：简单来说就是按功能切分数据库。将不同功能的数据，存储在不同的数据库中，这样一个大数据库就被切分成多个小数据库，从而达到了数据库的扩展。一个架构设计良好的应用系统，其总体功能一般是由很多个松耦合的功能模块所组成的，而每一个功能模块所需要的数据对应到数据库中就是一张或多张三维表。各个功能模块之间交互越少、越统一，系统的耦合度越低，这样的系统就越容易实现垂直切分。

(2) 水平扩展：可以将数据的水平扩展理解为按照数据行来切分，就是将表中的某些行切分到一个数据库中，而另外的某些行又切分到其他的数据库中。为了能够比较容易地判断各行数据切分到了哪个数据库中，切分总是需要按照某种特定的规则来进行，如按照某个数字字段的范围或者按照某个时间类型字段的范围等。

目前，市面上关系型数据库有很多种，比如 Oracle、MySQL 和 RDBMS，它们的扩展方式也不尽相同。其中 RDBMS 即关系数据库管理系统(Relational Database Management System)，采用了垂直扩展，而不是水平扩展，这是一种更加昂贵的并带有破坏性的扩展方式，使得对于随时间而积累的长期数据存储来说，RDBMS 不是一个很好的选择。因此，一般一个大型存储系统会将水平扩展与垂直扩展结合起来使用。

### 3．非关系型数据库

由于半结构化、非结构化数据没有固定的结构或者模式，所以不适合用传统的关系型数据库进行存储，适合存储这类数据的数据库被称作非关系型(NoSQL)数据库。

经过多年的发展，已经有很多 NoSQL 数据库产品被广泛应用，NoSQL 数据库大致分为四种存储类型：键值(Key-Value)存储、列存储(Column-Oriented)、文档存储(Document-Oriented)和图形存储(Graph-Oriented)，表 3-2 列出了这四种类型 NoSQL 的特点。

表 3-2　NoSQL 数据库四种类型特点的比较

| 存储类型 | 特　性 | 典型应用场景 | 典型工具 | 优　点 |
| --- | --- | --- | --- | --- |
| 键值存储 | 可以通过键快速查询到值，值无需符合特定格式 | 内容缓存，主要用于处理大量数据的高访问负载，也用于一些日志系统等 | Redis、BerkeleyDB | 查找速度快 |
| 列存储 | 可存储结构化和半结构化数据，对某些列的高频查询有很好的 I/O 优势 | 分布式的文件系统 | Bigtable、Hbase | 查找速度快，可扩展性强，更易分布式扩展 |
| 文档存储 | 数据以文档形式存储，没有固定格式 | Web 应用(与 Key-Value 类似，Value 是结构化的，不同的是数据库能够了解 Value 的内容) | CouchDB、MongoDB | 数据结构要求不严格，表结构可变，不需要预先定义表结构 |
| 图形存储 | 以图形的形式存储数据及数据之间的关系 | 社交网络、推荐系统等，专注于构建关系图谱 | Neo4j、Infinite Graph | 利用图结构相关算法，如最短路径寻址、N 度关系查找等 |

### 4．数据仓库

数据仓库(Data Warehouse)是面向主题的、集成的、相对稳定的、反映历史变化的数据集合，简称 DW 或 DWH。数据仓库是数据库一种概念上的升级，是为满足新需求设计的一种新数据库，用于支持管理决策。数据仓库与数据库的对比如表 3-3 所示。

表 3-3　数据仓库与数据库的对比

| 功　能 | 数 据 仓 库 | 数 据 库 |
| --- | --- | --- |
| 数据范围 | 存储集成的、完整的、反应历史变化的数据 | 当前状态数据 |
| 数据变化 | 静态的历史数据，只能定期添加、刷新 | 数据是动态变化的，支持频繁的增、删、改、查操作 |
| 应用场景 | 面向高层管理，分析、支持战略决策 | 面向业务处理、交易 |
| 处理量 | 非频繁、大批量、高吞吐、有延迟 | 频繁、小批次、高并发、低延迟 |

### 5．云存储

云存储是一种新兴的网络存储技术，指通过集群应用、网格技术或分布式文件系统等功能，依靠应用软件将网络中大量各种不同类型的存储设备集合起来协同工作，共同对外提供数据存储和业务访问功能的一种服务。云存储将存储资源集中起来，并通过专门的软件进行自动管理，大大提高了为用户提供服务的效率。简单的说，云存储的优势主要在于访问便捷、备份速度快、成本低等。

## 3.3　大数据处理

大数据时代不仅需要解决大规模、多样化数据的高效存储问题，还需要解决大规模、多样化数据的高效处理问题。本节主要介绍大数据开发流程中另一个关键步骤——大数据处理。本节首先介绍大数据处理的几种方式，然后依次介绍三种典型的数据处理工具MapReduce、Storm和Spark。

### 3.3.1　大数据处理方式

大数据处理的范围很广，包括数据收集、整理、计算、分析和展现等。本节主要讨论数据的计算方式，是狭义上的数据处理。根据数据的规模和所处的状态，大数据处理方式主要分为五种：并行处理、分布式处理、批处理、流式处理和交互式处理。下面将对五种处理方式依次进行介绍。

#### 1. 并行处理

并行处理(Parallel Processing)是指系统能同时执行多个处理任务的一种计算方法，即把一个规模较大的任务分成多个子任务同时进行，目的是节省大型和复杂数据处理的时间。

为使用并行处理，首先需要对程序进行并行化处理，也就是说将任务分配到不同处理进程(线程)中。虽然并行数据处理能够在多个网络计算机上进行，但目前更为典型的方式是在同一台机器上使用多个处理器和内核来完成，如图3-19所示。从理论上讲，在$n$个并行处理器的执行速度会是在单一处理器上执行速度的$n$倍。

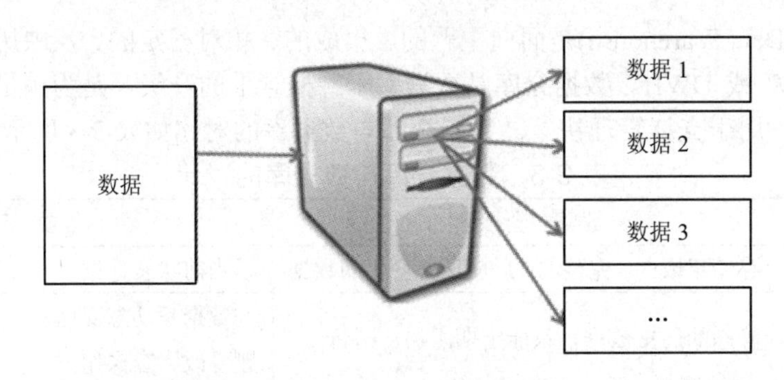


图3-19　数据在同一台电脑上的不同处理器上进行并行计算

#### 2. 分布式处理

分布式数据处理，就是利用分布式计算技术对数据进行处理。与并行数据处理类似，二者都是利用“分治”的原理，即把一个大任务分成几个小任务来处理。随着数据量的急剧膨胀，互联网公司所面对的数据量已经达到了PB级别，传统集中式数据处理已经渐渐无法适应市场的需求，这使得将处理能力分布到网络上的所有个人计算机上的设想成为可能，于是分布式计算的概念应运而生。

一个分布式网络由若干台可互相通信的计算机组成，每台计算机都拥有自己的处理器和存储设备，原先集中在单节点上的庞大计算任务被负载均衡地分派到分布式网络中的计算机上并行地进行处理，如图3-20所示。

广义上说分布式处理也可以认为是一种并行处理形式。一般认为，集中在同一个机柜内或同一个地点的紧密耦合多处理机系统或大规模并行处理系统是并行处理系统，而用局域网或广域网连接的计算机系统是分布式处理系统。

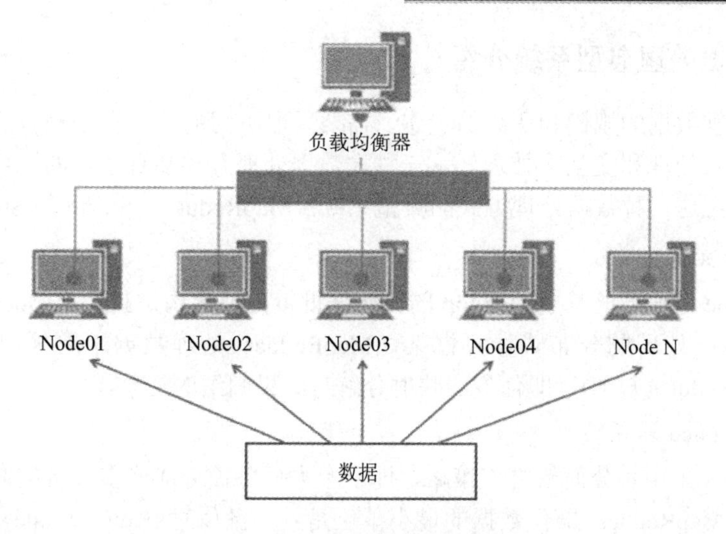


图 3-20　分布式数据处理

### 3．批处理

对于体量庞大的、以静态形式存在的批量数据，一般采用批处理技术进行数据处理。批处理也称脱机处理，主要操作大规模静态数据集，并在整体数据处理完毕后返回结果。因为需要处理的数据量非常庞大，往往会导致较大的延迟。这种批量数据往往是从应用中沉淀下来的数据，如医院长期存储的电子病历、学生近几年的考试成绩等。批处理需要将数据集作为一个整体加以处理，不能分条处理。为了提高对大规模数据集的处理效率，批处理时常需要借助分布式并行计算程序。

大数据的批量处理系统适用于先存储后计算、实时性要求不高，但对数据的准确性和全面性要求较高的场景。MapReduce 是典型的批处理模式，下一小节将详细介绍。

### 4．流式处理

对于实时动态变化的数据，比如网络数据、远程视频监控数据等，这些在动态环境中产生的信息构成了连续不断的流式数据。先存储后处理的传统数据处理方式已无法满足海量数据实时处理的需求，流式处理应运而生。

流式数据是一个无穷的包含时序性的序列数据，就像流水一样。流式数据不是一次性而是一点一点地流过来。而处理流式数据需要实时处理，即根据数据流变化来处理。如果是在全部收到数据以后再处理，延迟会很大，而且会消耗大量内存。因此流式处理也叫做实时处理。

流式数据处理框架有 Twitter 的 Storm 和 Linkedin 的 Samza 等。

### 5．交互式处理

交互式数据是操作人员与计算机以人机对话的方式一问一答地对话数据，操作人员发出请求，计算机及网络系统便提供相应的数据或提示信息，引导操作人员逐步完成所需的操作，直至获得最终处理结果。交互式数据处理灵活、直观、便于控制。

交互式数据处理主要是基于查询操作，其工作方式是在线的、动态的。交互式数据处理系统有 Spark 和 Hive 等。

## 3.3.2 大数据处理典型系统介绍

按照要处理数据的规模和所处的状态，需要采取不同的大数据处理方式，比较常用的是批处理、流式处理和交互式处理。这三种大数据处理方式都有各自的计算框架和系统，下面将分别介绍这三种数据处理方式的典型系统：MapReduce、Storm 和 Spark。

### 1. MapReduce

MapReduce 是典型的基于 Hadoop 的大数据批量处理架构，其是由 Google 开发的针对大规模海量数据处理的分布式计算框架。MapReduce 处理数据主要采用的两个核心是 Map(映射)和 Reduce(归纳)，即任务的映射分解与结果归纳的汇总。

1) MapReduce 计算思想

MapReduce 采用“分而治之”策略，即一个大任务被分成许多任务同时进行处理，提高运算效率。MapReduce 操作数据的最小单位是一个键值对<Key，Value>。Map 函数和 Reduce 函数是 MapReduce 计算的核心，它们都是以<Key，Value>作为输入的，按一定的映射规则转换成另一个或一批新的<Key，Value>进行输出，如表 3-4 所示。

表 3-4 Map 函数和 Reduce 函数的输入输出形式

| 函 数 | 输 入 | 输 出 | 说 明 |
|---|---|---|---|
| Map | $<k_1, v_1>$<br>如<行号，"abc"> | List($<k_2, v_2>$)<br>如：<"a"，1><br><"b"，2><br><"c"，1> | 将输入的数据集解析成一批键值对<k1，v1>，然后输入 Map 函数中进行处理，经过 Map 处理后会输出一批<k2，v2> |
| Reduce | $<k_2, List(v_2)>$ | $<k_3, v_3>$ | MapReduce 会把 Map 的输出按 key 的值归类为$<k_2, List(v_2)>$，然后输入 Reduce 函数，其中 List($v_2$)表示是一批属于同一个 $k_2$ 的 value |

MapReduce 的基本工作流程如图 3-21 所示，具体工作步骤如下：

(1) 输入的数据集通过 Split(分片)的方式被分配到各个节点；

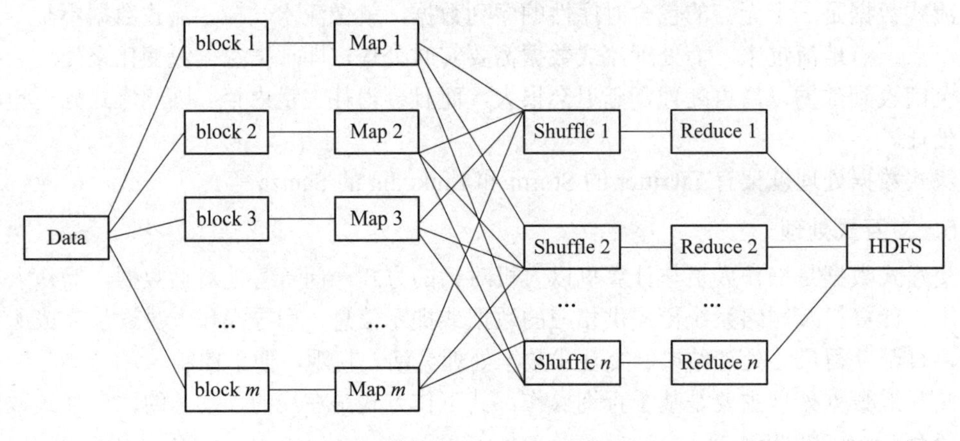


图 3-21 MapReduce 工作流程

(2) Map 对各个节点分片的数据片进行分别处理；

(3) 通过 Map 输出中间数据；

(4) Shuffling(洗牌)：将各节点之间进行数据交换，一般包括数据混合、排序、复制和合并等；

(5) 将归纳整理后拥有同样 Key 值的中间数据即键值对<Key，Value>送到同样的 Reduce 任务中；

(6) 最后由 Reduce 进行汇聚并输出结果。

其中，前四步为 Map 过程，后两步为 Reduce 过程。

下面通过“统计文本中相同单词重复出现的次数”的案例，具体讲解 MapReduce 处理数据的工作过程，让读者对 MapReduce 有更形象、更深刻的理解。

**【例】**请使用 MapReduce 统计下面文本文件里(如图 3-22)出现了哪些单词以及这些单词在文本中出现的次数。

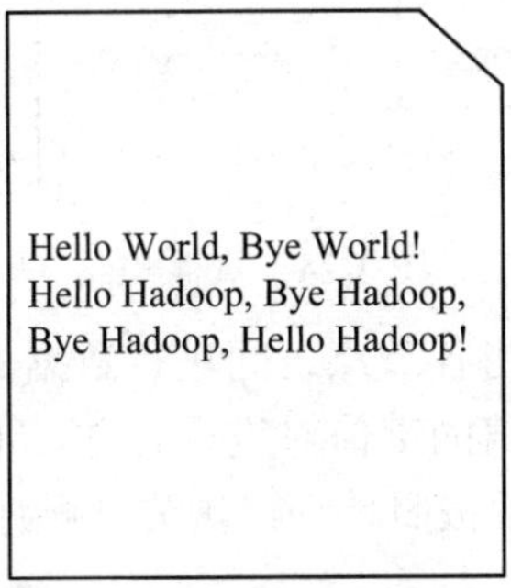

Hello World, Bye World!
Hello Hadoop, Bye Hadoop,
Bye Hadoop, Hello Hadoop!

图 3-22　输入文本数据

(1) 输入数据集处理。对输入数据集的处理包括两步：

① 分片(Split)：在执行 Map 和 Reduce 操作之前，需要将输入数据集进行分片处理。

② 转换成键值对：将每个分片的数据转换为初始键-值对<Key，Value>的形式，作为 Map 函数的输入。

在此例中，首先把输入文本数据集分成三个数据片段，然后把每个片段的数据分别转换成初始键-值对<Key，Value>，用单词首字母所在行的起始位置作为 Key，每半句内容作为 Value，即<行数，内容>。对输入文本数据集的处理过程如图 3-23 所示。

分片
转换成键值对
Hello World, Bye World!
Hello Hadoop, Bye Hadoop
Bye Hadoop, Hello Hadoop
Hello World, Bye World!
Hello Hadoop, Bye Hadoop
Bye Hadoop, Hello Hadoop
<0, "Hello World">
<13, "Bye World">
<0, "Hello Hadoop">
<14, "Bye Hadoop">
<0, "Bye Hadoop">
<12, "Hello Hadoop">

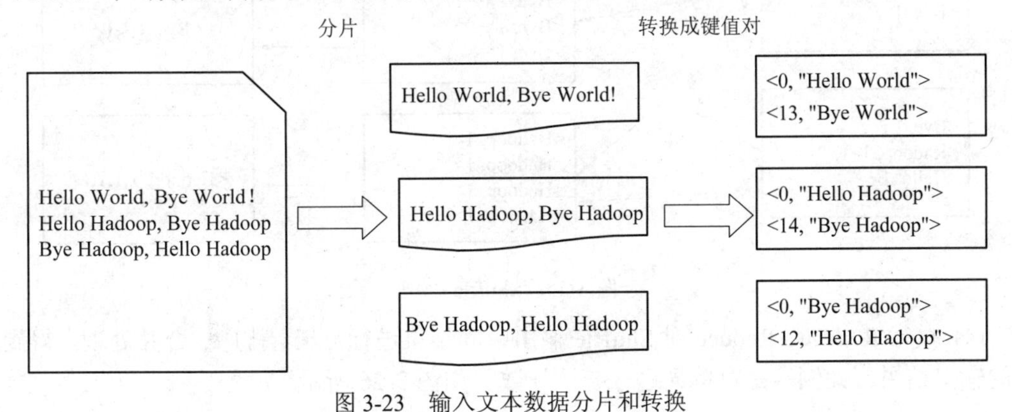

图 3-23　输入文本数据分片和转换

(2) 执行 Map。将步骤(1)中每个分片生成的初始<Key，Value>对交给 Map 进行处理，Map 将初始<Key，Value>对中的 Value 的值进行处理，生成新的键-值对。在此例中是将 Value 中的单词进行解析，得到的新的<Key，Value>对，用每个单词作为 Key，1 作为 Value，即<单词，1>表示该单词出现了 1 次，如图 3-24 所示。

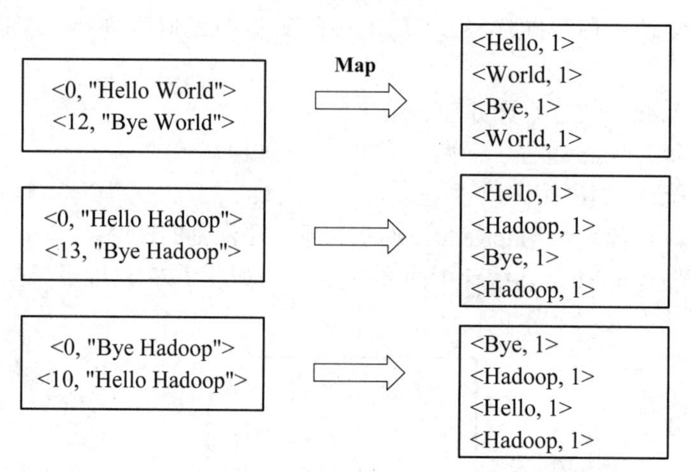


图 3-24　执行 Map

(3) Shuffle 处理。Shuffle 即将各节点之间进行数据交换，一般包括数据混合、排序和合并等，目的是将拥有同样 Key 值的键值对进行合并，形成新的键值对。此例中是将文本中所有相同的单词进行合并，然后按照单词出现先后顺序进行排序，如图 3-25 所示。

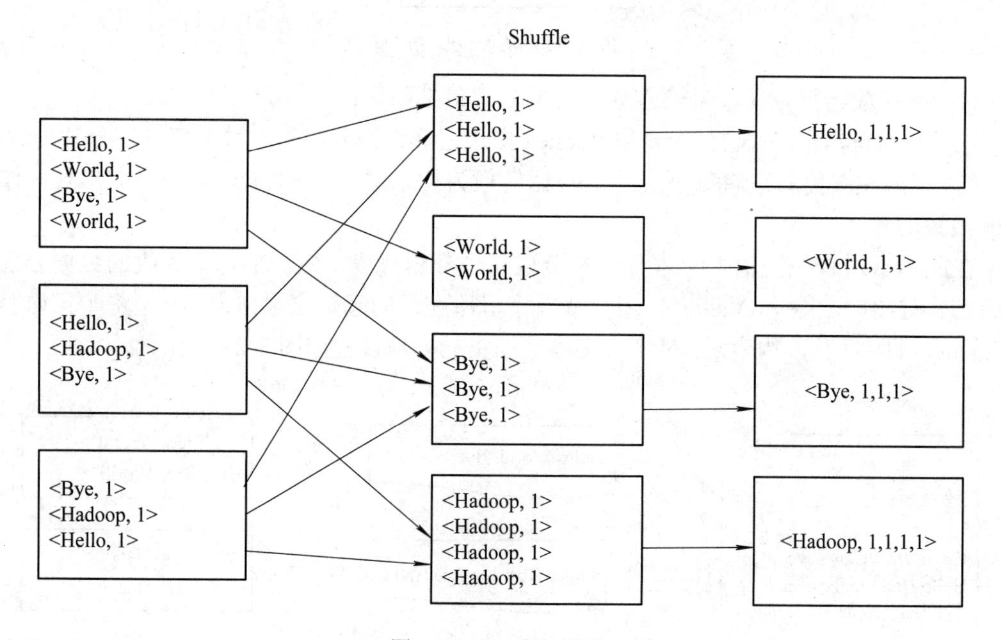


图 3-25　Shuffle 处理

(4) 执行 Reduce。Reduce 对 Shuffle 输出中间结果进行汇聚、排序、合并处理，得到最终的输出结果。此例中是对单词进行统计计数，如图 3-26 所示。

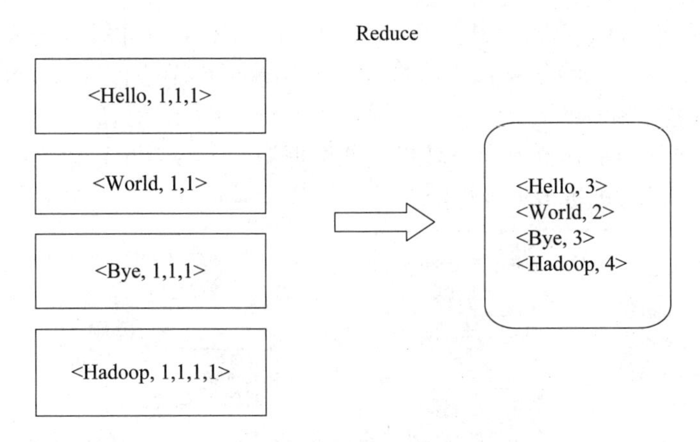


图 3-26　执行 Reduce

(5) 结果输出。经过 Reduce 处理后的最终结果存于 HDFS 中，供后续查询分析使用。在实际应用中，一个任务不可能只通过 map()和 reduce()两个函数就能完成，通常需要经过多次 Map 和 Reduce 操作，是迭代执行的过程。

2) MapReduce 的优点

MapReduce 目前非常流行，它的优点如下：

(1) 开发简单：为用户提供简单易用的编程接口，用户不用考虑进程间的通信和套接字编程等分布式系统需要的技术，即可实现一个分布式程序。

(2) 可扩展性强：当集群资源不能满足计算需求时，可以通过增加节点的方式达到线性扩展集群的目的。

(3) 容错性强：对于节点故障导致失败的作业，MapReduce 计算框架会自动将作业安排到正常的节点重新执行，直到任务完成。

简而言之，MapReduce 适合处理数据量大，但算法不太复杂的批处理运算，不适合对实时性要求较高的流式计算。

### 2. Storm

Storm 是一个免费开源的分布式实时计算系统，适合处理流式大数据。利用 Storm 可以处理无限的数据流，不同于 MapReduce 批量处理静态/离线的大数据，Storm 可以快速、实时处理不断更新的数据。比如，淘宝双十一实时销售额统计、车辆 24 小时监控等。

1) Storm 计算框架

Storm 计算框架采用弱中心化结构，Storm 计算框架如图 3-27 所示。Storm 计算框架分为两部分：集群管理和拓扑(Topology)计算。

集群管理部分采用主从结构，简单、高效。其中各个组件功能如下：

(1) Nimbus：作为主节点，管理整个集群运算状态，负责分配任务和监控工作状态。

(2) Supervisor：从节点，负责接受 Nimbus 分配的任务，维护每台机器工作状态，启动和停止属于自己管理的 worker 进程。

(3) Worker：一个 Worker 是一个独立的进程，负责执行一个 Topology。

(4) Task：Storm 中最小的处理单元，是一个具体的线程 Spout 或者 Bolt。

(5) Topology：Storm 中运行的一个实时应用程序，用户的计算任务被打包作为

Topology 发布。Topology 为一个用于实时计算的图状结构，这个拓扑将会被提交给集群，由集群中的主节点(Nimbus)分发代码，将任务分配给工作节点(Worker Node)执行。一个 Topology 拓扑中包括 Spout 和 Bolt 两个组件，其中 Spout 发送消息，负责将数据流以 Tuple 元组的形式发送出去；而 Bolt 则负责转换这些数据流，在 Bolt 中可以完成计算、过滤等操作，Bolt 自身也可以随机将数据发送给其他 Bolt。

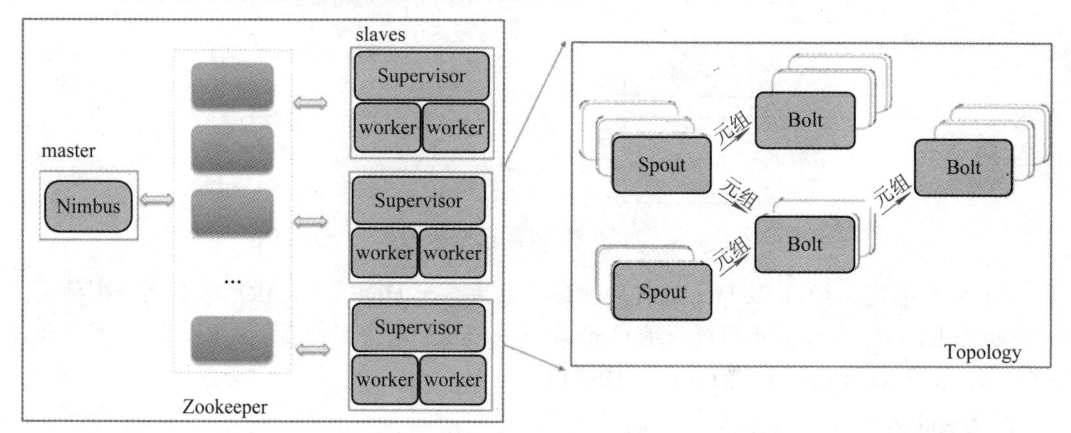


图 3-27　Storm 计算框架

简单来说，Storm 作业提交运行流程如下：

(1) 用户编写 Storm Topology 任务。

(2) 用户使用 Client 提交 Topology 任务给主节点 Nimbus。

(3) Nimbus 指派 Task 给 Supervisor。

(4) Supervisor 为 Task 指派进程 Worker。

(5) Worker 执行 Task，完成用户计算任务。

2) Storm 的特点

Storm 有如下独特的特点：

(1) 编程模型简单：Storm 简化了流数据的可靠处理，可用于任意编程语言。开发人员只需要关注应用逻辑，提供跟 MapReduce 类似的操作，降低流式处理的复杂性。

(2) 处理速度很快：每个节点每秒钟可以处理超过百万的数据组。

(3) 高性能，低延迟：高可靠性且传输无数据丢失，可以应用于广告搜索引擎这种对广告主的操作进行实时响应的场景。

(4) 容错性：在工作中，单个节点出现异常，不影响正常应用。

(5) 可扩展：系统可水平扩展，提高计算效能。

3. Spark

Spark 是一个基于内存计算的可扩展高效的开源集群计算系统。针对 MapReduce 的不足，即大量的网络传输和磁盘 I/O 使得效率低效，Spark 使用内存进行数据计算以便快速处理、查询并实时返回分析结果。因此，Spark 既可以处理批量数据，也可以处理流式和交互式数据。

1) Spark 框架

虽然 Spark 集群的运行模式有多种，但 Spark 的基本框架都是相似的，如图 3-28 所示为 Spark 的一般执行框架。它主要由 SparkContext、Cluster Manager 和 Executor 三部分构成。RDD(Resilient Distributed Datasets，弹性分布式数据集)是 Spark 的计算单元。

(1) SparkContext。每个 Spark 应用都由一个驱动程序(Driver Program)来发起集群上的各种并行操作。Driver Program 包含应用的 main()函数，可以创建 SparkContext 对象。SparkContext 是整个应用的上下文，控制应用的生命周期，负责加载配置文件、初始化 Spark 环境变量等。

(2) Cluster Manager。Cluster Manager(集群资源管理器)负责整个集群的统一资源管理。

(3) Executor。Executor(执行器)是运行在 Worker Node(工作节点)的一个进程，内部含有多个 Task 线程以及内存空间。

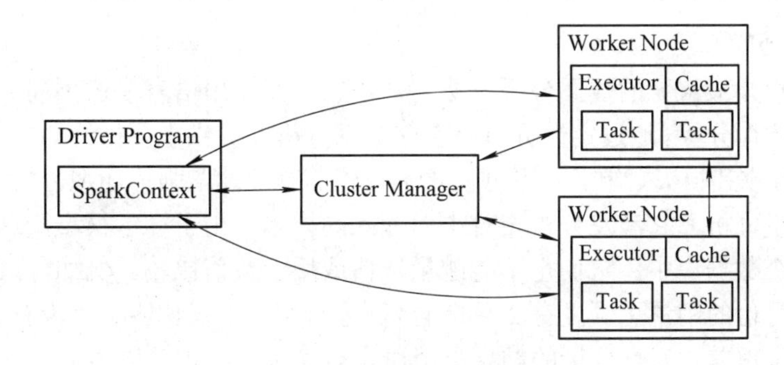


图 3-28 Spark 执行框架

2) Spark 的特点

Spark 具有如下特点：

(1) 快速、高效。Spark 是基于内存进行计算，速度远超 Hadoop 计算速度，比 MapReduce 运行速度快 10～100 倍。Spark 非常适合频繁的迭代计算，运算效率高，可用来构建大型的、低延迟的数据分析应用程序。

(2) 简洁易用。Spark 现在支持 Java、Scala、Python 和 R 等编程语言编写应用程序，大大降低了使用者的门槛，并且允许在 Scala、Pytho、R 的 Shell 中进行交互式查询。

(3) 通用性。Spark 既支持静态大规模数据的批处理，也支持实时数据的流处理和交互计算，还可以进行机器学习算法和图形处理等。

## 3.4 大数据分析

得到海量的有序存储的数据之后，只是改变了数据的存在方式，并没有实现数据真正的价值；要发现数据背后蕴藏的价值，需要对数据进行有效分析与挖掘，即大数据分析。大数据分析是大数据开发流程的核心环节，只有经过大数据分析技术得到有价值的信息，才能指导我们进行数据预测和决策等。本节首先介绍大数据分析的概念和类型，然后重点介绍几种大数据分析与挖掘的算法。

### 3.4.1　大数据分析类型

大数据分析是指利用统计学、人工智能、机器学习等方法对规模巨大的数据进行分析，目的是获取和发现有价值的新知识和规律。这里说的大数据分析，是广义的大数据分析，包括传统的数据分析和数据挖掘。狭义的大数据分析指的是数据挖掘。

按照大数据分析需要的算法和技术，大数据分析主要分为四种类型：定量分析、定性分析、统计分析和数据挖掘。

#### 1. 定量分析

定量分析是数据分析的基本技术之一，它专注于从量化数据中发现关联。定量分析的特点是样本容量极大，分析结果是数值型的。定量分析的结果可以被用在数值比较上。例如，从汽车销售量的定量分析可以发现：温度每下降 5 度，汽车销售量提升 10%。

#### 2. 定性分析

定性分析也是最常见的数据分析方法之一，它专注于用语言描述不同数据的质量，这种方法也叫描述性分析。通过定性分析可以向数据分析师提供重要指标和业务的衡量方法。例如，每月的营收和损失账单。利用可视化工具能够有效地增强描述型分析所提供的信息。

相比于定量分析，它涉及分析相对小而深入的样本。由于样本很小，这些分析结果不能被适用于整个数据集中。它们也不能测量数值或用于数值比较。例如，汽车销量的定性分析揭示了 3 月份的销量总额没有 2 月份的高。分析结果仅仅说明了“没有 2 月份的高”，而并未提供数字偏差。定性分析的结果是用语言对关系进行相关描述。

#### 3. 统计分析

利用统计学方法进行大数据分析的方法和种类有很多，这里主要介绍两种统计分析方法：A/B 测试和相关性分析。

1) A/B 测试

A/B 测试是指在网站、APP 和其他产品优化过程中，提供两个版本(A/B)或多个版本(A/B/n)，并同时随机地让一定比例的客户访问，然后通过统计学方法进行分析，比较哪个版本效果更好。A/B 测试与一般的工程测试有很大不同，它是通过用户行为分析用户心理，从而优化产品用户体验。A/B 测试流程图如图 3-29 所示。

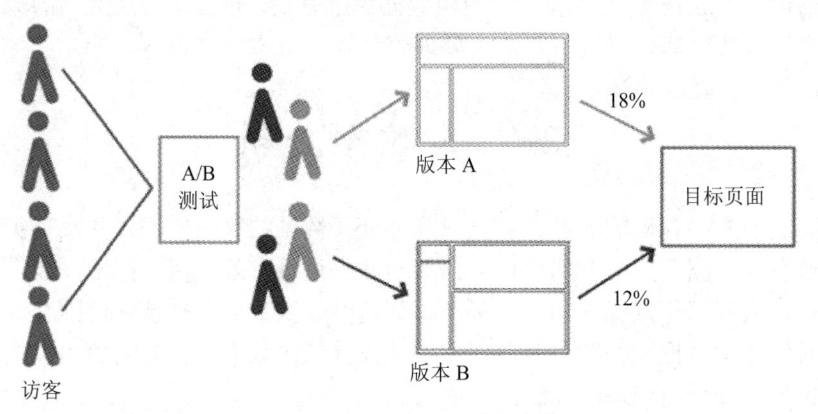


图 3-29　A/B 测试流程图

通过运行 A/B 测试比较新版本与当前版本用户体验的变化，收集数据并分析，根据数据分析结果衡量更改对业务的影响，可以确保每个更改都产生正向结果，从而消除创新和迭代风险，让业务快速增长。

A/B 测试适用于很多领域，最常用的应用场景如下：

(1) 体验优化：用户体验永远是卖家最关心的事情之一，但随意改动已经完善的版本也是一件很冒险的事情，因此很多卖家会通过 A/B 测试进行决策。常见的是在保证其他条件一致的情况下，针对某一单一的元素进行 A/B 两个版本的设计，并进行测试和数据收集，最终选定数据结果更好的版本。

(2) 转化率优化：通常影响电商销售转化率的因素有产品标题、描述、图片、表单、定价等，通过测试这些相关因素的影响，不仅可以直接提高销售转化率，长期进行也能提高用户体验。

(3) 广告优化：广告优化可能是 A/B 测试最常见的应用场景了，同时结果也是最直接的。营销人员可以通过 A/B 测试的方法了解哪个版本的广告更受用户的青睐，哪些步骤怎么做才能更吸引用户。

2) 相关性分析

相关性分析是指对两个或多个具备相关性的变量元素进行分析，从而衡量两个变量因素的相关密切程度。相关性的元素之间需要存在一定的联系或者概率才可以进行相关性分析。

相关性不等于因果性，相关性所涵盖的范围和领域几乎覆盖了我们所见到的方方面面。相关分析的方法很多，初级的方法(比如折线图)可以快速发现数据之间的关系，如正相关、负相关和不相关；较高级的方法(比如协方差及协方差矩阵)可以对数据间关系的强弱进行度量。

通常使用的相关性分析的方法是“相关系数法”，即用统计学中的协方差、标准差等对变量进行相关分析。相关系数的优点是可以通过数字对变量的关系进行度量，并且带有方向性，1 表示正相关，−1 表示负相关；还可以对变量关系的强弱进行度量，越靠近 0 相关性越弱。

下面以一组广告的成本数据和曝光量数据的相关程度分析为例，介绍相关系数法，如表 3-5 所示。为了计算方便，这里只列出 6 组数据的计算方法。

**表 3-5　2016 年 7 月一组广告的成本数据和曝光量数据表**

| 投放时间 | 广告曝光量($y$) | 费用成本($x$) |
|---|---|---|
| 2016/7/1 | 18 481 | 4616 |
| 2016/7/2 | 15 094 | 4649 |
| 2016/7/3 | 17 619 | 4600 |
| 2016/7/4 | 16 825 | 4557 |
| 2016/7/5 | 18 811 | 4541 |
| 2016/7/6 | 10 430 | 3568 |

相关系数(Correlation coefficient)是反映变量之间关系密切程度的统计指标，相关系数的取

值区间在 +1 到 −1 之间。+1 表示两个变量完全线性相关，−1 表示两个变量完全负相关，0 表示两个变量不相关。数据越趋近于 0 表示相关关系越弱，从 −1 到 0 或者从 +1 到 0 变化时，关系相关性程度由强变弱。以下是广告曝光量($y$)和费用成本($x$)的相关系数 $r_{xy}$ 的计算公式，如式(1)所示：

$$r_{xy}=\frac{S_{xy}}{S_x S_y} \tag{1}$$

其中，$r_{xy}$ 表示样本相关系数，$S_{xy}$ 表示样本协方差，$S_x$ 表示 $x$ 的样本标准差，$S_y$ 表示 $y$ 的样本标准差。

$S_{xy}$ 样本协方差计算公式如式(2)所示：

$$S_{xy}=\frac{\sum_{i=1}^{n}(x_i-\overline{x})(y_i-\overline{y})}{n-1} \tag{2}$$

$S_x$ 和 $S_y$ 样本标准差的计算公式分别如式(3)、式(4)所示：

$$S_x=\sqrt{\frac{\sum(x_i-\overline{x})^2}{n-1}} \tag{3}$$

$$S_y=\sqrt{\frac{\sum(y_i-\overline{y})^2}{n-1}} \tag{4}$$

下面是计算相关系数的过程，表 3-6 中分别计算了 $x$，$y$ 变量的协方差以及各自的标准差，并求得相关系数值为 0.88。0.88 大于 0 说明两个变量间正相关，同时 0.88 非常接近于 1，说明两个变量间高度相关。当选取样本空间变大时，得到的相关系数会更准确。

**表 3-6　广告曝光量和费用成本的相关系数计算图表**

| 投放时间 | 广告曝光量($y$) | 费用成本($x$) | $y_i-\overline{y}$ | $x_i-\overline{x}$ | $(y_i-\overline{y})(x_i-\overline{x})$ | $(y_i-\overline{y})^2$ | $(x_i-\overline{x})^2$ |
|---|---|---|---|---|---|---|---|
| 2016/7/1 | 18 481 | 4616 | 2271 | 194.17 | 440 952.5 | 5 157 441 | 37 700.69 |
| 2016/7/2 | 15 094 | 4649 | −1116 | 227.17 | −253 518 | 1 245 456 | 51 604.69 |
| 2016/7/3 | 17 619 | 4600 | 1409 | 178.17 | 251 036.83 | 1 985 281 | 31 743.36 |
| 2016/7/4 | 16 825 | 4557 | 615 | 135.17 | 83 127.5 | 378 225 | 18 270.03 |
| 2016/7/5 | 18 811 | 4541 | 2601 | 119.17 | 309 952.5 | 6 765 201 | 14 200.69 |
| 2016/7/6 | 10 430 | 3568 | −5780 | −853.83 | 4 935 156.67 | 33 408 400 | 729 031.36 |
| 统计 | | | 样本数量 $n$ | $S_{xy}$ | $S_y$ | $S_x$ | $r_{xy}$ |
| | | | 6 | 1 153 341.6 | 3128.58 | 420.13 | 0.877 457 5 |

但是在实际工作中，不需要上面这么复杂的计算过程，在 Excel 的数据分析模块中选择相关系数功能，设置好 $x$、$y$ 变量后可以自动求得相关系数的值。

### 4. 数据挖掘

数据挖掘是指从大量的数据中，通过人工智能、机器学习等高级算法，挖掘出未知的且有价值的信息。数据挖掘其实是一类更深层次的数据分析方法。数据挖掘主要侧重解决四类问题：分类分析、预测分析、聚类分析和关联分析，常用的数据挖掘算法一般分为两大类：有监督的学习和无监督的学习，如图 3-30 所示。数据挖掘的典型算法将在下一小节中进行具体介绍。

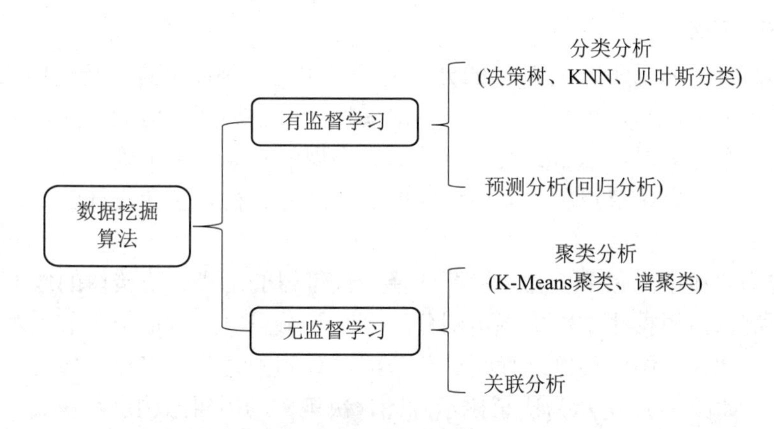


图 3-30　常用数据挖掘算法的类型

有监督学习就是通过对已有的训练样本(即已知输入和对应的输出)进行训练，得到一个最优模型，再将这个模型应用在新的数据上，用来分类或预知输出结果。无监督学习，相比于有监督学习，训练数据是无标签的(即只有输入，没有输出)，直接拿数据进行建模分析，目的是发现数据的潜在规律并进行区分。

有监督学习主要用来进行分类分析与预测分析，二者均可以使用训练模型来预测未来结果。分类分析用于预测数据对象的离散类别，需要预测的属性值是离散的、无序的；预测分析则用于预测数据对象的连续取值，需要预测的属性值是连续的。例如，在银行业务中，根据贷款申请者的信息来判断贷款者是否具有贷款还款能力，这是数据挖掘中的分类任务，而分析给贷款者的贷款量多少就是数据挖掘中的预测任务。

无监督学习主要分为聚类分析和关联分析。

聚类分析指根据一定的属性将数据集合分组为相似的多个类的分析过程。也就是试图将数据集中的样本划分为若干个不相交的子集，每个子集称为一个“簇”(Cluster)。聚类分析与分类分析不同之处在于它是一种无监督学习，是在缺乏标签前提下的一种分类模型。对数据进行聚类后并得到簇后，一般会单独对每个簇进行深入分析，从而得到更加细致的结果。常见的聚类算法有 K 均值(K-Means)、谱聚类(Spectral Clustering)、层次聚类(Hierarchical Clustering)等。

关联分析就是发现存在于大量数据集中的关联性或相关性，从而描述一个事物中某些属性同时出现的规律和模式，这些规律和模式即关联规则。通过对数据集进行关联分析可得出形如“由于某些事件的发生而引起另外一些事件的发生”之类的规则。如“百分之四十的女性在购买裙子的时候会看单肩包”，因此通过将裙子和单肩包的货架合理摆放或捆绑销售可提高超市的服务质量和效益。又如“‘C 语言’课程优秀的同学，在学习‘数据结构'时为优秀的可能性高达 88%"，那么就可以通过强化"C 语言"的学习来提高教学效果。关联规则的经典算法包括 Apriori 算法、FP-Tree 算法和灰色关联法等。

## 3.4.2 数据挖掘的典型算法介绍

数据挖掘的算法有很多，本节介绍五种比较经典的算法：决策树分类法、朴素贝叶斯分类法、一元线性回归分析法、K-Means 算法和关联分析法。

### 1. 决策树分类法

决策树(Decision Tree)是一种基本的分类方法，也是一种简单且广泛使用的分类技术。决策树是在给定一堆样本，每个样本都有一组属性和一个类别，这些类别是事先确定的，通过学习得到一个分类器，这个分类器能够对新出现的对象给出正确的分类。决策树是一个树状预测模型，它是由节点和有向边组成的层次结构。树中包含三种节点：根结点、内部节点和叶子节点。

决策树的构建通常有三个步骤：特征选择、决策树的生成、决策树的修剪。对实例的某一特征进行测试，根据测试结果将实例分配到其子节点，此时每个子节点对应着该特征的一个取值，如此递归的对实例进行测试并分配，直到到达叶子节点，最后将实例分到叶子节点的类中。如图 3-31 所示为决策树示意图，决策树利用树结构进行决策，每一个非叶子节点是一个判断条件，每一个叶子节点是一种结论。从根节点开始，经过多次判断得出结论。

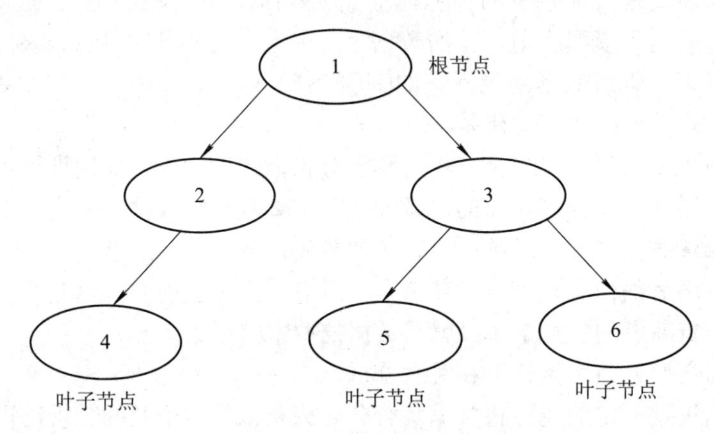


图 3-31 决策树示意图

下面以一个分类例子，具体讲解决策树是如何进行数据分类和决策的。

**【例】**银行希望能够通过一个人的基本信息(包括职业、年龄、收入、学历)去判断他是否有贷款的意向，从而更有针对性地完成工作。表 3-7 是银行现在能够掌握的信息，我们的目标是通过对下面的数据进行分析建立一个预测用户贷款的模型。

表 3-7 中有客户的四种属性：职业、年龄、收入、学历，如何综合利用这些属性去判断用户的贷款意向呢？决策树的做法是每次选择一个属性进行判断，如果不能得出结论，继续选择其他属性进行判断，直到能够肯定地判断出用户的类型或者是上述属性都已经使用完毕。比如说要判断一个客户的贷款意向，可以先根据客户的职业进行判断，如果不能得出结论，再根据年龄作判断，若可以得出结论就停止，若不能得出结论，继续根据收入

或者学历进行判断，这样以此类推，直到可以得出结论为止。决策树用树结构实现上述判断流程，如图 3-32 所示。

**表 3-7　银行提供的个人贷款信息表**

| 职业 | 年龄 | 收入 | 学历 | 是否贷款 |
|---|---|---|---|---|
| 自由职业 | 28 | 5000 | 高中 | 是 |
| 工人 | 36 | 5500 | 高中 | 否 |
| 工人 | 42 | 2800 | 初中 | 是 |
| 白领 | 45 | 3300 | 小学 | 是 |
| 白领 | 25 | 10 000 | 本科 | 是 |
| 白领 | 32 | 8000 | 硕士 | 否 |
| 白领 | 28 | 13 000 | 博士 | 是 |
| 自由职业 | 21 | 4000 | 本科 | 否 |
| 自由职业 | 23 | 3200 | 小学 | 否 |
| 工人 | 33 | 3000 | 高中 | 否 |
| 工人 | 48 | 4200 | 小学 | 否 |

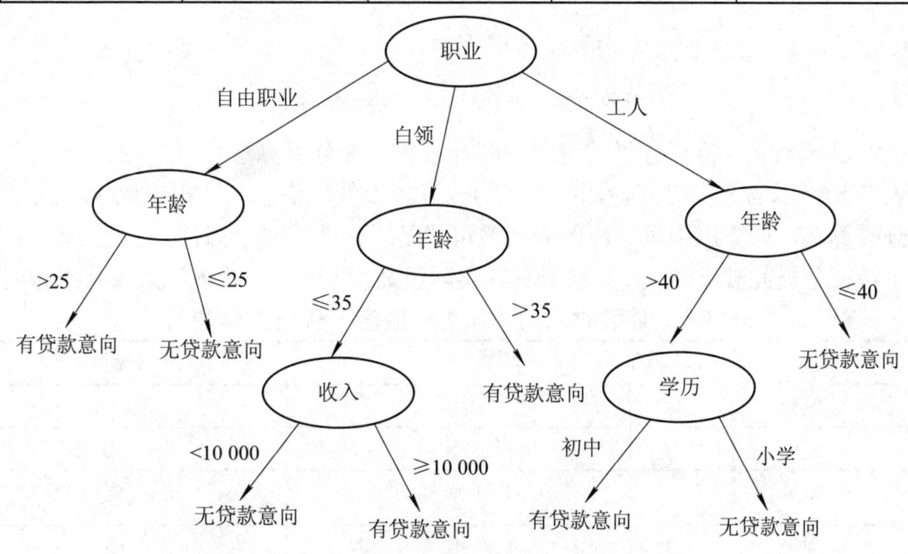


图 3-32　决策树判断用户贷款意向决策图

利用这棵决策树就可以对新的对象进行分类了。例如，一个 38 岁的白领，银行就会将其划分为有贷款意向的群体。

### 2. 朴素贝叶斯分类法

朴素贝叶斯分类是一种十分简单的分类算法。朴素贝叶斯的思想基础是对于给出的待分类项，求解在此项出现的条件下各个类别出现的概率，哪个最大，就认为此待分类项属于哪个类别。但是，朴素贝叶斯分类器是要基于一个简单的假定：给定目标值时属性之间相互条件独立。

朴素贝叶斯分类的正式定义如下：

(1) 设 $x = \{a_1, a_2, \cdots, a_m\}$为一个待分类项，而每个 $a$ 为 $x$ 的一个特征属性。

(2) 有类别集合 $C = \{y_1, y_2, \cdots, y_n\}$。

(3) 计算条件概率 $P(y_1|x)$，$P(y_2|x)$，…，$P(y_n|x)$。

(4) 如果 $P(y_k|x) = \max\{P(y_1|x)\}$，$P(y_2|x)$，……，$P(y_n|x)$，则 $x \in y_k$。

朴素贝叶斯分类的流程如图 3-33 所示。

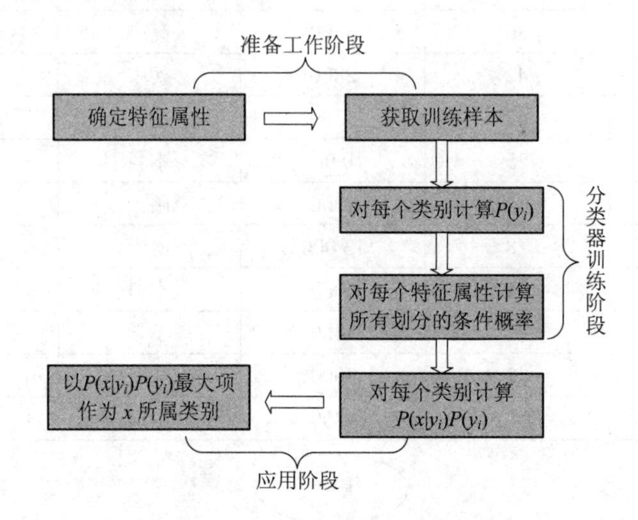


图 3-33　朴素贝叶斯分类流程图

下面通过一个天气特征分类的例子讲解朴素贝叶斯分类算法。

如表 3-8 所示为某段时间检测的“风力-温度-天气”信息表，根据此表信息通过朴素贝叶斯分类算法，计算出强风、冷的天气最可能是阴、雨、晴中哪种天气(注：表中风力和温度两个特征是彼此独立的，且数据不具有实际意义，只是为了理解朴素贝叶斯分类算法)。

**表 3-8　某段时间的“风力—温度—天气”信息表**

| 特征($x$) | | 类别($y$) |
|---|---|---|
| 风力 | 温度 | 天气 |
| 无风 | 冷 | 阴 |
| 微风 | 冷 | 雨 |
| 强风 | 热 | 晴 |
| 强风 | 热 | 阴 |
| 大风 | 冷 | 阴 |
| 大风 | 冷 | 晴 |

根据贝叶斯公式(5)计算条件概率：

$$P(A|B) = \frac{P(B|A)P(A)}{P(B)} \tag{5}$$

换个表达形式应用于本例题中，如下式：

$$P(类别|特征) = \frac{P(特征|类别)P(类别)}{P(特征)} \tag{6}$$

最终求得 $P$(类别|特征)即可，下面是具体的计算过程。

(1) 根据表中数据，可直接计算出下面概率：

$$P(\text{强风})=\frac{2}{6}=\frac{1}{3}\approx 0.33，\quad P(\text{冷})=\frac{4}{6}=\frac{2}{3}\approx 0.66$$

$$P(\text{阴})=\frac{3}{6}=\frac{1}{2}=0.5，\quad P(\text{晴})=\frac{2}{6}=\frac{1}{3}\approx 0.33$$

$$P(\text{强风}\mid\text{阴})=\frac{1}{3}\approx 0.33，\quad P(\text{强风}|\text{雨})=0$$

$$P(\text{强风}\mid\text{晴})=\frac{1}{2}=0.5，\quad P(\text{冷}|\text{阴})=\frac{2}{3}\approx 0.66$$

$$P(\text{冷}\mid\text{雨})=1，\quad P(\text{冷}|\text{晴})=\frac{1}{2}=0.5$$

(2) 根据贝叶斯公式计算下面 3 个条件概率：

$$P(\text{阴}\mid\text{强风，冷})=\frac{P(\text{强风，冷}\mid\text{阴})\times P(\text{阴})}{P(\text{强风，冷})}$$

因为“强风”和“冷”这两个特征是独立的，即 $P$(强风，冷)=$P$(强风) × $P$(冷)。因此，上面的等式就变成了

$$P(\text{阴}\mid\text{强风，冷})=\frac{P(\text{强风}\mid\text{阴})\times P(\text{冷}\mid\text{阴})\times P(\text{阴})}{P(\text{强风})\times P(\text{冷})}$$

$$=\frac{0.33\times 0.66\times 0.5}{0.33\times 0.66}=0.5$$

同理，

$$P(\text{雨}\mid\text{强风，冷})=\frac{P(\text{强风}\mid\text{雨})\times P(\text{冷}\mid\text{雨})\times P(\text{雨})}{P(\text{强风})\times P(\text{冷})}=0$$

$$P(\text{阴}\mid\text{强风，冷})=\frac{P(\text{强风}\mid\text{晴})\times P(\text{冷}\mid\text{晴})\times P(\text{晴})}{P(\text{强风})\times P(\text{冷})}=\frac{0.5\times 0.5\times 0.33}{0.33\times 0.66}\approx 0.38$$

最后，比较三个条件概况可知 $P$(阴|强风，冷)概率最大，因此强风、冷的天气最可能是阴天气。

朴素贝叶斯分类的应用有很多，较多应用于文本分类，比如垃圾邮件过滤、网页内容分类等。

### 3. 一元线性回归分析法

回归分析(Regression Analysis)是用一群变量预测另一个变量的方法。回归分析是研究一个因变量和一个或者多个自变量之间的依赖关系，并通过数学表达式将这种关系描述出来的一种分析方法。回归分析目的是建立输入变量与输出变量间的最优模型并进行预测分析。例如，司机的鲁莽驾驶与道路交通事故数量之间的关系，或者根据温度、大气压力和湿度来预测风速等。

按照涉及自变量的多少，回归分析可分为一元回归和多元回归分析；按照自变量和因变量之间的关系类型，可分为线性回归分析和非线性回归分析。

回归基本上可视为一种拟合过程，即用最恰当的数学方程去拟合一组由一个因变量和一个或多个自变量所组成的原始数据。最简单的形式是一元线性回归，它有一个因变量和一个自变量，可以用线性方程 $y = a + bx$ 去拟合一系列数据观察值 $x$ 和 $y$ 变量之间的关系(如图 3-34 所示)。它可以根据给定的变量($x$)来预测目标变量($y$)的值。

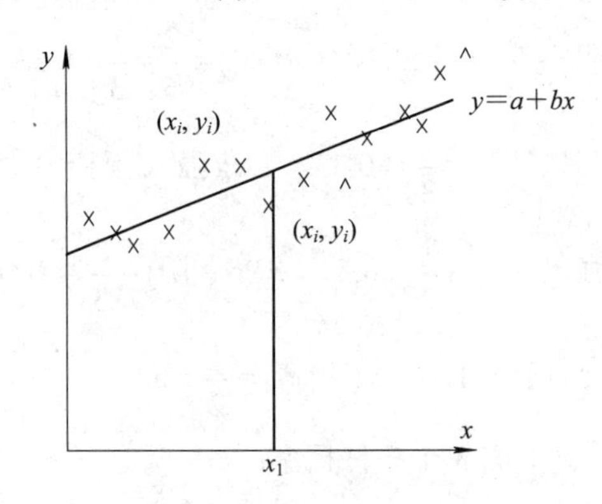


图 3-34　一元线性回归拟合

一元线性回归分析只包括一个自变量和一个因变量，且二者的关系可用一条直线近似表示。下面以某公司某月的广告费用和销售额数据为例，介绍一元线性回归分析的计算方法，如表 3-9 所示。

**表 3-9　某公司某月的广告费用和销售额统计表**

| 广告费/万元 | 4 | 8 | 9 | 8 | 8 | 12 | 6 | 10 | 6 | 9 |
|---|---|---|---|---|---|---|---|---|---|---|
| 销售额/万元 | 9 | 20 | 22 | 15 | 17 | 23 | 18 | 25 | 10 | 20 |

把广告费和销售额画在二维坐标内，就能够得到一个散点图。如果想探索广告费和销售额之间的关系，就可以利用一元线性回归来做出一条拟合直线，如图 3-35 所示。

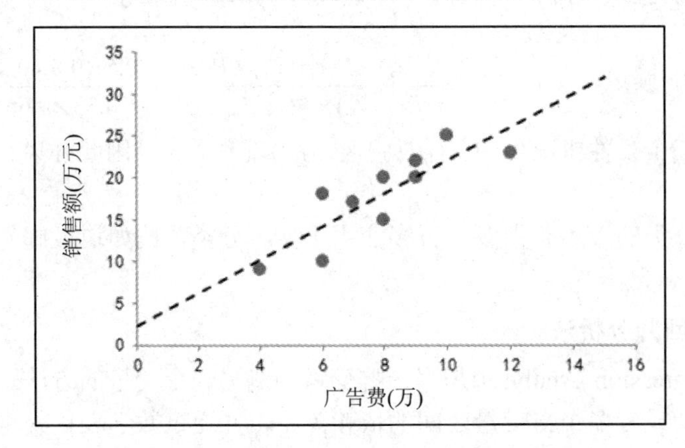


图 3-35　广告费和销售额的一元线性回归拟合图

下面具体讲解拟合线的求法：对于一元线性回归来说，可以看成 $Y$ 的值随着 $X$ 值的变化而变化，每一个实际的 $X$ 值都会有一个实际的 $Y$ 值，该 $Y$ 值为实际值。要求求出一条直线，每一个实际的 $X$ 值都会有一个直线预测的 $Y$ 值，$Y$ 值为预测值。回归线就是使得每个 $Y$ 的实际值与预测值之差的平方和最小，即平方和 $\mathrm{SSE} = (Y_{1\,\text{实际}} - Y_{1\,\text{预测}})^2 + (Y_{2\,\text{实际}} - Y_{2\,\text{预测}})^2 +$

$\cdots + (Y_{n\,实际} - Y_{n\,预测})^2$的最小值。

因为直线在坐标系可以表示为 $Y = aX + b$，即 $aX$ 实际 $+ b = Y$ 预测，所以($Y$ 实际 $-$ $Y$ 预测)就可以写成($Y$ 实际 $-$ ($aX$ 实际 $+ b$))，于是平方和 SSE 可以写成 $a$ 和 $b$ 的函数 $Q(a, b)$。那么只需要求出让 $Q$ 最小的 $a$ 和 $b$ 的值，就可求出一元回归线了，计算公式如式(7)所示。

$$Q(a,b) = \sum_{i-1}^{n}(Y_i - (aX_i + b))^2 \tag{7}$$

下面通过导数法求解上式的最小值。对于函数 $Q(a，b)$，分别对于 $a$ 和 $b$ 求偏导数，然后令偏导数等于 0，得到一个关于 $a$ 和 $b$ 的二元方程组，就可以求出 $a$ 和 $b$ 了，这个方法被称为最小二乘法。下面是具体的数学演算过程。

(1) 先把 $Q(a，b)$公式展开：

$$\begin{aligned}
Q(a,b) &= \sum_{i=1}^{n}(Y_i - (aXi + b))^2 \\
&= (Y_1 - (aX_1 + b))^2 + (Y_2 - (aX_2 + b))^2 + \cdots + (Y_n - (aX_n + b))^2 \\
&= [y_1^2 - 2Y_1(aX_1 + b) + (aX_1 + b^2)] + [y_2^2 - 2Y_2(aX_2 + b) + (aX_2 + b^2)] + \cdots + \\
&\quad [y_n^2 - 2Y_n(aX_n + b) + (aX_n + b^2)] \\
&= Y_1^2 - 2Y_1aX_1 - 2Y_1b + a^2X_1^2 + 2aX_1b + b^2 + \\
&\quad Y_2^2 - 2Y_2aX_2 - 2Y_2b + a^2X_2^2 + 2aX_2b + b^2 + \cdots + \\
&\quad Y_n^2 - 2Y_naX_n - 2Y_nb + a^2X_n^2 + 2aX_nb + b^2 \\
&= (Y_1^2 + \cdots + Y_n^2) - 2a(X_1Y_1 + \cdots + X_nY_n) - 2b(Y_1 + \cdots + Y_n) + \\
&\quad a^2(X_2^1 + \cdots + X_n^2) + 2ab(X_1 + \cdots + X_n) + nb^2
\end{aligned}$$

(2) 然后利用平均数，把上面式子中每个括号里的内容进一步化简。例如：

$$\frac{Y_1^2 + \cdots + Y_n^2}{n} = \overline{Y^2}$$

则

$$(Y_1^2 + \cdots + Y_n^2) = n\overline{Y^2}$$

于是 $Q(a，b)$化简结果如下：

$$Q(a,b) = n\overline{Y^2} - 2an\overline{XY} - 2bn\overline{Y} + a^2n\overline{X^2} + 2abn\overline{X} + nb^2$$

(3) 然后分别对 $Q$ 求 $a$ 的偏导数和 $b$ 的偏导数，令偏导数等于 0。

$$\frac{\partial Q}{\partial a} = -2n\overline{XY} + 2an\overline{X^2} + 2bn\overline{X} = 0$$

$$\frac{\partial Q}{\partial b} = -2n\overline{Y} + 2an\overline{X} + 2nb = 0$$

进一步化简，可以消掉 $2n$，最后得到关于 $a$，$b$ 的二元方程组为：

$$-\overline{XY} + a\overline{X^2} + b\overline{X} = 0$$

$$-\overline{Y} + a\overline{X} + b = 0$$

(4) 最后得出 $a$ 和 $b$ 的求解公式：

$$a = \frac{\overline{XY} - \overline{X}\,\overline{Y}}{(\overline{X})^2 - \overline{X^2}}$$

$$b = \overline{Y} - a\overline{X}$$

上述过程就是通过最小二乘法求出直线的斜率 $a$ 和截距 $b$ 的过程。有了这个公式，分别求出公式中的各种平均数，然后代入即可，最后算出 $a = 1.98$，$b = 2.25$。

最终的回归拟合直线为 $Y = 1.98X + 2.25$，这样就可以利用这个一元回归直线做一些预测。比如，如果投入广告费 2 万元，那么代入回归拟合直线 $Y = 1.98X + 2.25$，求得预计销售额为 6.21 万元。

4. K-Means 算法

K-Means 算法的思想很简单，对于给定的样本集，按照样本之间的距离大小将样本集划分为 $K$ 个簇，通过不断求取簇的均值找到最合适的簇的划分方法。目的是让簇内的点尽量紧密地连在一起，而让簇间的距离尽量的大。$K$ 必须是一个比训练集样本数小的正整数，表示类的数量，在 K-Means 算法中，$K$ 需要事先给定。

K-Means 算法的计算方法如下：

(1) 根据原始数据集分布，将样本集划分为 $K$ 个簇，选取 $K$ 个质心(中心点)；

(2) 遍历所有数据，求取所有样本数据到 $K$ 个质心的距离，将样本中每个数据划分到最近的质心中，形成新的聚类簇；

(3) 计算每个聚类簇的平均值，并作为新的质心；

(4) 重复步骤(2)～(3)，直到这 $K$ 个质心不再变化(收敛)，或执行了足够多的迭代次数。

假设输入样本集 $D = \{x_1, x_2, \cdots, x_m\}$，输出是簇划分为 $C = \{C_1, C_2, \cdots, C_k\}$。下面给出样本数据 $x_i(i = 1, 2, \cdots, m)$到质心 $\mu_j(j = 1, 2, \cdots, k)$的距离 $d_{ij}$ 求取式(8)：

$$d_{ij} = \left\| x_i - \mu_j \right\|_2^2 \tag{8}$$

其中，质心 $\mu_j$ 是簇 $C_j(j = 1, 2, \cdots, k)$的均值向量，其表达式为

$$\mu_j = \frac{1}{\left| C_j \right|} \sum_{x \in C_j} x \tag{9}$$

下面用一组图具体讲解用K-Means算法得到最优的聚类数据集，如图3-36(a)～(f)所示。

其中，图 3-36(a)表达了初始的数据集，通过 K-Means 算法可以得到最优的聚类数据集图，如图 3-36(f)所示。K-Means 算法步骤如下：

(1) 输入 $K$ 值并随机选取 $K$ 个中心点，如图 3-36(b)所示。这里假设 $K = 2$，随机选择了两个类所对应的质心，即图中的带叉圆形质心⊗和带叉三角形质心△。

(2) 遍历所有数据，求取样本中所有点到图 3-36(b)中所示的两个质心的距离，并标记每个样本的类别为与该样本距离最小的质心的类别。如图 3-36(c)所示为形成的新类别，即一个聚类簇类别。

(3) 计算每个聚类的平均值，并作为新的质心，如图 3-36(d)所示。

经过上面步骤(2)计算所有样本点到带叉圆形质心和带叉三角形质心的距离，可得到所

有样本点第一轮迭代后的类别。此时对当前图 3-36(c)中标记为红色圆形的实心点和蓝色三角形的实心点分别求其新的质心，得到新的带叉圆形质心和带叉三角形质心。如图 3-36(d)所示，质心位置已经发生了变动。

(4) 重复步骤(2)～(3)，直到这两个中心点不再变化(收敛)。图 3-36(e)和图 3-36(f)重复了图 3-36(c)和图 3-36(d)的过程，即将所有点的类别标记为距离最近的质心的类别并求新的质心。最终得到的两个类别如图 3-36(f)所示。

当然在实际 K-Mean 算法中，一般会多次运行图 3-36(c)和图 3-36(f)，即多次迭代过程将所有点的类别标记为距离最近的质心的类别再求新的质心，才能得到最终比较优的类别。

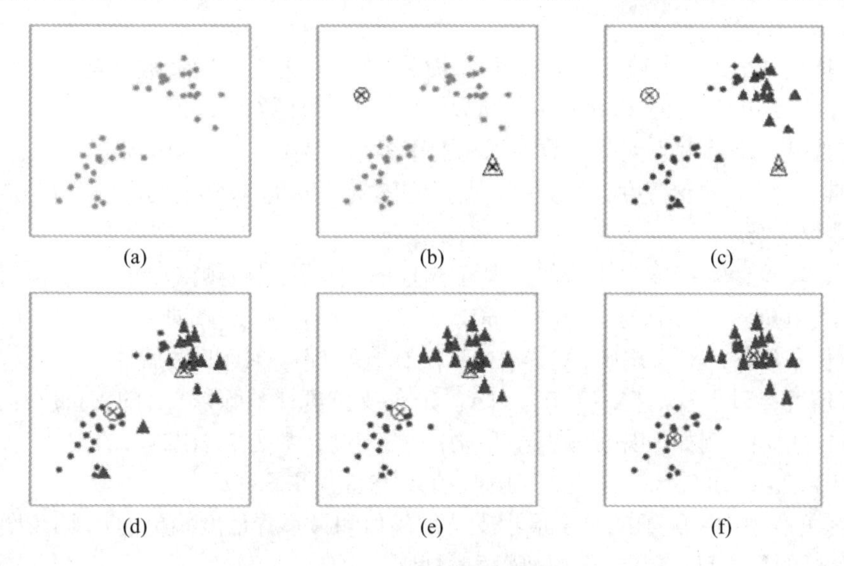


图 3-36　K-Means 算法

### 5. 关联分析法

关联分析法的一个典型例子是购物篮分析。通过发现顾客放入其购物篮中不同商品之间的联系，分析顾客的购买习惯；通过了解哪些商品频繁地被顾客同时购买，可以帮助零售商制定营销策略。关联分析法的应用还包括价目表设计、商品促销、商品的排放和基于购买模式的顾客划分等。例如，洗发水与护发素的捆绑营销；牛奶与面包的间临摆放等。

如表 3-10 所示是一个超市几名顾客购买商品的交易信息，通过对这个交易信息数据集进行关联分析，找出关联规则。

**表 3-10　顾客购买商品交易信息表**

| 流水号 | 商　　品 |
|---|---|
| 001 | 咖啡，牛奶，可乐 |
| 002 | 可乐，纸尿裤，咖啡，鸡蛋 |
| 003 | 纸尿裤，咖啡 ，牛奶 |
| 004 | 咖啡，牛奶，鸡肉 |
| 005 | 鸡肉，衣服 |

首先，定义一个规则“咖啡→牛奶”，在交易号 001～005 之中，同时购买咖啡和牛奶的顾客比例为 3/5，而购买了咖啡的顾客中也购买了牛奶的顾客比例为 3/4。这两个比例参数在关联规则中分别被称作支持度(Support)、置信度(Confidence)，是两个重要的衡量指标。

关联分析常用的一些基本概念如下：

(1) 事务：每一条交易称为一个事务。例如，表 3-10 数据集中包含了 5 个事务。

(2) 项：交易的每一个物品称为一个项。例如，可乐、咖啡等。

(3) 项集：包含零个或多个项的集合叫做项集。例如，{咖啡，牛奶，可乐}。

(4) k—项集：包含 k 个项的项集叫做 k—项集。例如，{咖啡}叫做 1—项集，{鸡蛋，咖啡}叫做 2—项集。

(5) 支持度计数：一个项集出现在几个事务当中，它的支持度计数就是几。例如{咖啡，牛奶}出现在事务 001、003 和 004 中，所以它的支持度计数是 3。

(6) 支持度：支持度为支持计数除以总的事务数。例如，表 3-10 数据集中总的事务数为 5，{咖啡，牛奶}的支持度计数为 3，所以它的支持度是 3÷5=60%，说明有 60%的人同时买了咖啡和牛奶。

(7) 频繁项集：支持度大于或等于某个阈值的项集就叫做频繁项集。例如，阈值设为 50%时，因为{咖啡，牛奶}的支持度是 60%，大于 50%，所以{咖啡，牛奶}是频繁项集。

(8) 前件和后件：对于规则{A}→{B}，{A}叫做前件，{B}叫做后件。

(9) 置信度：对于规则{A}→{B}，{A，B}的支持度计数除以{A}的支持度计数，即为这个规则的置信度。例如，规则{咖啡，牛奶}的支持度计数为 3，{咖啡}的支持度计数为 4，那么置信度为 3/4，即 75%，说明买了咖啡的人 75%也买了牛奶。

(10) 强关联规则：大于或等于最小支持度阈值和最小置信度阈值的规则叫做强关联规则。关联分析的最终目标就是要找出强关联规则 。

一般来说，对于一个给定的交易事务数据集，关联分析就是指通过用户指定的最小支持度和最小置信度来寻求强关联规则的过程。关联分析法步骤一般分为两大步：产生频繁项集和产生关联规则。

(1) 产生频繁项集。发现频繁项集是指通过用户给定的最小支持度，寻找所有频繁项集，即找出不少于用户设定的最小支持度的项目子集。事实上，这些频繁项集可能存在包含关系。例如，项集{咖啡，牛奶，可乐}就包含了项集{咖啡，牛奶}。一般地，只需关心那些不被其他频繁项集所包含的所谓最大频繁项集的集合。产生所有的频繁项集是形成关联规则的基础。

由事物数据集产生的频繁项集的数量可能非常大，因此从中找出可以推导出其他所有的频繁项集的、较小的、具有代表性的项集是非常有用的。

(2) 产生关联规则。产生关联规则是指通过用户给定的最小置信度，在每个最大频繁项集中寻找置信度不小于用户设定的最小置信度的关联规则，即强关联规则。

相对于产生频繁项集来讲，产生关联规则的任务相对简单，因为它只需要在已经找出的频繁项集的基础上列出所有可能的关联规则。由于所有的关联规则都是在频繁项集的基础上产生的，已经满足了支持度阈值的要求，所以产生关联规则只需考虑置信度阈值的要求，只有那些大于用户给定的最小置信度的规则才会被留下来。

# 3.5　大数据可视化

大数据可视化是大数据处理流程中的最后一步，也是至关重要的一步。如何通过技术手段将大数据以易于理解、并富有表现力的形式展现出来是大数据可视化的主要研究内容。

本节将对大数据可视化的基本思想和大数据可视化工具进行介绍。

## 3.5.1　大数据可视化的基本思想

所谓大数据可视化是指通过一定的技术手段将处理好的大数据用各种易于理解的方式呈现出来，比如图形、图表或地图，如图 3-37 所示。可视化技术是利用计算机图形学及图像处理技术，将数据转换为图形或图像形式显示到屏幕上，并进行交互处理的理论、方法和技术。可视化技术涉及计算机视觉、图像处理、计算机辅助设计、计算机图形学等多个领域，成为一项研究数据表示、数据处理、决策分析等问题的综合技术。

图 3-37　大数据可视化

人类的大脑对视觉信息的处理优于对文本的处理，因此使用图表、图形和设计元素等数据可视化技术可以帮人们更容易的解释趋势和统计数据。数据可视化可以是静态的也可以是交互的。人们一直使用的是静态数据可视化，如图表和地图；而交互式的数据可视化则相对更为先进：人们能够使用电脑和移动设备深入到这些图表和图形的具体细节，然后用交互的方式改变他们看到的数据及数据的处理方式。

大数据可视化实现流程的基本思想如图 3-38 所示。

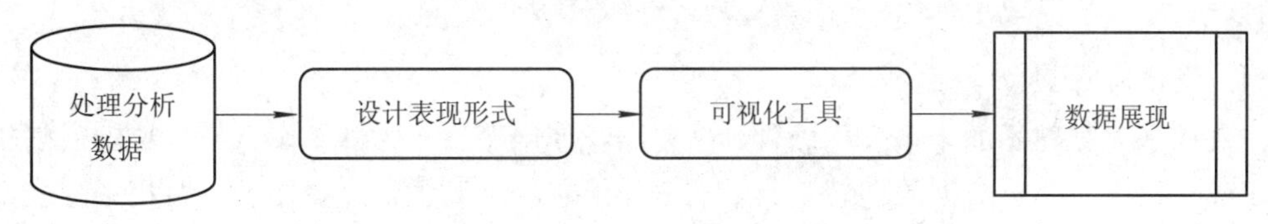


图 3-38　大数据可视化基本流程

大数据可视化的具体步骤如下：

(1) 处理分析数据：将经过大数据采集与预处理、大数据存储、大数据处理与分析后的数据集进行整理，作为大数据呈现的原始数据输入。

(2) 设计表现形式：设计一种或多种数据的表现形式，如立体的、二维的、动态的或者交互的等。

(3) 可视化工具：利用一些可视化工具(比如 Excel、Google Maps 和 Tableau)创建对应的可视化算法和技术实现手段，包括建模、绘制图形等。数据可视化技术的基本思想是将数据库中每个数据项作为单个图元元素表示，大量的数据集构成数据图像。同一时刻将数据的各个属性值以多维数据的形式表示，能够从不同的维度观察数据，从而对数据进行更深入的观察和分析。

(4) 数据展现：将可视化处理后的数据以富有理解力和表现力的形式通过屏幕展现出来，这是大数据可视化的最后一步。终端用户可以根据数据呈现出的最终形式来理解、分析、研究和发现数据蕴含的价值。

为实现信息的有效传达，数据可视化应兼顾美学与功能，直观地传达出关键的特征，便于挖掘数据背后隐藏的价值。大数据可视化技术应用标准包含以下四个方面：

(1) 直观化：将数据直观、形象地呈现出来。

(2) 关联化：突出地呈现出数据之间的关联性。

(3) 艺术性：使数据的呈现更具有艺术性，更加符合审美规则。

(4) 交互性：实现用户与数据的交互，方便用户控制数据。

### 3.5.2 大数据可视化工具

新型的数据可视化工具产品层出不穷，基本上各种语言都有自己的可视化库。要选择可视化工具，必须满足互联网爆发的大数据需求，必须快速地收集、筛选、分析、归纳、展现决策者所需要的信息，并根据新增的数据进行实时更新。

在大数据可视化方面，虽然有大量的工具可供选用，但哪一种工具最适合将取决于数据以及可视化数据的目的。有些工具适合用来快速浏览数据；有些工具适合为更广泛的读者设计图表；而有些工具适合绘制地图，根据不同的需求选用不同的工具。将某些工具组合起来使用，不失为一种更加合理的选择。

可视化的解决方案主要有两大类：非程序式和程序式。随着数据源的不断增长和技术的不断发展，涌现出了更多的点击/拖曳型工具。它们简单易学，可以协助用户理解自己的数据。按照难易程度和处理数据方式，将大数据可视化工具分为五大类：基础级工具、在线工具、交互式工具、地图工具和进阶工具。前面四类工具属于非程序式工具，不需要编程；最后一种进阶工具属于程序式可视化工具，需要编程，其学习和使用起来相比前四种更加复杂。

#### 1. 基础级工具

Excel 是大家熟悉的电子表格软件，已被广泛使用了二十多年。作为一个基础入门级工具，Excel 是快速分析数据的理想工具。在 Excel 中，让某几列高亮显示、做几张图表都很简单快捷，如图 3-39 所示。但是 Excel 在颜色、线条和样式上可选择的范围有限，这也意味着用 Excel 很难制作出符合专业出版物和网站需要的数据图。但是作为一个高效的内部沟通和可视化工具，Excel 是必备的工具之一。

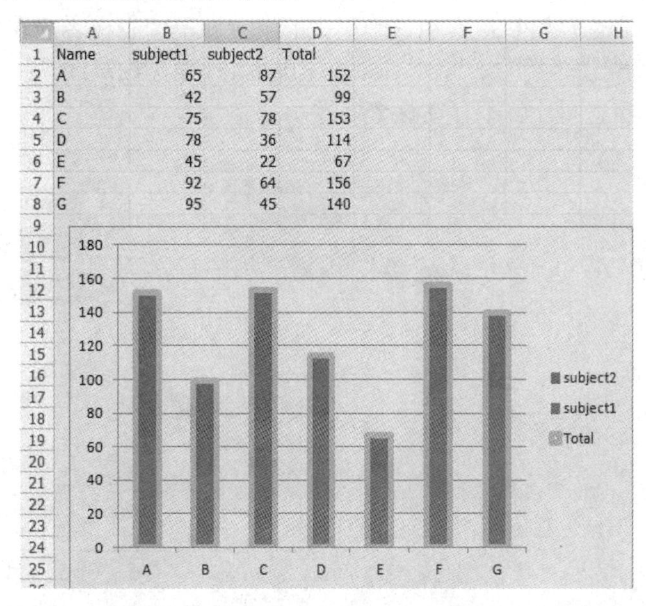


图 3-39　Excel 数据图表

### 2. 在线工具

使用在线工具，用户可以跨不同的终端设备来快速访问自己的数据，而且可以通过内置的聊天和实时编辑功能进行在线数据绘制。

在线可视化工具有 Google Chart API、Raphael、D3(Date-Driven Documents)、Flot 和 Visual.ly 等。

1) Google Chart API

Google 公司公布了制图服务(Google Chart)的接口 Google Chart API，可以用来为统计数据自动生成图片。该工具用起来相当简单，不需要安装任何软件，可以通过使用浏览器在线查看统计图表。Google Chart API 提供了折线图(Line Charts)、条状图(Bar Charts)、饼图(Pie Charts)、Venn 图(Venn Diagrams)和散点图(Scatter Plots)五种图表。它可以在线自动将所需要的数据汇总成各式各样的图表，并提供动态图表工具，还内置了动画和交互控制。Google Chart API 生成的图表如图 3-40 所示。

比如，在浏览器的地址栏中，键入字符串“http: //chart.apis.google.com/ chart?cht = p3&chd = s: hW&chs=250x100&chl=Hello|World&chtt= Hello+World”，就可以看到由 Hello 和 World 两部分组成一个饼状图。其中，各个参数的含义如下：

(1) cht(chart type)：图表种类，cht=p3 表示生成 3D 饼图。

(2) chs(chart size)：图表面积，chs=250x100 表示宽 200 像素，高 100 像素。

(3) chtt(chart title)：图表标题，chtt=Hello+World 表示标题是 Hello World。

(4) chd(chart data)：图表数据，chd=s: hW 表示数据是普通字符串(simple string)hW。

Google Chart API 能够在所有支持 SVG 和 VML 的浏览器中使用(其中，SVG 是 Scalable Vector Graphics 的缩写，是一种矢量图格式，一般情况下多用于网页设计。VML 是 The

Vector Markup Language 的缩写，是一种矢量可标记语言。VML 相当于 IE 里面的画笔，能实现你所想要的图形，而且结合脚本，可以让图形产生动态的效果，支持广泛的矢量图形特征)，但 Google Chart API 也存在一个很大的缺点就是图表在客户端生成，导致不支持 JavaScript 的设备将无法使用它。此外 Google Chart API 也无法离线使用或者将结果另存其他格式，而之前的静态图片就不存在这个问题。

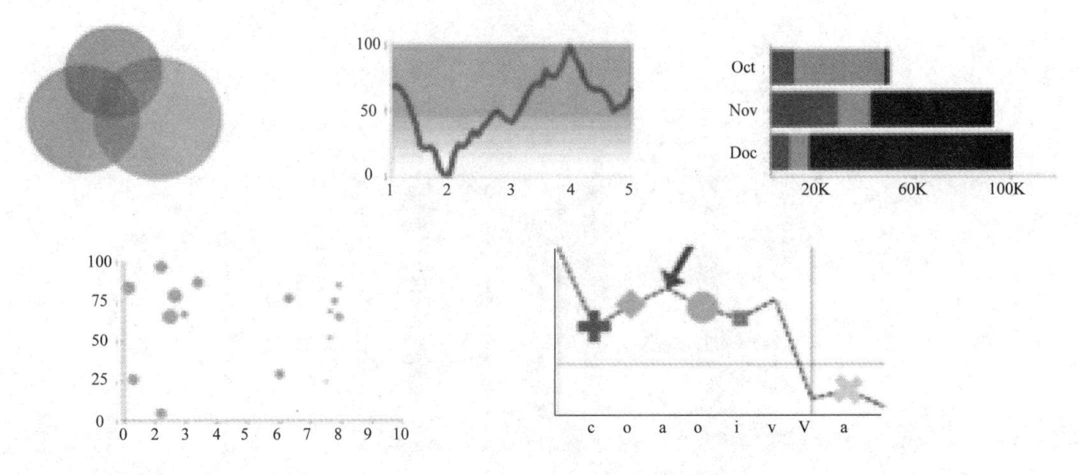


图 3-40 Google Chart API 数据图表

2) Raphael

Raphael 是一个 JavaScript 类库，用来在 Web 上绘制矢量图。Raphael 通过判断浏览器的不同，创建 SVG 和 VML 对象，从而达到跨浏览器的效果。Raphael 像一个画笔，所画的矢量图种类繁多，如图 3-41 所示。输出格式仅限 SVG 和 VML，这种矢量格式在任何分辨率下的显示效果都很好。

图 3-41 Raphael 矢量图

3) D3

D3 是数据驱动文件(Data-Driven Documents)的缩写，是一个用于网页作图、生成互动图形的 JavaScript 函数库，提供了一个 D3 对象，所有方法都通过这个对象调用。D3 能够提供大量线性图和条形图之外的复杂图表样式，例如 Voronoi 图(泰森多边形)、树形图、圆形集群和单词云等，如图 3-42 所示。虽然 D3 能够提供非常花哨的互动图表，但在选择数据可视化工具时，需注意保持简洁。

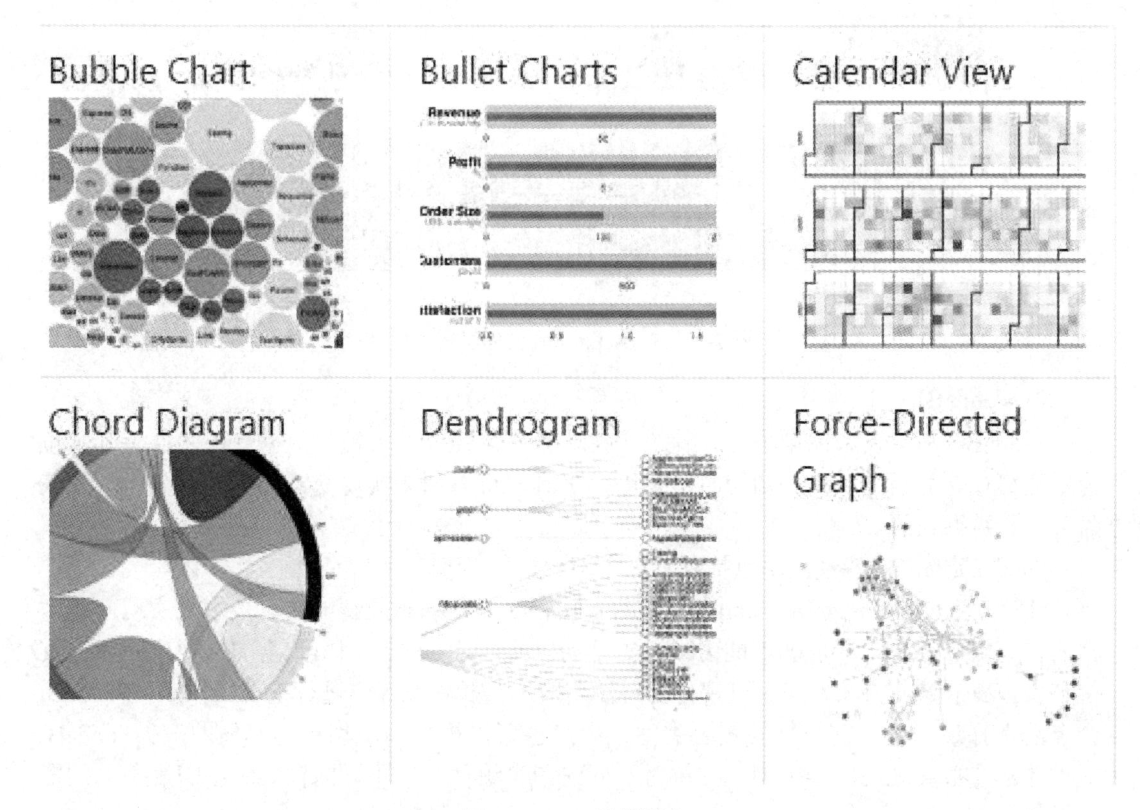


图 3-42　D3 数据图表

### 3. 交互式工具

交互式可视化工具可以实现互动图形用户界面(GUI)的控制，用户可以通过调整输入值获得一系列相应数据的变化。交互式可视化工具有 Crossfilter 、PandaBI 和 Tangle 等。

1) Crossfilter

Crossfilter 是一个 JavaScript 类库，能够在浏览器端对大量数据进行多维交互分析。它的特点是可以用不同的“Group By”查询实现交叉过滤、自动连接和更新查询结果。并结合 dc.js(dc 是基于 D3 的一个提供交叉过滤的原生 JavaScript 图库，主要用于对高维数据进行探索)图表类库，可以构建出高性能、交互式的分析报表。

Crossfilter 采用的是 GUI(互动图形用户界面)控制方式，它可以把数据可视化和 GUI 控件结合起来，将按钮、下拉和滑块演变成更复杂的界面元素。当扩展内容时，输入参数和数据随之改变。其交互速度超快，甚至在上百万或者更多数据的情况下都很快。Crossfilter 可以在几乎不影响速度的前提下对数据创建过滤器，将过滤后的数据用于展示，且涉及有限维度，因此可以完成对海量数据集的筛选与加载。

如图 3-43 是 Crossfilter 官方网站提供的示例图，基于 ASA 的 Data Expo 数据集的航班延误统计。Crossfilter 应用的最大特点在于：调整一个图表中的输入范围时，其他关联图表的数据也会随之改变。

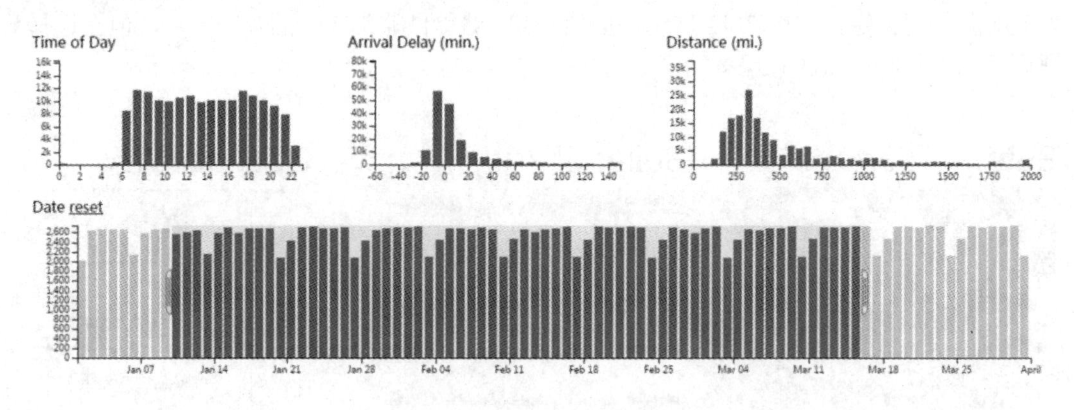


图 3-43　Crossfilter 航班延误统计表

2) PandaBI

PandaBI 是由上海德拓公司开发的一款功能非常强大的可视化数据分析软件，其定位为数据可视化分析与决策的商用智能化平台工具，可以用来实现交互的可视化分析、仪表盘分析和数据大屏。

PandaBI 的功能特性主要包括以下三个部分：

(1) 交互的可视化分析。PandaBI 借助其独有的多维动态及智能钻取技术来实现问题数据的快速定位。用户无需编程能力，只需动动鼠标，便可以绘制出丰富的可视化图表；支持自由拖曳的操作方式，完全可视化的过滤、筛选等操作。用户进行拖曳操作后，PandaBI 会自动选择最适合当前数据的图表类型，用户也可以根据需求切换为其他图表。PandaBI 提供非常丰富美观的图表类型，支持对不同的图表组件设置不同的样式，以满足不同的需求场景。

(2) 仪表盘。仪表盘侧重数据分析，由多个图表按照一定的业务逻辑排布，形成具有一定业务逻辑的数据看板；其采用灵活的磁铁式布局来显示报表数据的交互，不仅可以将数据以可视化的方式呈现，还支持通过各种数据筛选和查询，支持各种数据展现方式，突出数据中的关键字段。

仪表盘由文件夹和仪表盘组成，同时提供了仪表盘管理与预览一体化的界面，更方便地操作管控。仪表盘功能展示如图 3-44 所示。仪表盘具有灵活的磁铁式布局，其中各个图表的位置和大小均可以自由设置，用户可以通过拖曳图表来进行位置调整，还可以对图表拉伸进行尺寸控制；仪表盘提供了全屏的实时展示效果，自适应布局满足多种设备的查看需求，比如可以在平板、手机等终端以自适应的方式进行查看；仪表盘中的各个图形背景和颜色可以一体化同时更换。

(3) 数据大屏。数据大屏是独立于仪表盘的另一项工具，主要偏向于数据呈现，提供由专业视觉设计师设计的各类行业主题模版，用户可以借助“数据大屏”模块制作出精美的数据大屏投射至展厅或巨幕上。它还支持标题、视频、图片等辅助组件，一键化主题和背景图片的替换，在数据分析的同时达到大屏美观度的指数级提升。

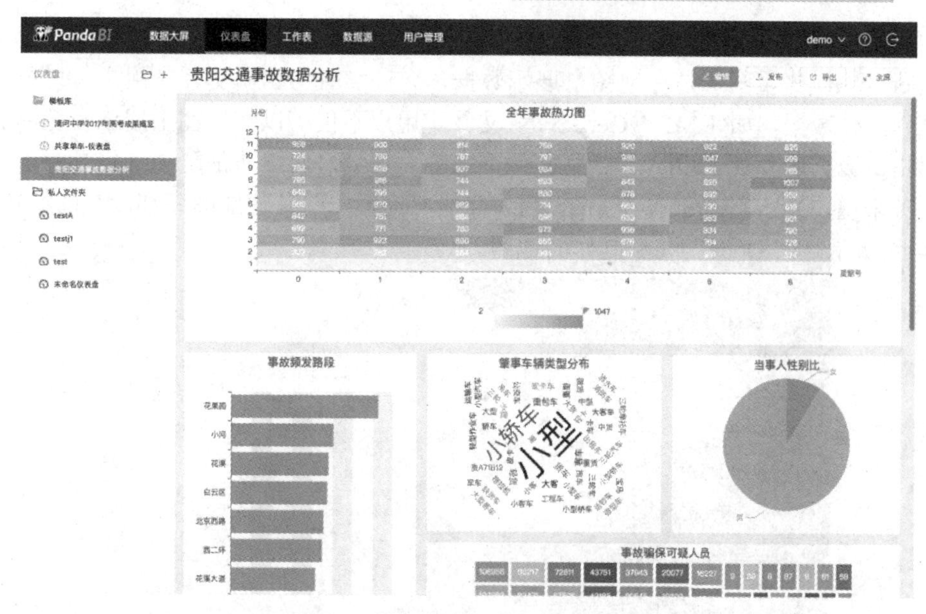


图 3-44　PandaBI 仪表盘功能展示图

## 4. 地图工具

地图生成是 Web 上最困难的任务之一。Google Maps 的出现完全颠覆了过去人们对在线地图功能的认识。Google 发布的 Maps API 可以让所有的开发者在自己的网站中植入地图功能。

近年来，在线地图技术不断成熟，如果需要在数据可视化项目中植入定制化的地图方案，目前有很多选择，比如 Modest Maps、OpenLayers、Poly Maps、Leaflet 和 Kartograph 等。

1) Modest Maps

Modest Maps 是一个简单的地图制作 API，实际上也是目前最小的可用地图库，只有 10 千字节(KB)大小。利用 Modest Maps 可以创建在线地图，并按照设计者设想定制，如图 3-45 所示是由 Modest Maps 制作的地图。Modest Maps 是一个小型、可扩展、交互式的免费库。Modest Maps 除了提供一些基本的地图功能，还可以在一些扩展库的配合下变成一个强大的地图工具。

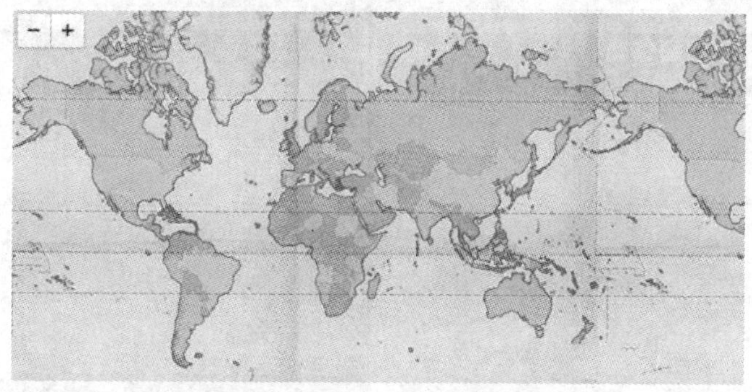


图 3-45　Modest Maps 制作的地图

2) OpenLayers

OpenLayers 可能是所有地图库中可靠性最高的一种方案。OpenLayers 作为一个地图前端库主要负责 GIS(Geographic Information System，地理信息系统)数据的展示与交互。

Openlayers 矢量图层是在地图上展示数据，允许实时与数据交互，用户可以通过空间数据文件上传数据，如 KML、GeoJSON 文件。用户不仅可以在地图上展示自己的数据，还可以指定数据的外观。虽然文档注释并不完善，且学习曲线非常陡峭，但是对于一些特定的任务来说，OpenLayers 无可匹敌，因为其能够提供一些其他地图库都没有的特殊工具。如图 3-46 所示是由 OpenLayers 制作的地图。

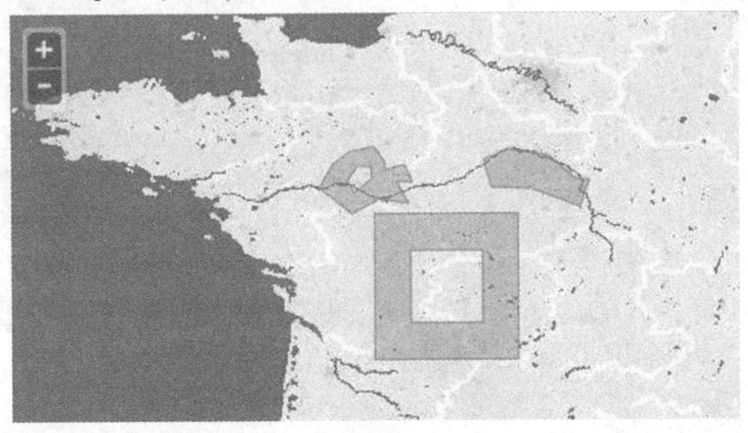

图 3-46　OpenLayers 制作的地图

### 5. 进阶工具

如果需要用数据可视化做一些“严肃”的工作，那就需要用到桌面应用和编程工具。这里介绍两种进阶编程可视化工具 Processing 和 NodeBox。

1) Processing

Processing 是数据可视化的招牌进阶工具。Processing 是一种简单并容易学习的编程语言，是 Java 语言的延伸，用户只需要编写一些简单的代码，然后编译成 Java 即可。它是由麻省理工学院(MIT)媒体实验室旗下美学与运算小组成员 Casey Reas 和 Ben Fry 编写，编程语言灵感来自 Arduino。Processing 的 IDE 界面和 Arduino 界面非常相似，如图 3-47 所示为 Processing 和 Arduino 编程界面。

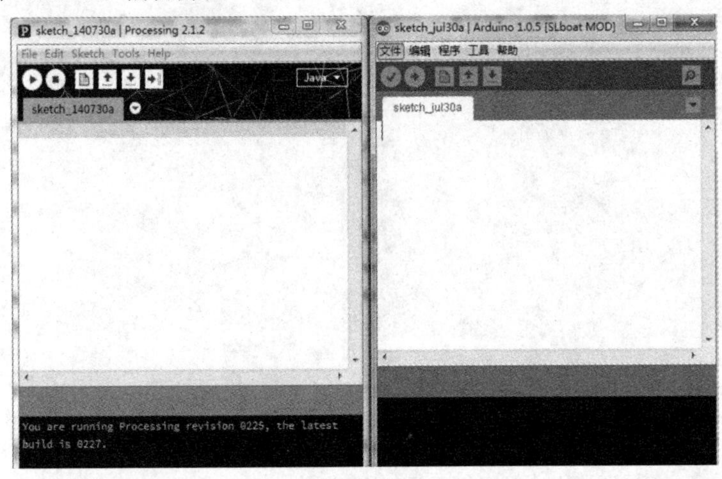


图 3-47　Processing 和 Arduino 编程界面比较图(左 Processing IDE，右 Arduino IDE)

Processing 是一个桌面应用，几乎可以在所有平台(比如 Windows、MAC OS X、MAC、OS 9、Linux 等)上运行。此外，经过数年发展，Processing 社区目前已拥有大量实例和代码。Processing 的特点是简单易学、入门容易，不需要非常强的编程经验，其能够和单片机(比如 Arduino)通信，然后将串口获得数据进行画图，也能够绘制 3D 图形，实现绚丽的效果。图 3-48 是基于 Processing 用代码编写的一个 3D 作品图，将鼠标放在黑色区域内，立方体能够捕捉鼠标移动的动作并解析成数据然后随之移动。该图仅仅是 Processing 的冰山一角，只要用户有创意，就能够实现各种奇妙的效果。

图 3-48　基于 Processing 用代码编写的 3D 作品图

2) NodeBox

NodeBox 是在 Mac OSX 操作系统上创建二维图形和可视化的应用程序。使用 NodeBox 前需要了解 Python 程序。NodeBox 支持多种图形类型，如图 3-49 所示为 NodeBox 工作界面，与 Processing 类似，但是没有 Processing 的互动功能。

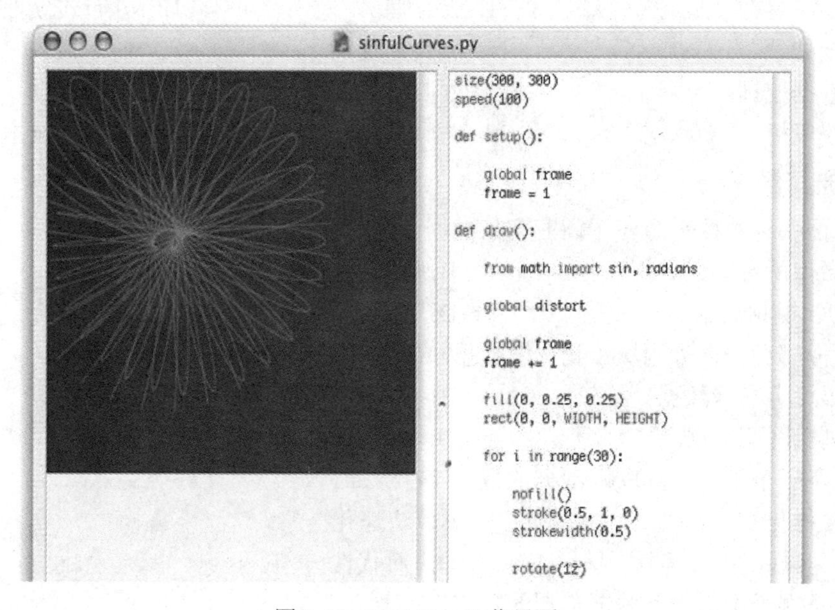


图 3-49　NodeBox 工作界面

## 本 章 小 结

本章首先介绍了大数据开发的基本流程，然后按照顺序依次介绍了六种大数据开发技术，即大数据采集技术、大数据预处理技术、大数据存储技术、大数据处理技术、大数据分析技术以及大数据可视化技术。每种大数据开发技术各有自己的特征，并结合具体的软件工具分析了其原理和使用特点。其中，大数据采集技术首先介绍了三种大数据的来源，即商业交易数据、互联网数据与物联网(机器和传感器数据)数据，然后重点介绍了两种大数据采集方法，即系统日志采集方法和网络数据采集方法；大数据预处理技术介绍了常用的四种数据预处理技术，即数据清洗、数据集成、数据规约和数据变换；大数据存储技术介绍了五种数据存储技术，即分布式文件存储技术、关系型数据库、非关系型数据库、数据仓库和云存储；接着简要介绍了五种大数据处理方式，即并行处理、分布式处理、批处理、流式处理和交互式处理，重点介绍了后三种数据处理/计算方式；又介绍了四种大数据分析技术方法，即定量分析、定性分析、统计分析和数据挖掘，重点介绍了数据挖掘的几种算法；最后介绍了大数据可视化的基本流程思想和几种典型的可视化工具。

## 课 后 作 业

**一、名词解释**

1. 大数据采集　2. 物联网　3. 网络爬虫
4. 大数据预处理技术　5. 数据清洗　6. 数据规约
7. ETL　8. HDFS　9. NoSQL 数据库
10. CAP 定理　11. 云存储　12. 分布式处理
13. 批处理　14. 流式处理　15. A/B 测试
16. 数据挖掘　17. 回归性分析　18. 聚类分析
19. 决策树　20. 关联分析　21. 可视化技术

**二、选择题**

1. 下面哪种数据来源属于商业交易数据。(　　)
A．微信语音聊天数据　B．网上支付数据
C．QQ 视频数据　D．微博分享数据
2. 下面哪种数据来源属于物联网数据。(　　)
A．银行卡刷卡数据　B．远程视频监控数据
C．浏览网页数据　D．移动通信数据
3. 以下哪个不属于互联网数据的特点。(　　)
A．多样化　B．快速化
C．真实性　D．时代性
4. 以下哪个不属于互联网数据的特点。(　　)

A．多样化　　B．快速化

C．真实性　　D．时代性

5. 以下哪一个不属于系统日志采集工具。(　　)

A．Scribe　　B．Chukwa

C．Flume　　D．GooSeeke

6. 系统日志采集工具 Flume 的组成单元 Agent 有多种连接方式，其中哪种连接方式应该控制其 Agent 的数量，因为数据流经的路径变长了，如果不考虑 Failover(失效备援)的话，出现故障将影响整个 Flow 上的 Agent 收集服务。(　　)

A．顺序连接　　B．并行连接

C．多路复用连接　　D．分支连接

7. 下面哪项技术不属于数据预处理技术。(　　)

A．数据采集　　B．数据清洗

C．数据集成　　D．数据规约

8. 在下面典型 ETL 工具中，哪种属于开源软件。(　　)

A．IBM Datastage　　B．Informatica

C．Kettle　　D．Oracle ODI

9. 下面哪种大数据存储技术能够支持无模式的数据存储。(　　)

A．分布式文件存储技术　　B．结构化数据存储技术

C．半结构化数据存储技术　　D．非结构化数据存储技术

10. 下面哪种数据库存储类型不属于关系型数据库。(　　)

A．RDBMS　　B．IBM DB2 pureSca

C．Neo4j　　D．Oracle 的 Real Application Clusters(RAC)

11. 下列哪种存储类型不属于 NoSQL 数据库的主要存储类型。(　　)

A．列存储　　B．网页存储

C．键值存储　　D．图形存储

12. 下列哪种工具不属于 NoSQL 产品。(　　)

A．Redis　　B．Bigtable

C．Hbase　　D．RDBMS

13. 下列哪种数据处理模式以静态形式处理规模庞大的数据，也称作脱机处理。(　　)

A．分布式处理　　B．批处理

C．流式处理　　D．交互式处理

14. 下列哪种工具主要用于流式数据处理。(　　)

A．Storm　　B．Bigtable

C．Spark　　D．Mapreduce

15. 下列哪种数据分析方法专注于用语言描述不同数据的质量。(　　)

A．定量分析　　B．定性分析

C．统计分析　　D．聚类分析

16. 下列哪种数据分析方法是研究两个变量间的关系模型并进行预测分析。(　　)

A．聚类分析　　B．相关性分析

C．回归性分析　　　　　　　　　　D．分类分析

17. 下面哪种分类方法是给定一堆样本，每个样本都有一组属性和一个类别，这些类别是事先确定的，通过学习得到一个分类器，这个分类器能够对新出现的对象给出正确的分类。(　　)

A．聚类分析　　　　　　　　　　B．相关性分析

C．决策树　　　　　　　　　　　D．朴素贝叶斯

18. 下列哪个算法不是常见的聚类算法。(　　)

A．K-Means　　　　　　　　　　B．Spectral Clustering

C．Hierarchical Clustering　　　D．Apriori 算法

19. 回归分析(regression analysis)属于数据挖掘中的哪种分析方法。(　　)

A．分类分析　　　　　　　　　　B．预测分析

C．聚类分析　　　　　　　　　　D．关联分析

20. 下列哪种工具不属于在线可视化工具。(　　)

A．Google Charts　　　　　　　　B．Raphael

C．D3(Date Drive Documents)　　　D．RDBMS

21. 下列哪种工具属于交互式可视化工具。(　　)

A．Crossfilter　　　　　　　　　B．Excel

C．Modest Maps　　　　　　　　　D．Google Charts

## 三、简答题

1. 简述大数据开发的基本流程和涉及的相关技术。

2. 简要叙述大数据的三大主要来源以及各自的主要特点。

3. 谈谈什么是数据预处理技术。

4. 画出系统日志采集工具 Flume 的组成单元 Agent 的多路复用(Multiplexing)连接方式的框架图，并简述其包含的两种工作方式及其各自的特点。

5. 画出网络数据采集的基本流程图并描述网络数据采集的基本步骤。

6. 简要介绍 Hadoop 系统构架和各组件的作用。

7. 简要说明 NoSQL 数据库的四种典型类型，并分别阐述各自的特点。

8. MapReduce 是典型的基于 Hadoop 的大数据批量处理架构，其处理数据主要采用的两个核心是 Map(映射)和 Reduce(归纳)。简要描述 Mapreduce 的工作流程。

9. 简要叙述 A/B 测试的特点和应用场景。

10. 简述分类分析与预测分析的区别。

11. 什么是关联分析，关联分析的典型应用场景有哪些。

12. 简要介绍大数据可视化实现流程的基本思想。

## 四、读书报告

1. 阅读相关文献资料，简单阐述大数据开发技术的基本流程有哪些以及各自的特点。

2. 查阅相关资料，简单叙述什么是“大数据挖掘”，涉及了哪些大数据的技术方法。

# 第 4 章　大数据开发平台

## 学习目标

- 掌握大数据平台的基本架构
- 掌握大数据平台的核心要素
- 理解大数据基础引擎平台 DDP 的特色功能和搭建方法
- 理解大数据开发平台 Dana Studio 的特色功能和搭建方法
- 理解数智决策平台 PandaBI 的特色功能和搭建方法
- 了解百度数智平台(Baidu DI)
- 了解 H3C 大数据平台(Data Engine)

## 本章重点

- 大数据平台的基本架构
- 主流大数据商用平台的特色功能和搭建方法

前面章节介绍了大数据开发的基本流程和每个环节所涉及的关键组件和技术，但是面对具体的数据业务问题，一般不会分散的使用这些组件和技术来一步步的解决问题，而是采用各个企业自主研发的大数据平台来提供完整的、一站式的数据业务解决方案。

本章首先介绍了大数据开发平台的概念，接着阐述了大数据开发平台的基本构架，然后介绍了几种业界主流的大数据开发平台及其构架和特色功能。

## 4.1　大数据开发平台概述

### 4.1.1　相关概念

面对海量数据采集、多源异构数据存储、数据挖掘和展示以及修复集群故障和系统组件 Bug 等问题，如果采用前面讲到的大数据开发流程中的技术和方法来分散地逐步解决问题，不仅会耗费很多的人力和时间，而且对大数据开发人员的专业知识和编程能力等都要求极高，因此为了满足行业需求，各大公司相继推出自己的大数据平台，将底层各组件和功能模块进行封装，以便一站式、高效地解决所面对的大数据问题。比如阿里大数据平台、百度大数据平台和德拓大数据平台等。

目前业界对大数据平台还没有统一的定义，但一般情况下，如果使用了 Hadoop、Spark、Storm 等分布式的实时或者离线计算框架，建立计算集群，并在上面运行各种大数据计算、存储、处理和分析等任务，通常就被理解为是大数据平台。所以可以将大数据平台定义为：以 Hadoop 等分布式框架为基础构建的集数据整合、数据存储、数据处理、数据分析、可视化等功能技术为一体，可以快速有效地解决大数据问题，并及时作出优化、调整和预测的支撑大数据相关业务开发的平台。从技术角度来看，大数据平台将大数据开发需要各种开源或者自主研发的组件有效地组合、连接起来使用；从服务角度来看，大数据平台除了要提供海量数据的存储、计算、查询和展示等基础功能外，还会根据不同的需求和目标，创建更多的附加功能，提供给用户一个完整的数据业务解决方案。

大数据平台更确切地说应该被称作大数据开发平台，即用于支撑大数据相关业务开发的平台。大数据开发平台的使用对象广泛，可以是研发者也可以是终端客户。研发者设计开发大数据平台，并对其进行改进和优化；终端用户可以通过体验大数据平台的功能及特色，管理自己的数据。本章重点介绍的三个典型大数据开发平台(上海德拓信息技术股份有限公司研发)分别是：DDP 大数据基础引擎平台、Dana Studio 大数据开发平台、PandaBI 数智决策平台。

大数据平台的应用主要是针对某一大数据问题或者项目(比如交通安全大数据分析)设计出的一站式的大数据平台解决方案。这个解决方案可能会涉及一个或者几个大数据开发平台的组合使用。大数据应用平台典型解决方案将会在下一个章节中讲到。

### 4.1.2　大数据开发平台的基本架构

从用户的角度来看，大数据开发平台只是一个用户交互窗口，其所提供的主要服务就是让用户能够在上面进行编辑，再运行。而从平台开发者的角度来看，其目标在于让用户需要做的事情越简单越好，也就是说，用户要做的事情越简单，也就意味着系统要承担的工作越多，对上下游流程和周边系统的封装、抽象和简化工作就需要做得越完善。因此，大数据开发平台需要将各种流程和组件尽可能简单地串联起来，提升用户的开发效率和平台的管控能力。根据现有条件和应用需求，每个公司或者研发者设计出来的大数据开发平台架构可能略有差异，但是基本原理都是相通的，本节首先介绍一种最基础的大数据开发平台架构。

大数据开发平台的基础架构将大数据平台划分为“五横一纵”，如图 4-1 所示。大数据开发平台提供的服务需要贯穿大数据处理的全过程，包括数据的采集与预处理、存储、计算、分析和展示等环节，同时还需要提供可靠、稳定的权限管理、数据质量管理、运维等服务。大数据开发平台架构的关键之处在于无缝融合各个服务组件，为用户提供一站式服务，让底层系统对用户透明，降低用户的学习和使用成本，提高工作效率。

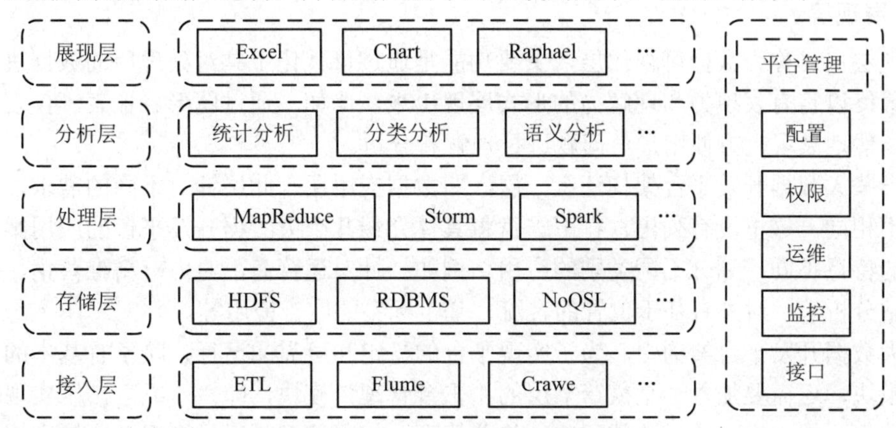


图 4-1　大数据开发平台基础架构

由图 4-1 可以看出，根据数据的流向可以将大数据开发平台自底向上划分为五层，即“五横”，分别为接入层、存储层、处理层、分析层和展现层。

**1. 接入层**

接入层也可以称作数据采集/抽取层，是大数据平台架构的基础。此层主要用于完成批量日志采集(Flume)与基于互联网的实时采集爬虫解析(Crawler)、数据抽取(ETL)等。

此层应该具备的性能有：① 多样化数据采集能力，即支持对表、文件、消息等多种数据的实时增量数据采集(使用 Flume、消息队列)和批量数据分布式采集等能力；② 可视化快速配置能力，即提供图形化的开发和维护界面，支持图形化拖曳式开发，免代码编写，降低采集难度；③ 统一调度管控能力，即实现采集任务的统一调度，支持 Hadoop 的多种技术组件、关系型数据库存储过程、Shell 脚本等。

**2. 存储层**

存储层是大数据开发平台架构的第二层，主要完成各种不同类型数据的存储功能，针对不同的数据类型相应地采用不同的数据存储技术。比如，对于无知模式的大规模数据一般采用分布式文件存储技术(如 HDFS)，对于结构化数据一般采用关系型数据库(RDBMS)存储，对于半结构化、非结构化数据一般采用 NoSQL 数据库存储，而对于想要随时随地可以访问的数据一般采用云存储等。

### 3．处理层

根据数据处理场景要求不同，此层提供大规模并行处理(Massively Parallel Processing，MPP)、批处理(MapReduce)、流处理(Storm)和交互处理(Spark)等功能。MPP 适合多维度数据自助分析、数据仓库等，MapReduce 提供静态大规模数据的批处理计算，而流处理集群以流处理技术结合内存数据库，完成实时、准实时的数据处理。

### 4．分析层

分析层主要包含了分析引擎，通过一些数学、统计学、人工智能的方法对数据进行分析处理，从而挖掘有价值的信息，比如相关性分析、聚类分析、关联分析等。每种分析方法针对不同类型的数据和应用需求，以高效快速地提取、挖掘有用信息为目的。在第 3 章中详细介绍了各种大数据分析方法的原理和适用场景，这里不再赘述。

### 5．展现层

展现层也可称为数据可视化层，主要功能是通过可视化工具对处理后的数据进行再处理，并最终以富有表现力和理解力的形式展现出来。比如，通过图形、报表、仪表盘等形式一目了然地展现，方便用户对问题进行理解和分析。

有一些大数据开发平台架构还有一层，即数据应用层。此层针对不同的需求，应用领域也各不相同，这里没有列出，在下一章将具体介绍几个大数据开发平台的应用案例。根据企业的特点不同，划分不同类别的应用。例如：针对运营商，对内有精准营销、客服投诉、基站分析等，对外有基于位置的客流、基于标签的广告应用等。

在大数据开发平台架构中，为了实现平台的稳定和可靠的运行，除了有基本的数据开发功能模块，还需要加入一个横跨多层的“平台管理”模块，即“一纵”，以实现对数据的管理和平台的运维，比如系统配置、集群管理、权限管理、质量管理、监控和接口的统一管理等。

## 4.1.3　平台架构的要素

大数据开发平台的内部价值在于实现了对各个服务组件的综合管理，而其管理的内容(即大数据开发平台架构的核心要素)是：模块、组件、数据管理、脚本、任务、用户。

### 1．模块

根据不同的标准，通常会将模块分为程序模块和功能模块。程序模块是指一段能够实现某个目标的程序代码段；功能模块则用来说明一个功能所包含的系统行为。

一般提到模块，大多是指功能模块。将程序划分成若干个功能模块，每个功能模块完成一个子功能，再把这些功能模块组合起来形成一个整体，以满足所要求的整个系统的功能。定义模块的原则是：高内聚和低耦合。

### 2．组件

组件(Component)是封装了一个或多个程序模块的实体。组件强调的是封装，利用接口进行交互。插件是组件的一个子类，就是将组件中具有某些特点的组件归为插件。

组件可以有自己的属性和方法。使用组件可以实现拖放式编程、快速的属性处理以及真正的面向对象设计。

服务组件管理不只是把各个服务简单地搭建起来，再在入口提供各种链接，关键在于服务的整合(即各个服务组件的功能能否相互交叉跳转)、信息的融合。例如，脚本编辑组件能否自动补全表格对象的字段信息，各个组件的用户、权限等关系能否打通。这些因素都将直接或间接地影响用户的开发效率。

### 3．数据管理

数据管理，即元数据管理。此处的元数据可理解为：除去业务逻辑直接读写的信息，其他用来维持整个系统运行所需的全部数据。元数据管理支持各种数据存储系统的搭建，保证数据的安全可靠，并提供各种计算、查询服务，让用户更高效地挖掘和使用数据。例如，管理表格的结构信息或维度指标信息是为了让用户更好地检索和理解数据所承载的业务信息；管理任务的前后关系是为了帮助用户理顺数据的来源去向，更好地分析和开发业务。

### 4．脚本

脚本(Script)是批处理文件的延伸，是一种纯文本保存的程序。一般来说，计算机脚本程序是确定的一系列控制计算机进行运算操作动作的组合，在其中可以实现一定的逻辑分支等。脚本简单地说就是一条条的文字命令，这些文字命令是可以看到的(如可以用记事本打开查看、编辑)，脚本程序在执行时，是由系统的一个解释器将其逐条翻译成机器可识别的指令，并按程序顺序执行。脚本的统一存储管理是为了给用户提供集中式的脚本编辑、储存和运行环境，便于业务的管理、控制和长期维护。对脚本(即业务逻辑)进行解析就可以充分了解平台上运行的业务。例如，通过代码扫描可以监控代码质量，落实业务规范；通过解析脚本，可以判断业务之间的依赖关系；通过集中扫描分析可以为系统升级做好脚本的兼容性评估工作；通过对脚本内容的改写替换可以实现对业务逻辑行为的监管调控。

### 5．任务

在现代计算机中，“任务”是其基本的工作单位。脚本和任务的管理是密不可分的，因为静态的脚本就是动态的任务，所以任务的管理包含任务自身执行过程的管理以及脚本和任务之间映射关系的管理。任务自身的动态执行过程最终通过调度系统组件来进行管理；而脚本和任务之间映射关系的管理在于让脚本的编辑管理和任务的生命周期尽可能地无缝对接，例如：作业脚本如何提交成为线上任务；线下脚本发生了增删改，线上任务的版本如何同步；从任务执行流水能否快速反向定位到对应的脚本。

### 6．用户

用户又称使用者，是指使用平台或服务的人，通常拥有一个用户账号，并以用户名识别。用户的管理，首先是用户账号的管理，就是要打通各个系统服务组件之间的用户账号体系。因为单纯依赖各个组件来自己维护一套账号登录体系会导致管理不方便、用户体验差，使得各种第三方系统难以集成到开发平台中，所以大数据开发平台需要采用一套自定义的用户认证体系，对用户账号和群组进行统一管理。而要使用自定义的用户认证体系，就需要相关的系统主动进行对接。开发平台的各类用户服务(如集成开发环境和调度、数据交换、数据可视化等)完全由自己掌控，可以和统一登录服务定制对接，但开源的大数据组件和服务通常都有自己不同的账号管理方式，需要重新考虑接入方式。

由于大数据平台的用户通常是业务团队，而非孤立存在的个体，因此用户管理还包含用户组管理，即用户业务组归属管理、用户层级体系关系组织、业务组管理员对组内成员的自主管理等。

此外，用户管理还包含用户权限的分配管控，即认证(鉴定用户身份)和授权(根据用户身份赋予相应权限)，其涉及用户常规业务行为范围的限定、敏感数据的控制、业务逻辑和流程的约束等。在集中式、多租户的大数据平台上，通过大数据平台的服务来封装底层的各种组件，从而减少用户和集群之间的直接交互；在平台层面统一进行与具体组件无关的用户身份鉴定，从而减少用户不必要的权限、降低可能的业务风险，便于明确用户的权责归属关系；同时，通过基于业务体系的用户权限管理，为用户隔离出一个相对独立的业务环境，让用户能且只能接触到与自己工作相关的那部分业务，简化用户的使用成本，降低用户之间的相互干扰，为用户提供一个既关注自身业务又能统观大局、还能屏蔽干扰的开发环境。

## 4.2　DDP 大数据基础引擎平台

随着计算机、移动互联网、物联网的高速发展，数据资料的增长正发生巨大变化，数据已经渗透到当今每一个行业和业务职能领域，成为重要的生产因素。各大公司为应对不同的行业需求和大数据问题，开发了各自不同的大数据平台。

### 4.2.1　DDP 平台简介

DDP(Datatom Data Platform)是基于开源技术研发的基础大数据平台，是由上海德拓信息技术股份有限公司开发的基础商用大数据平台。其包含以 Hadoop 为主的大数据生态基础引擎，涵盖了数据采集、存储计算、分析挖掘以及运维管理等方面的技术支持，各行业应用和最终用户可以通过平台提供的丰富的接口，完成行业大规模数据的挖掘分析和应用对接管理。

如图 4-2 所示，DDP 是一款高性能和高可用的大数据管理分析平台，其中涵盖了许多大数据开发的底层开源技术，自下而上依次分为数据源层、数据采集层、数据处理层、数据存储层、数据分析层、数据接口层共六层。

(1) 数据源层：产生基础数据的源端设备。

(2) 数据采集层：通过 Flume、DANA Crab、FTP 等组件把实时数据和离线数据传输到数据处理层。

(3) 数据处理层：通过 ETL 工具完成数据的清洗、抽取、整合和加载。其数据处理方式包括离线处理、实时处理和媒体处理。

(4) 数据存储层：采用 HDFS、内存数据库、关系型数据库和 NoSQL 数据库存储加工后的数据。

(5) 数据分析层：基于多种计算模型的分布式计算框架，提供专业的计算处理库和分析模型，主要包括统计分析、预测性分析、深度学习等。

(6) 数据接口层：提供模块化 API(Application Programming Interface，应用程序编程接口)，主要包括 Java、Python 和 SQL 等 API，并对开源代码进行 API 的函数封装，支撑客户定制化需求开发和对接第三方系统。

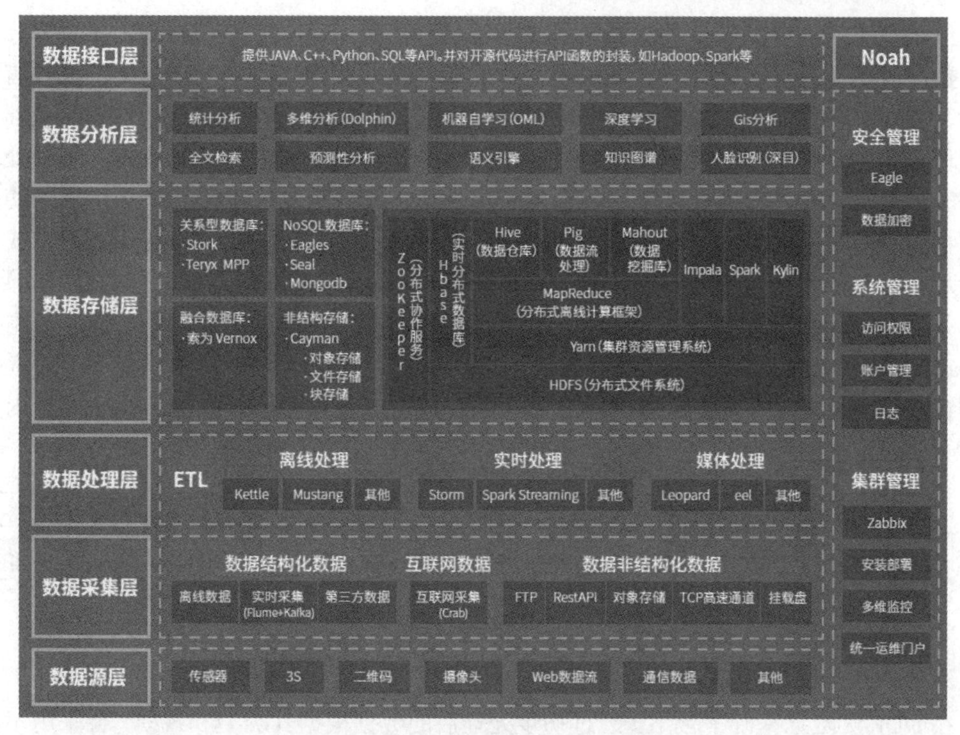


图 4-2　DDP 大数据基础平台架构

### 4.2.2　DDP 平台功能和优势

#### 1. DDP 平台主要功能

DDP 作为大数据基础平台，主要包括以下功能：数据采集、数据处理、数据存储和数据分析四大功能。

1) 数据采集

数据采集层可以采集不同种类数据源，比如互联网数据、业务数据等，并通过不同的数据采集技术(比如 Kafka、Flume 等)对数据进行处理，然后将采集处理的数据传递给数据处理层，如图 4-3 所示。

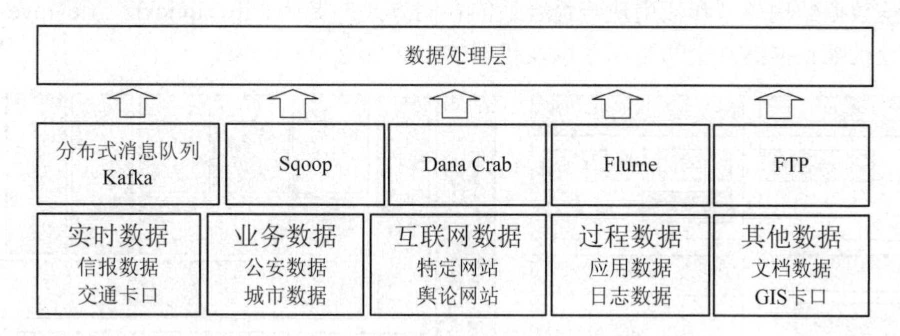


图 4-3　DDP 数据采集

2) 数据处理

在 DDP 平台下，数据处理包括 ETL(数据预处理)和数据处理/计算，即对各种(数值和非数值)原始数据的清洗、整理、计算、编辑等操作。其中，ETL是其核心，负责将分布的异构数据源中的数据，如关系数据、平面数据文件等抽取到临时中间层，然后进行清洗、转换、集成，最后加载到数据仓库或数据集中，成为联机分析处理、数据挖掘的基础。数据处理/计算有许多不同的方式，不同的处理方式要求不同的硬件和软件支持，每种处理方式都有自己的特点，应当根据应用问题的实际环境选择合适的处理方式。这里用到的处理方式主要有离线处理(如Kettle)、实时处理(如Storm)、媒体处理(如Leopard)三种方式，可以满足各种类型和状态的数据处理需求，如图4-4所示。离线处理一般处理的是静态数据，适合用于批量数据处理。实时处理即流处理，适用于动态可变数据的处理。媒体处理(ApsaraVideo Media Processing，原MTS)是一种多媒体数据处理服务，其功能主要是提供可靠的音视频转换方法并对音视频的内容、文字、语音、场景进行多模态分析，实现内容理解、智能编辑等服务。

图4-4　DDP数据处理

3) 数据存储

在DDP大数据基础平台下，经过初步处理后的数据根据其类型和规模，会采用不同的数据存储管理方式，主要有关系型数据库、NoSQL数据库、分布式文件系统存储和数据仓库(Hive)等。如图4-5所示为DDP平台存储组件的结构图，其数据存储管理方式主要包含以下功能组件：

(1) 关系型数据库。关系型数据库主要存储结构化数据，以二维表的形式对数据进行存储和管理。关系型数据库主要包含两种组件：Stork和Teryx MPP。

① Stork结构化数据库引擎：支持高并发的业务数据场景应用，兼容多数SQL语法，支持包括时间、空间、几何等各类复杂数据字段类型；支持复合、唯一、部分和函数式索引，索引并支持B-Tree、R-Tree、Hash或GiST存储方式。

② Teryx MPP分布式数据仓库：底层架构为MPP分布式架构，将数据分布到多个数据节点，实现数据规模存储并提高查询效率；支持行存、列存以及外部表三类存储方式，可以根据数据结构类型和应用决定最合适的存储方式；支持zlib、quicklz、rle_tpye压缩算法，通过压缩数据提升空间利用率以及机器的I/O性能。

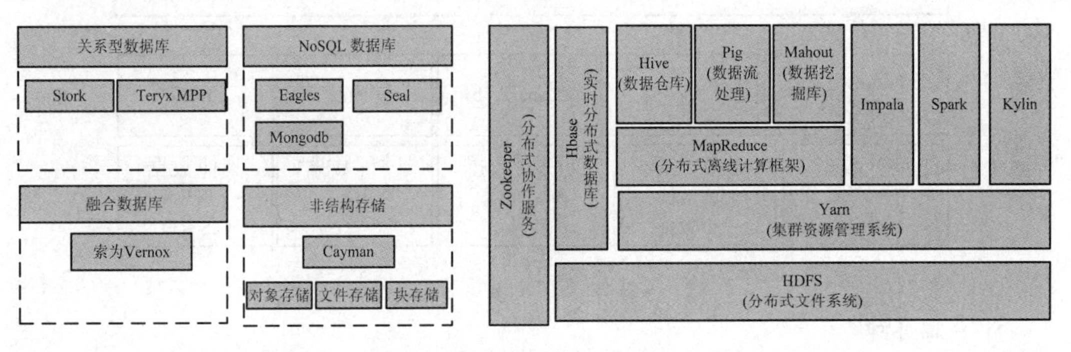


图4-5　DDP存储组件的结构图

(2) NoSQL 数据库。NoSQL 数据库即非关系型数据库，既可以存储结构化数据，又可以存储半结构化和非结构化数据。相较关系型数据库，其可以提供更多元、更实时、更高效的数据存储能力。对于非关系型数据库，DDP 主要提供两种组件：Eagles 和 Cayman。

① Eagles 实时搜索与分析引擎：提供了海量数据的实时在线快速搜索功能和准确的数据分析服务；支持多种数据源数据的接入，如 ETL 工具、网页、消息队列、日志等多种信息源；具备海量数据索引能力，用户可以自定义字段索引、设置索引分片，TB 级别的数据查询可以达到毫秒级响应；支持基于 JSON 的 QueryDSL 通用查询框架。

② Cayman 混合非结构化存储：支持文件系统存储、对象存储、本地存储、云存储的混合存储方式，并提供统一的管理接口；基于分布式存储架构和 DHT(Distributed Hash Table，分布式哈希表)算法，将数据全部以对象为单位进行分布式统一存储，突破了以往数据的存储瓶颈；使用自行研发的流式数据传输框架，实现了读写并行，形成了高效数据传输功能；采用副本策略和网络纠删码两种方式，实现数据保护功能，保证了数据存储的可靠性。

(3) 分布式文件系统存储。分布式文件系统存储对所存储的数据类型是不可知的，能够支持无模式的数据存储。分布式文件系统存储技术适用于大规模数据文件的存储。分布式文件系统存储用到的组件是 HDFS。

DDP 采用 HDFS 存储：可以存储 TB/PB 级别的超大数据文件，适用于批处理；通过计算机网络与节点相连，能够提供较高的数据传输带宽与数据访问吞吐量；具有高容错性，可以检测错误和快速、自动恢复；可构建在廉价机器上。

(4) 数据仓库 Hive。数据仓库是数据库的一种概念上的升级，可以说是为满足新需求设计的一种新的、面向主题的、反映历史变化的数据库。数据仓库主要用于支持管理决策。数据仓库用到的组件是 Hive。

Hive 是一个构建于 Hadoop 上的数据仓库工具，支持大规模数据存储、分析，具有良好的可扩展性。Hive 定义了类似于 SQL 的查询语言 HiveQL，用户可以通过编写 HiveQL 语句运行相应数据处理任务。

4) *数据分析*

上一章节中讲过大数据分析是指利用统计学、人工智能等技术和方法对规模巨大的数据进行分析，目的是获取和发现有价值的、新的知识和规律。DDP 大数据基础引擎平台采用了很多数据分析方法，数据分析层结构如图 4-6 所示。

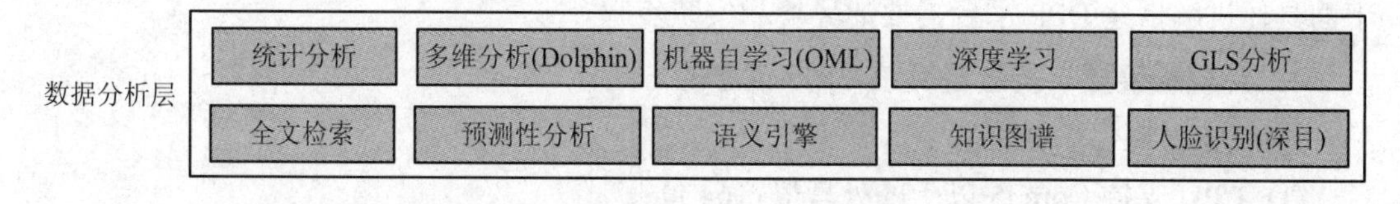


图 4-6 DDP 数据分析层结构图

对数据进行多种分析算法和模型的处理，可以采用线性回归、聚类分析、决策树、卷积神经网络(Convolutional Neural Networks，CNN)、随机森林(Random Forests，RF)和关联分析等，通过训练已有数据集来达到权重等参数的最佳化，优化样本空间，实现完全自动化调参和学习；还可以结合用户群体特征、个性行为历史及各种显式、隐式反馈进行人脑分析，从而实现个体用户和群体用户的立体化推荐和全过程的人工干预。DDP 以智能算法为支撑，建立了可视化的算法训练和推荐结构的过滤植入，以增强客户个性化服务配置；实现了各种算法的替换、组合和深度学习，以求尽可能地符合人脑思维习惯。

#### 2. DDP 平台优势

DDP 平台的优势主要包括以下五个方面：

1) 全面采集数据

DPP 全面采集数据，主要包括以下四个方面：

(1) 线上投放数据：广告平台、搜索引擎、社交媒体、渠道推广；

(2) 自有线上平台数据：网站、APP、微信小程序、H5 推广页；

(3) 企业业务系统数据：CRM、客服系统、日志文件、数据库；

(4) 政企媒介数据：历史数据、业务数据库、第三方数据。

2) 亿万数据秒级响应

高可用的分布式集群部署支持模块水平扩展、可视化集群监控，实时掌握集群运行状态，对数据源进行隔离保护，支持异构数据源集成以及强大的并行计算能力，真正实现亿万数据秒级响应。

3) 深入分析场景

根据用户全生命周期数据，对用户行为进行深入分析与洞察，并从中挖掘产品快速增长的契机，提供相应的分析模型，实现多维度交叉分析。

4) 开放技术平台

(1) 提供数据标准 API 接口，满足 90%数据调取需求；

(2) 提供完整数据导出服务；

(3) 支持数据深度交叉。

5) 一键安装技术

一键安装即傻瓜安装。在软件安装过程中，根据向导或者默认设置一步步地进行安装。通过一键安装技术可以让零基础用户以简单便捷的方式，轻松实现软件的安装。

### 4.2.3　DDP 平台搭建

DDP 大数据基础开发平台是基于 Noah 安装的，因此首先要确认 Noah 是否已经安装。下面具体讲解搭建 DPP 平台需要的环境和安装步骤。

#### 1. 环境配置要求及查看系统 CPU 信息的方法

1) 服务器硬件环境信息

(1) CPU 支持 Core i5 以上的处理器，64 位；

(2) 物理 CPU 数量为 16 颗以上；

(3) 32 GB 以上内存；

(4) 2 个千兆以上网卡。

2) 查看系统 CPU 基本信息的方法

在 Linux 操作系统下查看系统 CPU 基本信息的方法如下：

(1) 查看 CPU 型号。

cat /proc/cpuinfo |grep name | cut -f2 –d: | uniq -c

(2) 查看物理 CPU 数量。

cat /proc/cpuinfo |grep "processor"|wc -l

(3) 查看 CPU 运行模式。

getconf LONG_BIT

(4) 查看 CPU 是否支持 64 位。

cat /proc/cpuinfo | grep flags | grep ' lm ' | wc -l

如果结果大于 0，说明支持 64 bit 计算。lm 指的是 long mode，支持 lm 则是 64 bit。

(5) 查看系统版本。

cat /etc/redhat-release

### 2．一键模板配置

运行人员需要获取最新版本的 ddp_deploy_config.xlsx，即一键安装模板，一键安装模板信息配置包含内容如表 4-1 所示。一键安装包含的功能有搭建本地 YUM 源功能、Hostname 名称修改、集群免密、JDK 安装、NTP 安装和 MySQL 一键安装。

表 4-1　一键安装模板信息配置列表

| IP | Hostname | Username | Password | Role |
|---|---|---|---|---|
| 192.168.2.58 | dn58 | root | datatom | agent，ZOOKEEPER_CLIENT，ZOOKEEPER_SERVER，METRICS_MONITOR，NAMENODE，ZKFC，DATANODE，HDFS_CLIENT，JOURNALNODE，NODEMANAGER，YARN_CLIENT，MAPREDUCE2_CLIENT，RESOUECEMANAGER |
| 192.168.2.56 | dn58 | root | datatom | agent，server，AMBARI_SERVER，METRICS_COLLECTOR，METRICS_GRAFANA，METRICS_MONITOR，ZOOKEEPER_CLIENT，ZOOKEPER_SERVER，DATANODE，HDFS_CLIENT，JOURNALNODE，NODEMANAGER，YARN_ CLIENT，PIG |
| 192.168.2.57 | dn58 | root | datatom | agent，Z0OKEEPER_CLIENT，Z0OKEEPER_ SERVER，METRICS_ MONITOR，NAMENODE，ZKFC，DATANODE，HDFS_CLIENT，JOURNALNODE，NFS_GATEWAY，NODEMANAGER，YARN_CLIENT，MAPREDUCE2_CLIENT |

其中，一键安装模板中的信息配置各部分信息说明如下：

(1) IP：地址根据现场服务机器的地址配置。

(2) Hostname：命令格式推荐，dn+ip 的后缀。

(3) Username：服务器的用户名。

(4) Password：服务器的密码。

(5) Role：　该服务器上安装的引擎。

一键安装模板配置好后，还需要安装 MySQL 等数据库工具，如表 4-2 所示。

表 4-2　MySQL 信息配置列表

| Tool | IP | Hostname | Password |
|---|---|---|---|
| MySQL | 192.168.2.56 | | Root@123 |

其中，MySQL 信息配置中各部分信息说明如下：

(1) Tool：MySQL 可以是其他数据库或者工具。

(2) IP：安装 Server 节点的 IP 地址。

(3) Password：安装 MySQL 数据库设置的密码。

### 3. DDP 版本上传

上传 DDP 版本的操作步骤如下：

(1) 登录 Noah 安装节点。

(2) 上传 ddp.tar.gz 包到 Noah 节点的/dana 目录下。

(3) 解压 tar-zxvf ddp.tar.gz 文件。

### 4. DDP 版本安装

安装 DDP 版本的操作步骤如下：

(1) 登录 Noah 管理平台界面，如图 4-7 所示。

图 4-7　Noah 管理平台界面

(2) 点击上传 ddp_deploy_config.xlsx 一键安装模板，如图 4-8 所示。文件上传结束，点击安装服务按钮，进行安装。

图 4-8　上传一键安装模板

(3) 一键安装模板文件安装成功标志如图 4-9 所示。

图 4-9　一键安装模板文件安装成功标志

(4) 点击大数据平台，进入 DDP 大数据登录界面，如图 4-10 所示。

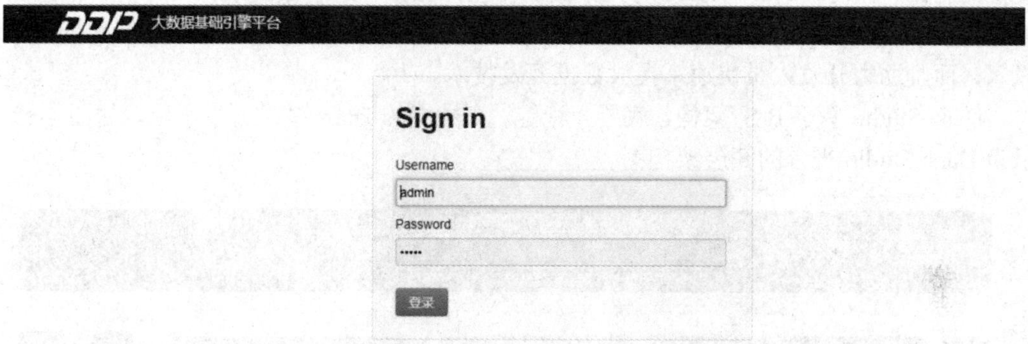

图 4-10　DDP 大数据登录界面

(5) 登录 DDP 大数据平台后就可以进入 DDP 大数据管理界面，如图 4-11 所示。

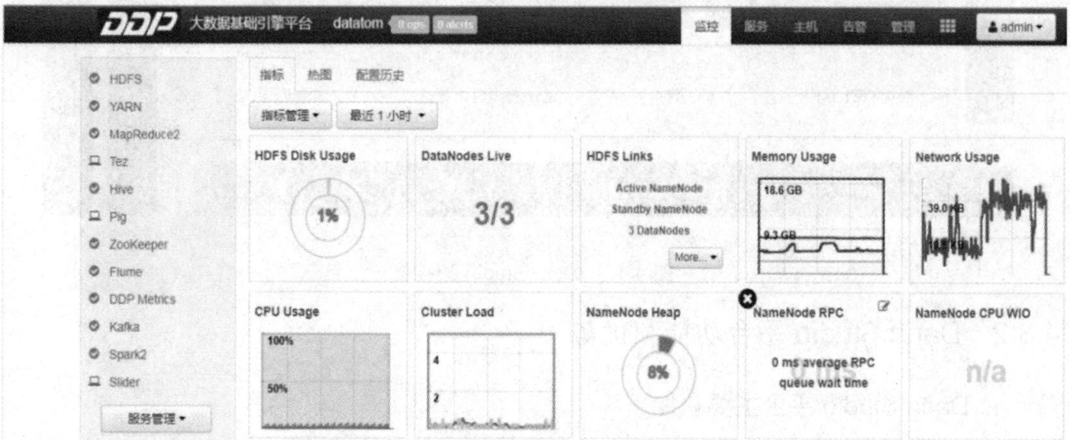

图 4-11　DDP 大数据管理界面

# 4.3　Dana Studio 大数据开发平台

近几年大数据技术蓬勃发展、百花齐放，各个技术的适用场景各不相同。如何把这些技术串联起来解决实际的项目问题；如何降低大数据技术的使用门槛，让普通研发人员也能快速上手大数据开发成为了主要问题。为了解决此类问题，上海德拓信息技术股份有限公司在原先的 DDP 大数据基础引擎平台上构建了更易于用户使用的 Dana Studio 大数据数智开发平台。

## 4.3.1　Dana Studio 平台简介

Dana Studio 数智开发平台是面向多用户的一站式大数据协作开发平台，致力于解决结构化、半结构化和非结构化数据的采集融合、存储治理、计算分析、数据挖掘等问题。其中适应不同场景的多样化的开发组件搭配高度自由的 DAG(Directed Acyclic Graph，有向无环图)工作流和强大的作业调度、运维面板，让 Dana Studio 成为助力大数据项目快速实施、交付的利器。同时，Dana Studio 将大数据的一些开源技术进行了封装，可以为不熟悉大数据底层技术和底层环境配置的人员提供简单可靠的解决方法，不仅节约了环境配置成本和投入，而且助力开发人员快速掌握大数据开发技术。

Dana Studio 基于 B/S 架构，底层为稳定、高性能的 Dana 基础开发平台，如图 4-12 所示为 Dana Studio 平台的底层架构图。

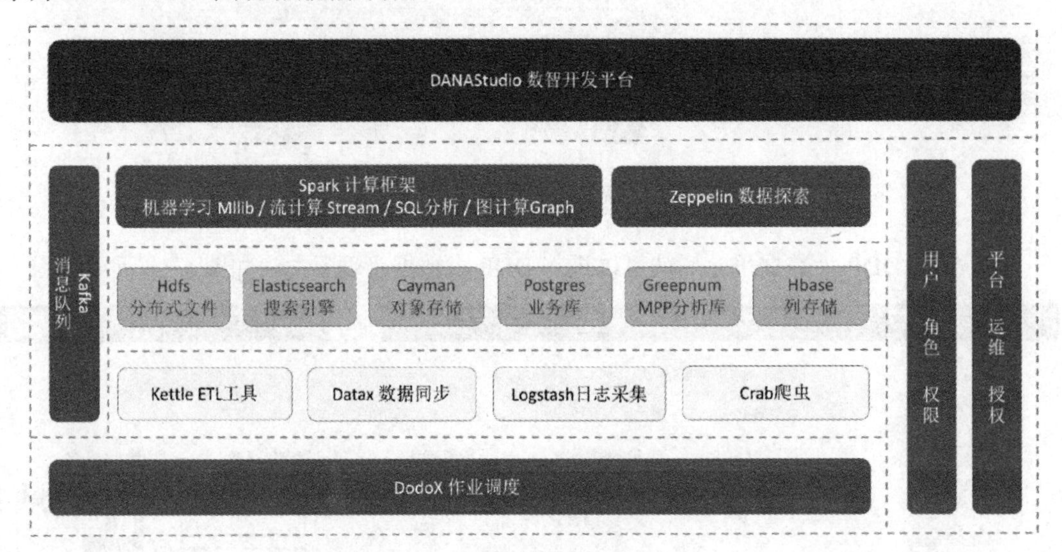


图 4-12　Dana Studio 架构图

## 4.3.2　Dana Studio 平台功能和优势

### 1. Dana Studio 平台主要功能

为了方便使用 Dana Studio 平台，对底层架构进行了封装，如图 4-13 所示为 Dana Studio 平台架构的产品模块图。Dana Studio 平台的架构模块主要包括了 9 大核心模块，分别是：

工作台、数据集成、数据开发、工作流、数据中心、数据探索、调度引擎-运维中心、开发者中心和平台管理。下面针对每个模块的具体功能依次进行介绍。

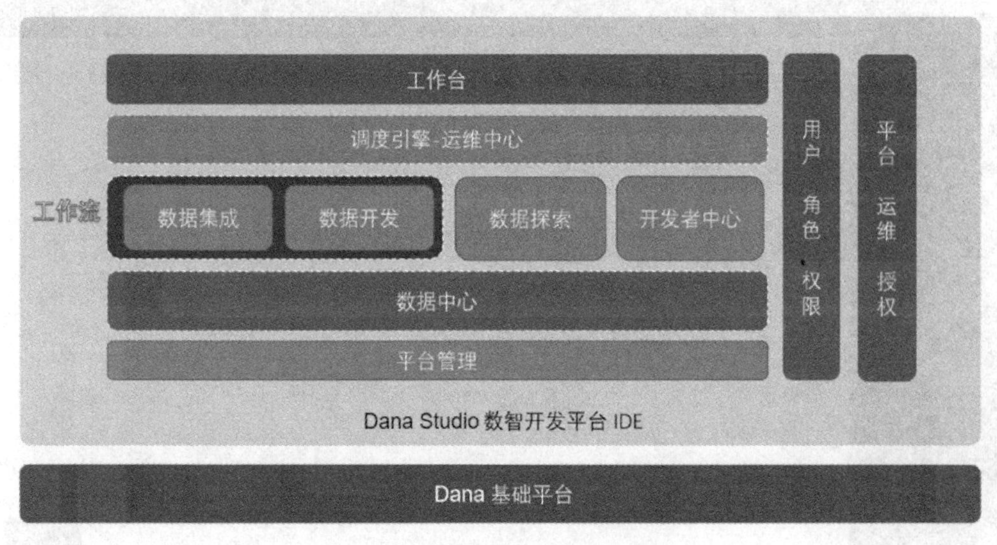


图 4-13　Dana Studio 产品模块图

1) 工作台

工作台模块是对整个 Dana Studio 平台的总览，如图 4-14 所示。其主要提供全局的简单监控，包括采集作业、开发作业、工作流作业、数据中心等情况，便于用户进入平台可以快速发现问题，快速运维。

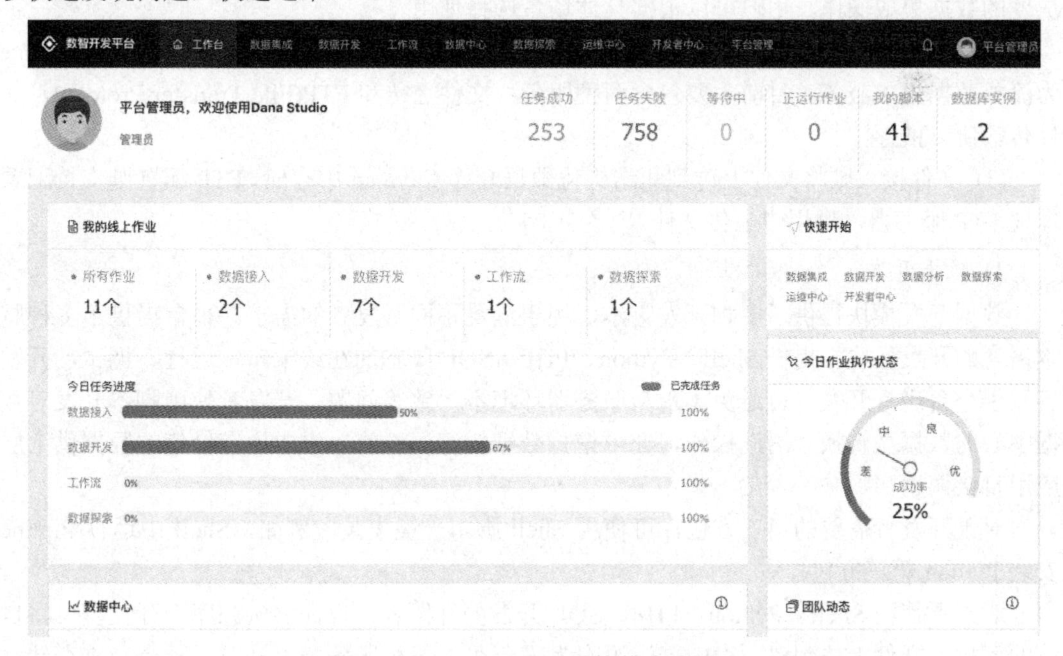


图 4-14　Dana Studio 工作台模块功能图

2) 数据集成

数据集成模块主要负责对数据的集成功能，目前主要提供三大功能，即批量抽取、数据流集成、文件接入，如图 4-15 所示。

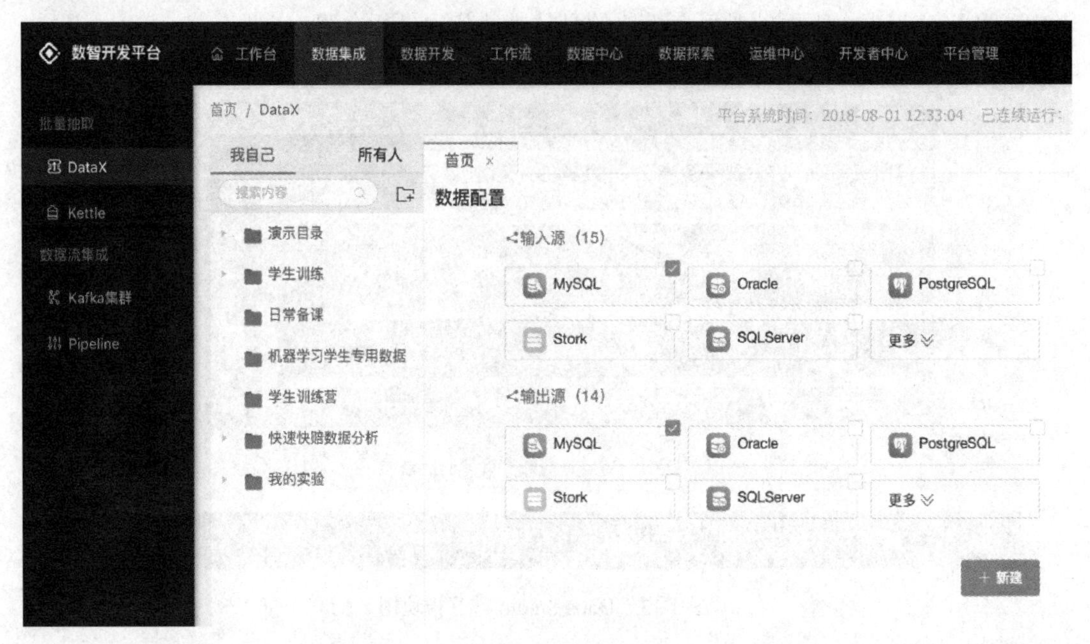


图 4-15　Dana Studio 数据集成模块功能图

(1) 批量抽取主要是对离线数据进行批量集成操作，主要有 Datax 和 Kettle 两种数据集成工具。Datax 偏向于大数据量、低清洗度的数据集成，Kettle 更偏向于小数据量、高清洗度的数据集成操作，用户可以根据具体场景选择使用。

(2) 数据流集成中也提供两种工具：Kafka 和 Pipline，Kafka 为消息中间件服务，Pipline 为流式数据集成服务。目前主要包含两种服务：文件上传和 FTP(File Transfer Protocol，文件传输协议)配置。

(3) 文件接入则将文件上传到非结构化数据仓库 Cayman 中存储，FTP 配置则支持配置本地 FTP 服务器，供用户上传文件。

3) 数据开发

数据开发模块提供了多种开发脚本，用于满足不同开发者的需求。平台提供了多种脚本语言的开发环境，提供 Shell、Python、PHP、SQL 脚本的在线编辑、运行、调试，开发者基于平台进行开发，可避免本地与服务器环境不一致等问题。开发者使用脚本开发对数据中心的数据做转换、清洗操作，亦可挖掘数据的深层价值，生成更有价值的数据供上层应用直接调用。

对于开发者需要的第三方包，可使用 Shell 脚本一键安装。例如，Shell 中运行 Pipline 安装 Python 第三方包。

对于不使用 Shell、Python、PHP、SQL 开发的开发者，也提供资源库。开发者可将自己的可执行文件上传到资源库中，资源库为平台在 Linux 服务器上开辟了一个独立存储空间，支持分布式存储，保障文件安全，适用于存放可执行小型文件，之后开发者可以使用 Shell 脚本、Linux 命令调用该文件。

4) 工作流

工作流模块是 Dana Studio 重点模块，该模块结合了数据集成、数据开发模块，提供一系列丰富的组件用于创建有向无环的 DAG 工作流，包括 Datax、Kettle、Python、SQL、Shell、PHP、汇集节点、判断节点、延时节点等组件。利用这些组件创建一个工作流作业，工作流作业内部创建一个个的子作业，子作业之间互相依赖，按照设定的流程运转，每个子作业完成对应的数据采集、数据加工、数据治理、数据挖掘操作。工作流作业执行错误可选择对应的子作业执行，也可就此终止。同时，工作流还提供了完善的日志查看系统，从而大幅度地提高了项目上的协作开发能力，提升了团队开发的效率。

例如，对于一个复杂的作业：车辆运行轨迹分析。其需要经过数据采集、数据治理、数据加工、数据价值挖掘这四个步骤，可由四人分工协作完成，约定好数据中心的相关表，在数据集成模块中使用 Kettle 或 Datax 从源库采集相应的数据到数据中心，在数据开发模块中使用 SQL 脚本进行数据治理，包括去重、去空值等。在数据开发模块中使用 Python 脚本针对新数据进行标签附加操作，最后使用数据开发模块的 Python 脚本对车辆轨迹做聚合分析、数据挖掘。将这四个子作业串联起来组成一个工作流，从而流程化地完成整个需求，如图 4-16 所示。

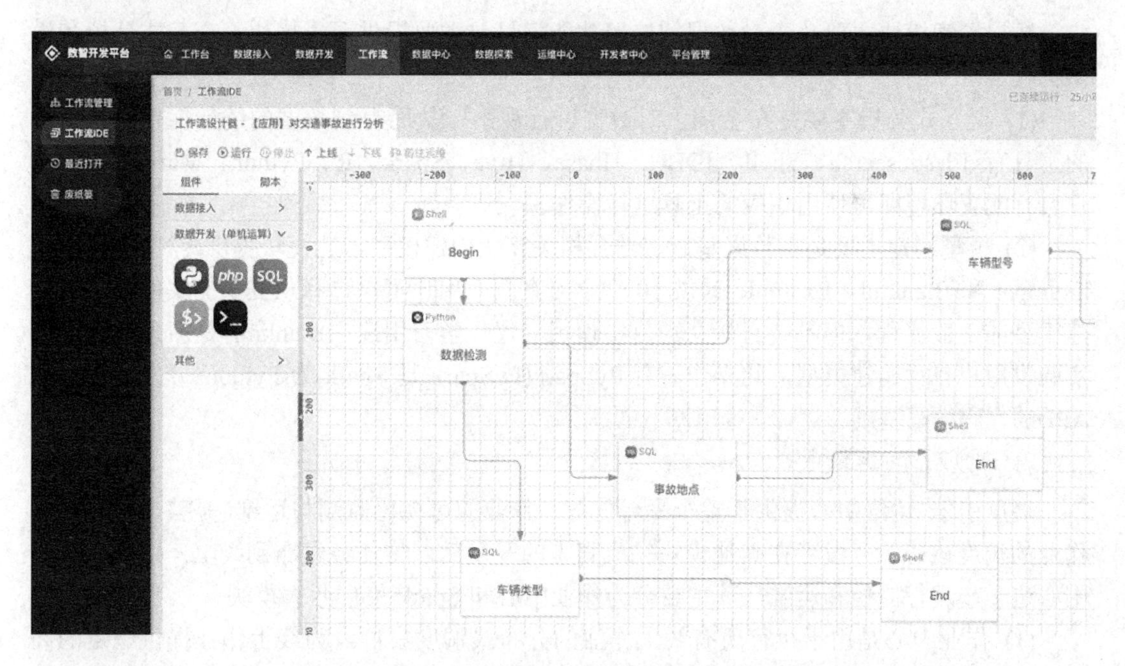


图 4-16　Dana Studio 数据工作流模块功能图

5) 数据中心

数据中心模块主要提供对数据的资产管理，包括资产总览、数据仓库、表管理、对象存储、模型管理、统一检索等模块。

(1) 资产总览模块主要是对用户的数据资产进行总览，包括用户的存储集群数、数据库数、索引库数、存储桶数以及不同数据仓库下的表的数量、存储量等信息。

(2) 数据仓库模块主要列举用户目前所拥有的数据仓库数量、数据仓库详情、数据仓库连接方式、数据仓库的账号和密码以及可以新建、删除、修改数据仓库。

(3) 表管理模块主要是对用户所有表进行统一管理，目前 Dana Studio 根据数据仓库分层理论可以将所有表分为三层：存储层 ODS、仓库层 DW、集市层 DM。用户也可以根据自己的业务需求进行新增、删除、修改数据层。在表管理中，Dana Studio 提供了对表的检索、查看、修改、删除、打标签、移动等操作。

(4) 对象存储模块主要为用户提供对于非结构化数据存储的功能，用户可以新建业务桶，然后在桶中存放非结构化数据文件、图片、视频等，同时用户可以通过 API 和页面来访问桶中的数据。

(5) 模型管理模块为用户提供数据模型统一管理的功能，用户可以新建、删除、修改、查看模型，同时也可以对数据模型进行打标签、置顶、设置主题等操作。

(6) 统一检索模块为用户提供对数据统一检索的功能，用户可以在本模块通过 SQL 或者 Query 语句进行数据检索。该模块还可以将检索的数据以不同的形式展示出来，目前支持的形式有表格、柱状图、散点图等。对于常用的检索脚本，用户可以进行保存、收藏、存为脚本等操作。

6) 数据探索

数据探索模块主要负责对数据的挖掘功能，目前主要提供两大模块：交互式分析和模型构建。

(1) 交互式分析主要是在全局上对数据进行观察，从而得到数据的统计性指标，提供的工具有 Elasticsearch、Shell、JDBC、Hbase、Hive、Spark、R、Python、Markdown，用户自行配置环境即可使用相应的工具进行操作。

(2) 模型构建主要是在数据基础上结合相关算法构建模型，此模块提供两种实验类型：Example 和 Blankml。Example 提供 10 个学习案例，用户可以选择从提供的案例中学习构建模型的一般流程，但不能直接在项目中使用，仅作学习用途；Blankml 是新建一个空白实验供用户自行构建模型，此操作需有 PySpark(PySpark 是 Spark 为 Python 开发者提供的 API)的代码编写基础。

7) 调度引擎-运维中心

调度引擎-运维中心提供了整个平台任务与作业的可视化监测与运维，是整个平台线上作业的调度核心。开发者在其他模块完成脚本的开发后，将任务发布到线上，可以在运维中心进一步进行监控和运维。其主要分为作业中心和 Spark 集群两大模块。

(1) 作业中心是用于执行所有线上作业的分布式调度集群，为线上作业提供稳定的高性能周期调度。从数据接入、数据开发、工作流模块提交上来的作业，将会在这里被周期调度执行。作业中心基于分布式的调度架构，保证了作业调度的高可用和高性能。作业中心提供了平台总览、周期作业、阻塞队列、执行记录、作业集群等运维指标。

(2) Spark 集群提供原生 Spark 集群的运维界面，以便开发者快速上手。

运维中心通过平台总览模块对整个作业集群的重要指标提供了可视化监控，通过图形化的方式展示给运维人员，如图 4-17 所示。

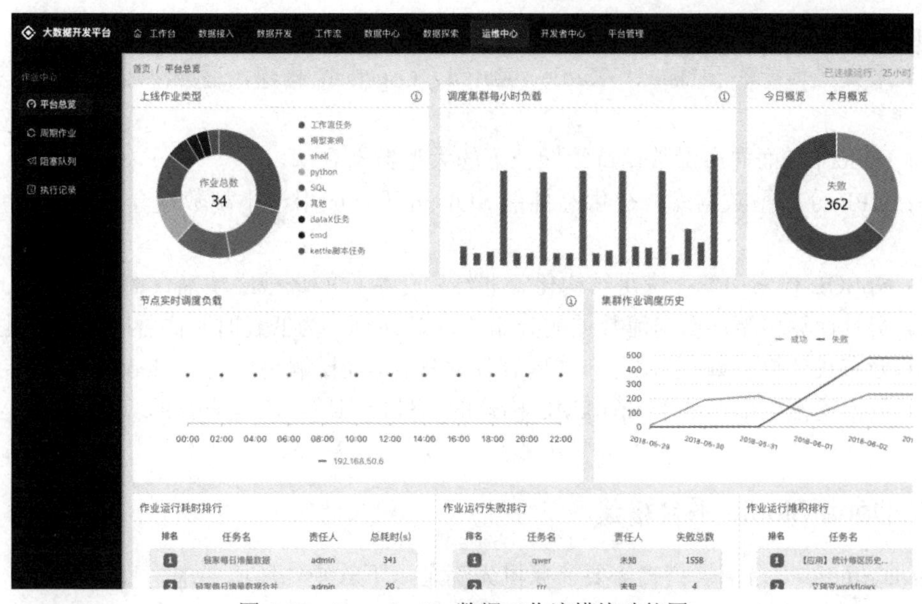

图 4-17　Dana Studio 数据工作流模块功能图

8) 开发者中心

开发者中心主要为开发者提供实用的API接口以及一些实用的SDK资源包来辅助开发者进行大数据开发，节约开发者在使用过程中学习 API 的时间。开发者可以使用 API 模块提供的详细 API 接口来达到快速了解并掌握一些与业务无关的功能性接口的使用方法。

SDK 模块可以为开发者提供一些现成的 SDK 资源包，开发者熟悉了 API 接口的使用之后可以使用 SDK 下载的资源包来达到快速开发的目的，并且 SDK 模块也提供了多种语言的 SDK 资源包来供开发者使用，大大节约了开发者的项目开发时间。

9) 平台管理

平台管理仅管理员可见，提供一些平台级的安全管理和配置。其主要分为集群管理和系统管理。

(1) 集群管理面向物理节点，提供平台节点、平台资源、平台许可证的配置。管理员能够快速掌握到平台各节点的运维和许可激活，同时进行可用引擎资源的注册和配置。

(2) 系统管理主要涉及平台的安全管理，提供角色、用户、权限管理和日志审计。管理员可以对用户进行一系列安全配置，并对所有用户的操作记录进行审计。

### 2. Dana Studio 平台优势

Dana Studio 平台的优势包括六大核心特性以及底层强大技术栈两个方面。

1) 六大核心特性

(1) 一站式开发流程；

(2) 强大的作业调度；

(3) 高效的协同作业；

(4) 安全的权限管理；

(5) 完善的监控运维；

(6) 多维度数据治理。

2) 底层强大技术栈

(1) 采集工具：基于 Datax、Kettle、Kafka、Logstash 构建，适应离线、实时采集多种需要。

(2) Hadoop：面向海量数据持续增长下的大型数据仓库。

(3) MPP 分析型数据库：提供高性能 SQL 分析，应用于小型数据仓库和数据集市的构建。

(4) NoSQL 检索引擎：满足结构化、非结构化数据的毫秒级精确查询与分析。

(5) 实时计算引擎：面向流数据的分布式内存计算，为低延时和高吞吐场景而生。

(6) 分布式计算引擎：利用分布式内存计算优势，轻松解决传统 Hadoop 计算慢的问题。

(7) 数据挖掘引擎：基于 SparkML 构建的高性能引擎，内置丰富的算法库与行业应用模块。

### 4.3.3 Dana Studio 平台搭建

Dana Studio 平台部署搭建需要计算机先满足以下软硬件环境要求。

#### 1. 硬件环境要求

Dana Studio 需要 1 台以上的集群服务功能，每台服务器都有一定的最低配置，具体指标如下(单台)：

(1) 2 个 10 核以上带有超线程的 X86 指令集的 CPU 服务器。

(2) 32 GB 以上内存。

(3) 1 个 60 GB 以上的硬盘做 Raid1，作为系统盘。

(4) 1 个 500 GB 左右的硬盘作为基础数据盘(实际磁盘大小依数据量而计)。

(5) 2 个千兆以上网卡。

#### 2. 软件要求

所有集群中的节点必须运行在同一操作系统和基础环境中，Dana Studio 运行环境及操作系统如表 4-3 所示。

表 4-3　Dana Studio 操作系统及环境列表

| 操作系统及环境 | 版　本 |
|---|---|
| Red Hat Enterprise Linux | 7.2 以上 |
| centOS | 7.2、7.3 |
| Java | 1.7.0_79 以上 |
| python | 2.7 以上 |
| PHP | 5.4.16 或 5.4.16 以上 |

#### 3. Dana 基础平台要求

Dana Studio 底层依赖于 Dana 基础平台，所以在使用 Dana Studio 时，必须安装相关版本的 Dana 基础服务，具体服务列表如表 4-4 所示。

表 4-4　Dana 基础服务平台列表

| 基础平台 | 版　本 |
| --- | --- |
| Dana 控制台 | 4.0 及以上 |
| Eagles | 3.3.1 及以上 |
| Stork | 3.0.0 及以上 |
| Datax | 3.0.0 及以上 |
| Phoenix | 3.0.1 及以上 |
| Dodox | 1.0.0 及以上 |
| Kettle | 6.0.0 及以上 |
| Leopard | 3.3.1 及以上 |
| Cayman | 3.2.0 及以上 |
| Logstash | 5.3.2 及以上 |

### 4．浏览器要求

Dana Studio 3.1 采用谷歌浏览器作为平台管理页面，管理平台也支持其他的浏览器，如表 4-5 所示。

表 4-5　Dana3.1 管理平台支持的其他浏览器列表

| 浏览器 | 版本号 |
| --- | --- |
| Google Chrome(推荐) | 55.0.2883.87 以上 |
| FireFox | 36.0 及以上 |
| Internet Explorer(不推荐) | 不建议 |

### 5．其他要求

根据不同的网络需求来开放不同的端口，需要开放的端口如表 4-6 所示。

表 4-6　Dana Studio 需要开放的端口列表

| 端　口 | 用　途 |
| --- | --- |
| 80 | Dana Studio 的 Web 页面访问 |
| 21602 | 数据库管理 Web 界面 |
| 21400 | 离线计算 zeppelin 的服务端口 |
| 21401 | 交互分析 zeppelin 的服务端口 |

Dana Studio 平台部署搭建完成之后，用户在登录页面中输入账号和密码后，会自动进入控制台页面，在控制台页面中可以看到相关脚本和任务。控制台页面同时也提供了相关的“快速开始”链接，方便用户快速到达指定模块，如图 4-18 所示。

图 4-18　Dana Studio 平台控制台界面

# 4.4　PandaBI 数智决策平台

从数据驱动认知到数据驱动决策，智能技术的运用一方面拓展了大数据的应用场景，从帮助业务人员认知到实现企业最优决策；另一方面对数据进行可视化描述，可以直观快速地帮助业务人员发现规律并做出决策，提高工作效率和业务水平。比如，通过对销售数据图表的分析可发现各类客户的特征和喜欢购买的商品之间的联系，营销人员可结合这种“认知”来筹划有针对性的促销活动或向客户提供个性化服务等。根据实际业务问题建立模型并求出最优解，给出人力、财力、物力、能源、时间等各项资源的具体配置方案，在营销、风控、定价、库存等场景实现智能决策。

## 4.4.1　PandaBI 平台简介

PandaBI 是上海德拓信息技术股份有限公司研发的一站式数据分析与决策平台，与前面介绍的两个数据开发平台的最大不同之处在于其强大的可视化分析功能。PandaBI 可以帮助企业快速搭建大数据可视化分析平台，完成多数据整合、建立统一数据口径，并提供灵活、易用、高效可视化探索式分析能力，提升企业数据洞察能力，并将数据决策快速覆盖各层员工及应用场景。

PandaBI 核心在于用直观、多维、实时的方式展示和分析数据，立足于提供简洁、实用的操作体验，具有更强的可视化功能。

PandaBI 是基于 B/S 架构的，其平台架构图如图 4-19 所示。PandaBI 主要包括三个子概念模块，分别是：数据接入、数据处理和可视化分析。

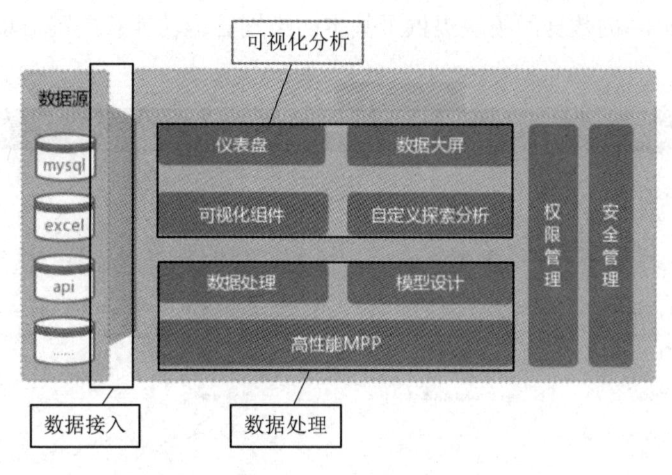


图 4-19　PandaBI 平台架构图

(1) 数据接入：数据处理、分析的第一步，将用户所需数据进行集中，解决数据分散、类型不同等问题，简化数据获取流程；可以直接接入来自不同类型、不同格式的原始数据，比如 Excel、MySQL 数据等。

(2) 数据处理：辅助数据以可视化的方式最终呈现，让用户能够快速、便捷地读取数据中的关键或者有价值的信息。通过高性能计算引擎和数据建模等，加工、处理、分析原始数据，挖掘有用信息，从而快速掌握数据的发展走向，做出较为准确有效的决策判断。

(3) 可视化分析：提供灵活、易用、高性能的可视化分析能力，帮助用户快速洞察市场规律、及时发现业务盲点；同时提供多达几十种可视化组件及可视化展示效果，比如柱状图、折线图、条形图、饼图、面积图、雷达图、散点图、二维表、标签云、聚类图等，让数据自己“说话”，便于用户直观、立体的了解数据。同时提供自定义探索分析方法，使用户可以自己设计可视化表现形式。

除此之外，PandaBI 可以提供别具特色的可视化分析工具：仪表盘和数据大屏。

## 4.4.2　PandaBI 平台功能和优势

### 1. PandaBI 平台主要功能

由上节介绍可知，PandaBI 平台的构架包括了三个子模块，分别是：数据接入、数据处理和可视化分析。下面针对每个模块的具体功能以及其包含的操作依次进行介绍。

1) *数据接入*

数据接入是数据分析的第一步，PandaBI 简化了数据获取流程，快速、低成本地构建数据中心，使用户专注于数据分析，无需再关注数据存储与管理。

首先，PandaBI 提供了统一的导入和管理数据源方式，解决了由不同数据源差异性所带来的问题。PandaBI 包含文件上传、整套直连数据源的方式。

(1) 文件上传：上传本地文件进行分析，支持 Excel 与 csv 格式，同时支持智能数据的类型判定。

(2) 直连数据源：最简单快捷的方式，通过平台直接连接外部数据源，实现数十种数据的一键对接，涵盖如主流数据库、轻量级数据库、MPP 数据库等。

其次，PandaBI 的数据源模块提供了基本的类别管理功能和关键信息预览功能，如图 4-20 所示。

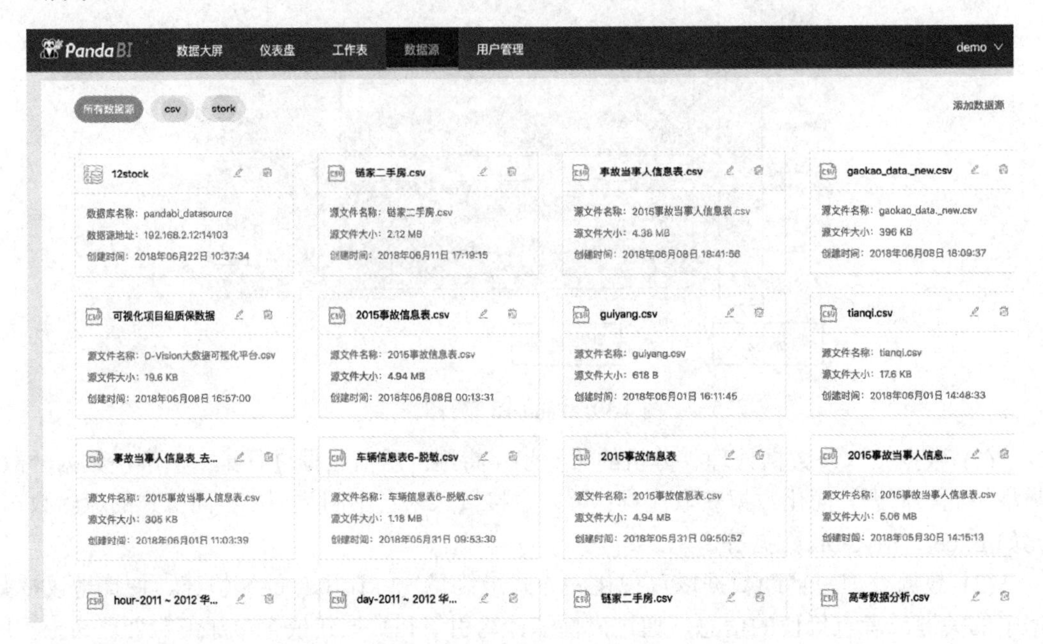


图 4-20　PandaBI 数据源模块

2) 数据处理

数据处理主要是通过处理工作表数据来实现。用户可以在工作列表页选择“所有工作表”，然后选取相应的工作表来进行预览，每一个工作表对应的字段类型、字段名称、字段值等用户都可以在预览页面中进行查看；并且还支持原生表达式过滤，如图 4-21 所示。

图 4-21　PandaBI 工作列表

此外，在 PandaBI 平台上不仅可以接入 Dana Studio 平台处理完的数据，以实现数据的高级分析和可视化展示；而且支持对接市面上的主流数据库。同时，PandaBI 还支持无缝对接 Hadoop 系列、Elastic Search、Spark 等开源技术，支持多种开发分析语言(Python、R、

Scala)，快速获取海量数据进行建模分析和可视化分析，助力决策。

同时，PandaBI 提供的工作表支持编辑表名、移动、复制、分配、删除等操作。鼠标移动到工作表上会出现更多操作的图标，用户点击即可看到支持的几种操作，如图 4-22 所示。

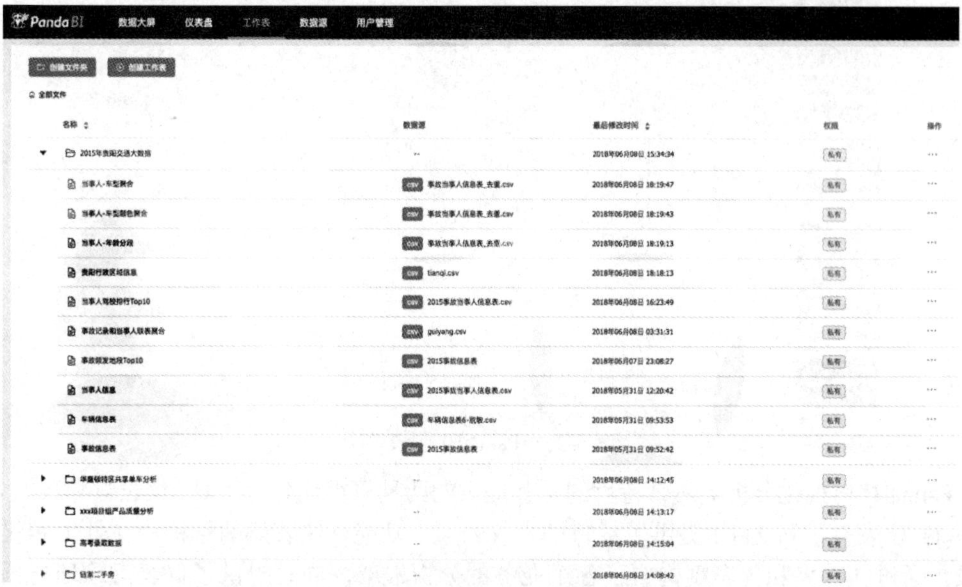

图 4-22　PandaBI 工作表编辑

3) 可视化分析

PandaBI 借助其独有的多维动态及智能钻取技术来实现问题数据的快速定位和可视化分析。

首先，用户无需编程只需动动鼠标，便可以绘制出丰富的可视化图表。用户只需在列表中选择需要分析的字段，将其拖曳至维度、数值、对比、筛选器、颜色等区域，即可开始数据分析工作。

用户进行拖曳操作后，PandaBI 会自动选择最适合当前数据的图表类型，用户也可以根据需求切换为其他图表。PandaBI 提供非常丰富美观的图表类型，当前支持的图表有折线图、面积图、折线堆积图、条形图、柱状图、折线柱状图、传统饼图、环形图、南丁格尔玫瑰图、聚合散点图、大规模散点图、地图等，可以将数据以最合适的方式进行展示和分析。

用户在工作表基础上分析生成图表，PandaBI 支持自动识别工作表的字段特征，自动归类为度量和维度；支持针对不同图种展示不同的维度提示与示例；支持计数、求和、最大值、最小值、平均值在内的多种数据聚合方式；支持十种常规字段过滤操作；支持自由拖曳的操作方式，完全可视化的过滤、筛选等操作。

PandaBI 支持对不同的图表组件设置不同的样式，以满足不同的场景需求，如图 4-23 所示。例如，支持字体对齐、图例对齐、自定义配色、距离调控等操作；也支持字体设置、字体对齐(文本左对齐、文本居中对齐、文本右对齐)、 自定义配色(标题、画布背景、纵轴($y$ 轴)线/名称、横轴($x$ 轴)线/名称)、组件对齐(左对齐、左右居中、右对齐、顶端对齐、上下居中、低端对齐)；还支持向图表中添加极值、平均值或自定义参考线，并提供坐标显示配置等功能。

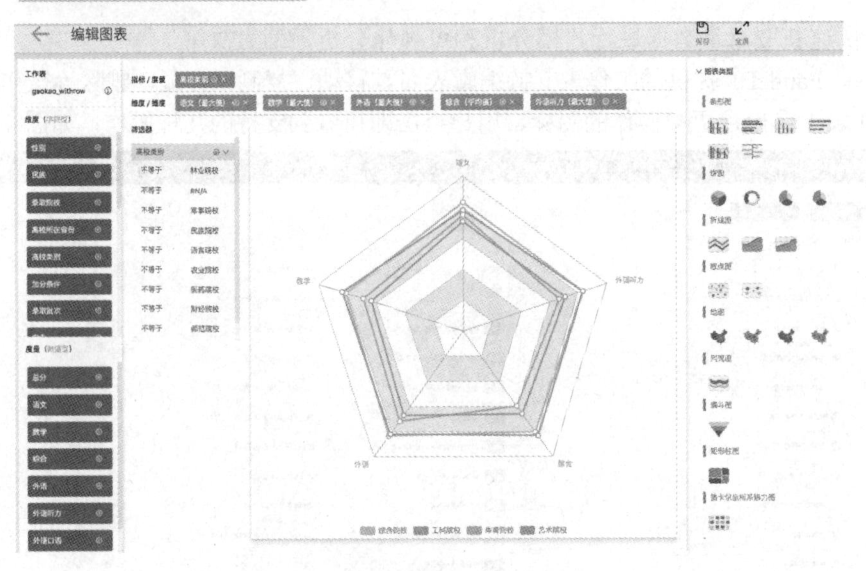


图 4-23　PandaBI 图表编辑

PandaBI 可视化分析中最具特色的是其提供的两种可视化分析工具：仪表盘和数据大屏。

(1) 仪表盘。PandaBI 提供了独特的“仪表盘”功能，仪表盘的结构由文件夹和仪表盘组成，通过文件夹和仪表盘构成了各个业务的分析框架，同时提供了仪表盘管理与预览一体化的界面，更方便用户操作管控。

“仪表盘”具有灵活的磁铁式布局，其中各个图表的位置和大小均可以自由设置，用户可以通过拖曳图表来进行位置调整，还可以对图表拉伸进行尺寸控制；仪表盘提供了全屏的实时展示效果，自适应布局满足多种设备的查看需求，比如可以在平板、手机等终端以自适应的方式进行查看；仪表盘中的各个图形背景和颜色可以一体化同时更换。仪表盘功能展示如图 4-24 所示。

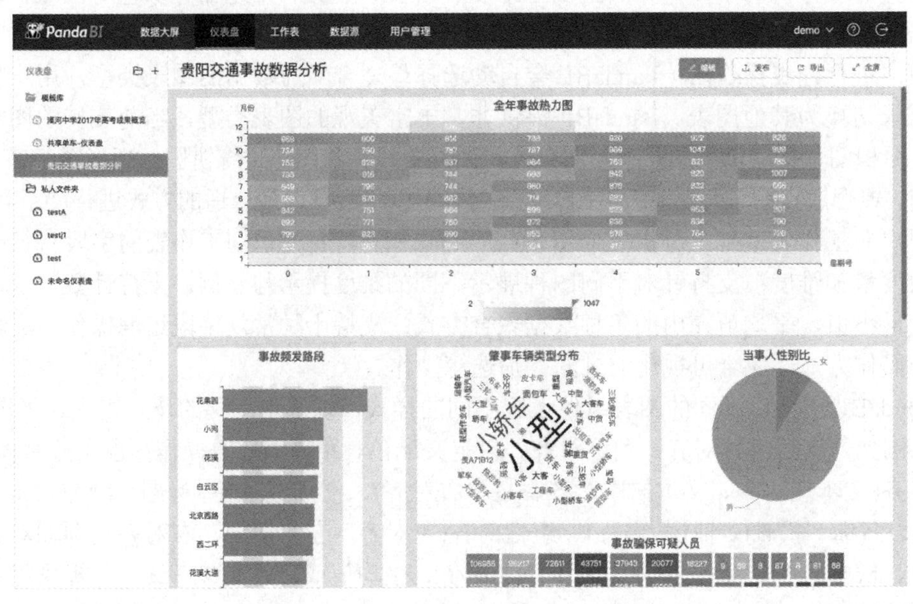


图 4-24　PandaBI 仪表盘功能展示图

(2) 数据大屏。为了满足企业大屏展示，并帮助非专业人士通过图形化界面轻松搭建具有专业水准的可视化应用，PandaBI 的数据大屏提供了丰富的可视化模板，极大程度满足行业大数据需求，比如交通数据、教育教学、民生信息等多种业务的展示需求，如图 4-25 所示。

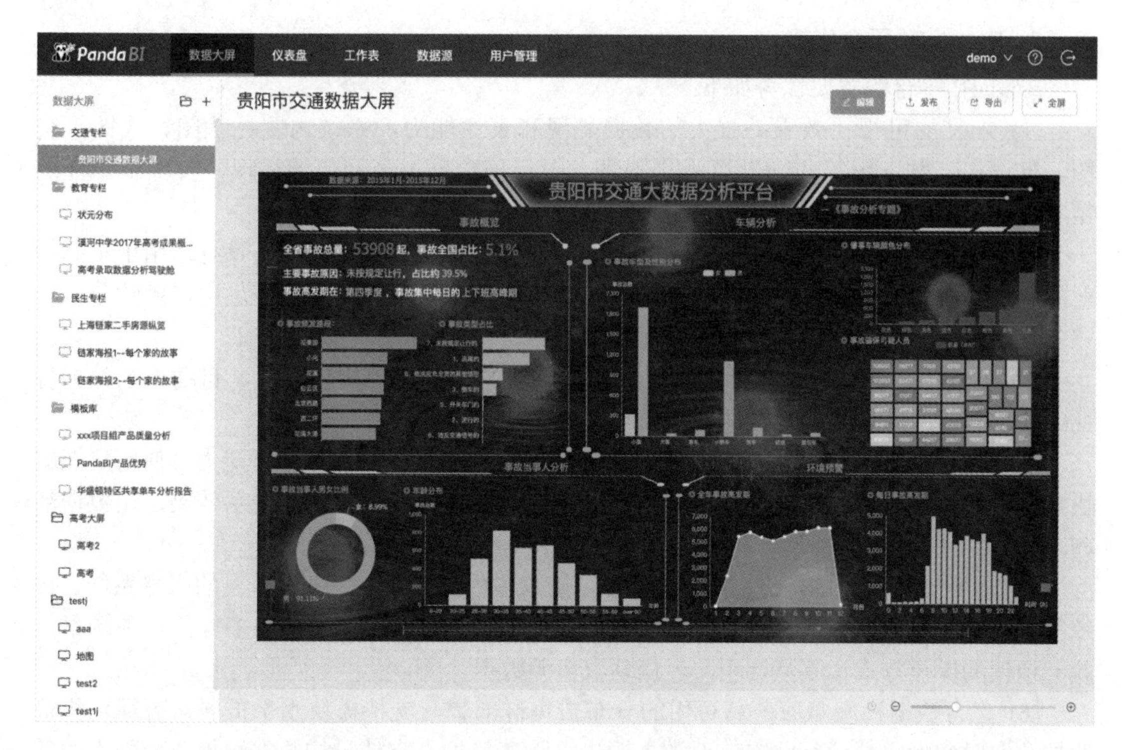

图 4-25　PandaBI 数据大屏功能展示图

数据大屏是独立于仪表盘的另一项工具，主要偏向于数据呈现，提供由专业视觉设计师设计的各类行业主题模版，用户可以借助“数据大屏”模块制作出精美的数据大屏投射至展厅或巨幕上。同时，数据大屏支持标题、视频、图片等辅助组件，并支持对其进行托、拉、曳等操作；图形、图表可以进行叠加组合，其中数据也可设置成按时间进行刷新；但是数据大屏不像仪表盘一样可以提供全屏、自适应展示效果，只能由用户根据屏幕需求自行调节；此外，数据大屏可以提供一键化主题和背景图片替换，在数据分析的同时达到大屏美观度的指数级提升。

总的来说，数据大屏的主要功能有：

① 提供多种组件以满足更精美的数据呈现需求，支持文本组件、图片组件、音频组件、边框组件等。

② 提供一些主流的分辨率方案供用户使用，同时允许用户自定义画布分辨率以完成不同场景下的展示任务；还提供了灵活的画布伸缩功能，以方便用户总览或者对图表的细节进行调整。

③ 支持自定义的图片作为背景展示，极大地丰富了大屏应用场景。

④ 提供配色方案、十余种主题的一键预览与切换。

⑤ 提供将数据大屏一键导出为图片的功能，以方便用户快速分享和离线查看；也提供了在线的链接分享功能，将数据大屏发布后，其他人可以通过链接浏览制作好的成果；也支持将成果嵌入到其他站点中，只需要将系统自动生成的代码嵌入第三方业务系统即可。

#### 2. PandaBI 平台优势

PandaBI 平台的主要优势如下：

(1) 丰富的可视化效果。强大的数据呈现和表达能力，系统内置柱状图、线图、饼图、雷达图、散点图等几十种可视化图表，同一种数据，多元化的呈现，实现不一样的精彩。

(2) 多场景展示能力。PandaBI 提供了仪表盘和数据大屏双重解决方案，适用于不同的业务场景。专业视觉设计师设计的各类行业主题模版，几步操作即可满足用户经营分析、业务监控、风险预警等多种业务的展示需求。

(3) 便捷的用户体验。灵活的拖曳式操作、丰富的数据可视化功能、自动识别数据特征、自动智能为用户生成最合适的图表。

(4) 自助式探索分析。PandaBI 提供灵活、易用、高性能的探索分析能力，使用户能够快速洞察数据规律，及时发现业务盲点；同时提供多达几十种可视化展示效果，让数据活起来。

(5) 一键连接所需的数据。PandaBI 可以接入多种数据源，包括自研发的引擎系统、传统第三方业务数据库、文本数据等多种数据来源，全方位满足企业多种多样的业务场景。统一便捷的操作方式让零基础用户轻松驾驭多源数据。

(6) 亿万数据秒级响应。高可用的分布式集群部署，支持模块水平扩展，可视化集群监控，实时掌握集群运行状态。对数据源进行隔离保护，支持异构数据源集成，强大的并行计算能力，真正实现亿万数据秒级响应。

(7) 行业顶级安全保障。企业内网部署，绝对安全保障。支持数据行列级别权限、资源权限、操作权限等全面的权限管控。支持数据审计，包括用户的访问、编辑、操作等任何行为都可以追溯。

### 4.4.3 PandaBI 平台搭建

#### 1. PandaBI 平台搭建需要满足的环境要求

(1) 已做 ssh 互通。

(2) 已关闭 firewalls。

(3) 已关闭 selinux。

(4) 使用 root 用户登录系统。

(5) 确认服务端口未被占用，端口验证方法 netstat –anp|grep 21700。

(6) 有可用的 Stork 数据库。

#### 2. PandaBI 平台安装步骤

(1) 上传安装包。将 PandaBI 安装包(tar 包)上传至安装节点，如图 4-26 所示。

```
pandabi.1.0.1843.tar.gz
```

图 4-26　上传 tar 安装包

(2) 解压安装包。将安装包解压：

#tar -zvxf pandabi.1.0.1843.tar.gz

进入解压后的包目录：

#cd pandabi

(3) 配置服务地址。配置服务地址需要输入以下代码，如图 4-27 所示。

#./pandabi-deploy config --databaseip=127.0.0.1 --databaseport=14103 --dbuser=stork --dbpwd=stork --db_node_user=root --db_node_pwd=root

```
[root@bogon pandabi]# ./pandabi-deploy config show
pandabi install configure:
    PREFIX_PATH = /opt/dana/pandabi
    userid = pandabi
    database-ip = 127.0.0.1
    database-port = 14103
    database-name = pandabidb
    database-user = stork
    database-password = stork
    pdb_node_user = root
    pdb_node_password = root
```

图 4-27　配置服务地址

参数说明：

databaseip：设置数据库 ip，默认为 127.0.0.1。

databaseport：设置数据库端口，默认为 14103。

dbuser：设置数据库用户名，默认为 stork。

dbpwd：设置数据库密码，默认为 stork。

db_node_user：数据库所在节点的系统用户名，默认为 root。

db_node_pwd：数据库所在节点登录用户的密码，默认为 root。

配置完成，输入以下命令，查看配置是否成功。

#./pandabi-deploy config show

(4) 安装服务。安装服务需要输入以下代码，运行效果如图 4-28 所示。

#./pandabi-deploy install -h node

或(在没有做 ssh 互通时执行)

#./pandabi-deploy install -h node -w password

```
[root@bogon pandabi]# ./pandabi-deploy install -h 192.168.3.35 -w root
```

…

图 4-28　PandaBI 安装服务

当控制台提示“Install pandabi server on node：[ip] is successful”时，说明安装完成，如图 4-29 所示。

```
[INFO]Install pandabi server on  node:192.168.3.35 is successful
```

图 4-29　PandaBI 安装完成

(5) 验证服务。打开浏览器，输入网址 http: //192.168.2.12/pandabi/，进入 PandaBI 的登录界面，如图 4-30 所示，说明 PandaBI 平台安装成功，可以访问使用。

图 4-30　PandaBI 登录界面

## 4.5　其他大数据开发平台

目前，很多公司都开发了自己的大数据平台来满足不同的业务需求。这些大数据平台的底层组件基本类似，主要是应用各不相同，各有自己的特点。本节将介绍两款比较主流的大数据平台：百度数智平台和 H3C 大数据平台。

### 4.5.1　百度数智平台(Baidu DI)

百度数智平台(Baidu DI)是百度发布的大数据开发平台(http: //di.baidu.com/)，如图 4-31 所示。该平台呈现和开放了多款百度大数据产品、技术能力和行业解决方案。下面以百度大数据基础套件(鲁班)为例对平台的架构和功能进行简单介绍。

图 4-31　百度数智平台(Baidu DI)

### 1. 百度大数据基础平台(鲁班)架构

鲁班是百度提供的面向大数据分析处理的基础套件，鲁班大数据平台架构如图 4-32 所示。平台底层依赖由计算和存储构成的基础设施服务，可以运行在私有云、公有云和混合云的基础设施环境中，同样也提供一体机环境；平台中间层是大数据基础套件，主要提供数据仓库、日志分析、数据挖掘、数据传输、计算存储和管理安全服务；平台顶层提供了八大行业应用解决方案：数字营销、能源电力、零售、政府、媒体娱乐、金融服务、物联网和通信，助力行业实现大数据应用，实现一站式、交互式、可视化的大数据解决方案。

图 4-32　鲁班大数据平台架构

### 2. 百度大数据基础平台(鲁班)特色功能

鲁班大数据平台的特色功能描述如下：

(1) 报表平台搭建。底层支持多种数据源，并提供种类繁多的可视化图表，提供了从数据源到报表转化的能力，方便用户快速构建报表平台。

(2) 文本检索。文本检索助力企业快速简便地实现对于非结构化数据的搜索功能。在大数据时代，百度提供了私有化及云端的文本检索解决方案。

(3) 在线模型预测。Jarvis 内置多种深度学习模型，便捷的版本管理机制，便于企业快速实现在线预测服务，高效的版本迭代，从而快速实现商业价值最大化。

(4) 数据库同步。企业借助 Minos，可以轻松实现各种异构介质间的数据传输，以及 MySQL 等数据库与 Hive 或者其他 MPP 数据仓库的实时同步。

(5) 智能运维。通过日志分析解决方案可以将散落在数千台机器上的日志集中整合，通过强大的查询语言快速地定位故障，更快地解决问题，缩短业务不可用时间，有效地提升服务质量。

(6) 业务分析。借助日志分析解决方案，企业可以基于用户访问日志、业务流程日志的采集及分析，更加清晰地了解用户行为特征，更加全面地掌握业务运营状况，构建用户及业务模型，科学把握业务发展方向。

## 4.5.2 H3C 大数据平台(Data Engine)

H3C 大数据平台(Data Engine)采用开源社区 Apache Hadoop2.0 和 MPP 分布式数据库混合计算框架为用户提供一套完整的大数据平台解决方案，具备高性能、高可用、高扩展特性，可以为超大规模数据管理提供高性价比的通用计算存储能力。H3C 大数据平台提供数据采集转换、计算存储、分析挖掘、共享交换以及可视化等全系列功能，并广泛地用于支撑各类数据仓库系统和决策支持系统，帮助用户构建海量数据处理系统，发现数据的内在价值。

### 1. H3C 大数据平台(Data Engine)架构

H3C 大数据平台即华三大数据平台(Data Engine)的架构如图 4-33 所示，平台包含四个部分。

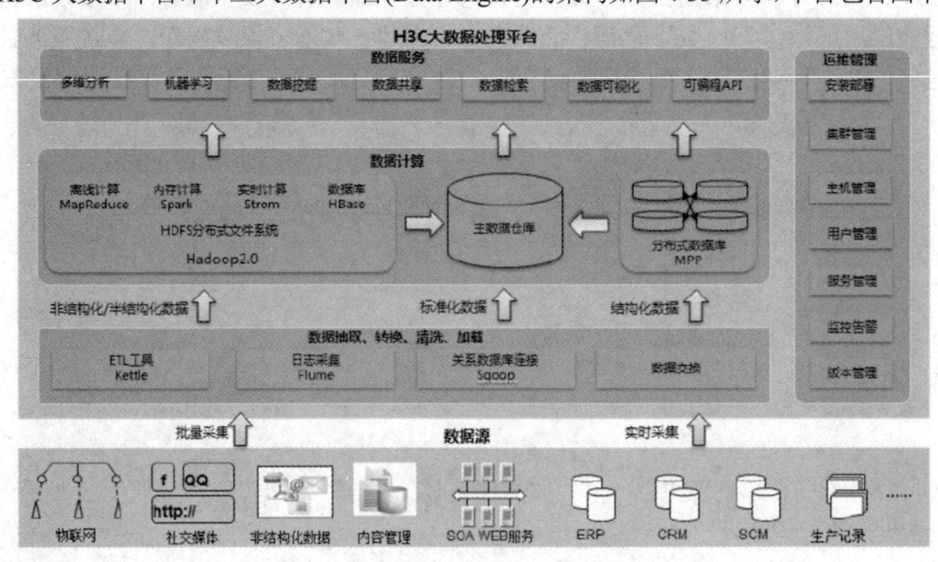


图 4-33　Data Engine 大数据平台架构

第一部分是运维管理，包括：安装部署、集群管理、主机管理、用户管理、服务管理、监控告警和版本管理等。

第二部分是数据抽取、转换、清洗、加载，包括关系数据库连接 Sqoop、日志采集 Flume、ETL 工具 Kettle 和数据交换。

第三部分是数据计算。MPP 采用分析型分布式数据库，存储高价值密度的结构化数据；Hadoop 存储非结构化/半结构化数据和低价值密度结构化数据。计算结果都存到数据仓库中，数据仓库中的数据可直接用于分析和展示。

第四部分是数据服务，包括机器学习、数据挖掘、数据检索、数据可视化、多维分析、数据共享和可编程 API，为应用层提供服务和中间件调用。

### 2．H3C 大数据平台(Data Engine)特色功能

Data Engine 大数据平台可以提供各种服务，包括系统服务、数据存储、数据计算、数据服务、数据管理、MPP 以及其他服务。Data Engine 具体服务功能描述如表 4-7 所示。

表 4-7　Data Engine 服务功能表

| 服务类型 | 功能组件 | 典型应用场景 |
| --- | --- | --- |
| 系统服务 | Metrics | Metrics 用于集群中各项指标的搜集 |
| | Kafka | Kafka 是种高吞吐量的分布式发布订阅消息系统 |
| | YARN | 一种全新的通用 Hadoop 资源管理器，集群在利用率和资源统一管理等方面，可使 MapReduce、Storm 等共存 |
| | ZooKeeper | ZooKeeper 是个应用程序协调服务，为集群提供一致性服务，包括配置维护、名字服务、成员管理等 |
| 数据存储 | HDFS | Hadoop 分布式文件系统(HDFS)是 Hadoop 应用程序使用的主要存储系统，创建多个数据块副本分布在整个集群的计算主机上 |
| | HBase | HBase 是分布式的面向列的非关系型数据库，提供对大型数据集进行随机、实时地读写访问服务 |
| | PostgreSQL | PostgreSQL 数据库 |
| 数据计算 | MapReduce | 批处理框架，将大任务分成多个独立的小任务，最后汇总各个小任务的结果。大大提升了分布式应用开发的效率，用于高线计算和计算密集型应用 |
| | Spark | Spark 是个快速的、通用的大规模数据处理引擎，提供批处理流处理、SQL 查询、机器学习、图计算、R 语言等功能 |
| | Storm | Storm 是一个分布式的、容错的实时流处理引擎 |
| 数据服务 | ElasticSearch | ElasticSearch 是一个基于 Lucene 的搜索服务器，它提供了一个分布式多用户能力的全文搜索引擎，基于 Restful Web 接口 |
| | Hive | Hive 是一种可以对大型数据集进行查询、分析、存储的数据仓库系统，提供名为 HiveQL 的类 SQL 查询语言 |
| | Mahout | Mahout 提供一些可扩展的机器学习领域经典算法，旨在帮助开发人员更加方便快捷地创建智能应用程序 |
| | Pig | Pig 是一个大规模数据分析平台，为复杂的海量数据并行计算提供了一个简单的操作和编程接口，它提供名为 Pig Latin 的脚本语言 |
| 数据管理 | Flume | Flume 是一个高可用的、分布式的海量日志采集、聚合和传输的数据管理系统，支持在日志系统中定制各类数据发送方，用于收集数据 |
| | Kettle | Kettle 是一款 ETL 工具，可以在 Windows、Linux、Unix 上运行，数据抽取高效稳定 |
| | Sqoop | Sqoop 是一个用于在 Hadoop 和结构化数据存储(如关系型数据库)之间进行高效传输大批量数据的工具 |
| MPP | MPP | MPP 是一种基于列存的新型分布式并行数据库集群，旨在支撑海量数据的快速分析 |
| 其他服务 | Zeppelin | Zeppelin 是基于 Web 的 notebook，可用于交互式的数据分析 |

# 本 章 小 结

本章首先介绍了大数据平台的基本架构和层次划分，以及六个核心要素：模块、组件、数据管理、脚本、任务、用户。然后介绍了由上海德拓信息技术股份有限公司开发的三款主流大数据开发平台，即DDP、Dana Studio和PandaBI，并分别介绍了各个大数据开发平台的构架、特色功能和搭建方法。最后简单介绍了百度大数据基础平台(鲁班)和H3C数据平台(Data Engine)的架构和功能。

# 课 后 作 业

**一、名词解释**

1. 大数据开发平台
2. 组件
3. 数据管理
4. 脚本
5. 任务
6. 用户(及其权限)
7. DDP

**二、简答题**

1. 在大数据平台架构中，数据接入层、存储层、处理层、分析层、展现层各自的作用是什么？尝试思考一种更为理想的大数据平台架构的层次划分方式。

2. DDP在数据的采集、存储计算、分析挖掘等各个方面有何特色之处？

3. 在数智开发平台Dana Studio下，针对结构化、半结构化和非结构化数据的采集融合、存储计算、建模分析等问题，有哪些解决方式？

4. 一站式数据分析与决策平台PandaBI有哪些直观、多维、实时的数据展示和数据分析方式？

5. 简单介绍一下百度大数据基础平台(鲁班)的架构和特色功能。

**三、读书报告**

1. 阅读相关文献，了解大数据开发平台的共性和特性，谈谈随着应用需求的不断发展大数据平台应当具有的新功能和新特性。

2. 查阅相关文献，了解一些主流大数据开发平台的架构和特色，比如阿里和腾讯的大数据平台。

# 第 5 章　大数据应用案例分析

- 掌握大数据应用开发基本流程
- 掌握 Dana Studio 和 PandaBI 大数据平台基本功能应用
- 熟悉政务舆情大数据应用案例实现过程
- 理解交通运营车辆大数据应用解决方案
- 了解出入境管理局风险评估大数据应用解决方案

## 本章重点

- 大数据应用开发基本流程
- 政务舆情大数据应用案例实现

当面对行业的具体问题(比如网络舆情监管、交通车辆安全管理等)需要结合实际需求制定出合理的大数据解决方案，在方案设计过程中将大数据技术运用其中，才能有效提升行业大数据管理能力。本章将结合具体案例，利用 Dana Studio 和 PandaBI 大数据开发平台实现大数据应用解决方案的完整过程。

本章首先介绍大数据应用开发基本流程。然后结合具体案例，介绍了三个大数据应用解决方案及其实现过程。

## 5.1 大数据平台应用概述

大数据平台的应用主要是针对某些特定领域的大数据问题(如网络舆情分析、交通车辆管理)设计出的大数据平台的解决方案，其主要强调该如何应用大数据开发平台去解决现实中具体的某个领域或者某个方面的问题。在构建解决方案的过程中可能涉及很多软件的使用和平台搭建，有时为了实现更好的效果需要将一些大数据开发平台搭配组合起来使用。比如，可以将德拓的两个大数据平台——大数据开发平台(Dana Studio)和数智决策平台(PandaBI)组合起来使用，以实现更强的数据分析、处理和可视化等效果。

针对一般的大数据问题，结合大数据开发平台，设计出大数据应用开发基本流程，如图 5-1 所示。

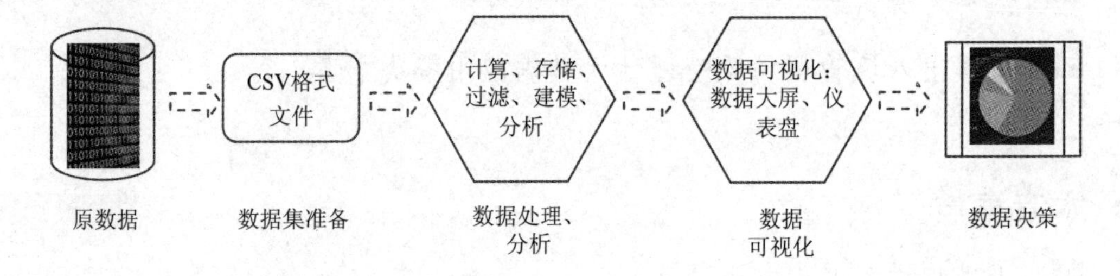


图 5-1 大数据应用开发流程

由图 5-1 可知，大数据应用开发流程主要分为五个步骤。

(1) 原数据：原数据是指没有经过处理的原始数据，比如网络舆情数据的原数据就是网上反映舆情信息的数据，这些数据杂乱而分散，可以使用网络爬虫等技术从网上爬取相关舆情信息到本地。

(2) 数据集准备：原数据经过采集工具或者数据预处理工具等收集到本地之后，以 CSV 格式文件(CSV 是一种通用的、相对简单的文件格式，被用户、商业和科学广泛应用，最广泛的应用是在程序之间转移表格数据。)进行数据集的存储。

(3) 数据处理、分析：数据处理、分析主要借助软件、算法和大数据平台等，这里主要介绍通过大数据平台处理、分析数据。主要过程是：将采集来的原始数据(CSV 文件数据)导入到大数据平台，对数据进行进一步的处理、分析等工作，从而获取和挖掘有价值的数据信息。比如：可以将 CSV 文件数据导入到 Dana Studio 大数据开发平台中，然后对原始脏数据进行过滤、清洗、建模、分析等操作，生成新的、有价值的数据工作表。当然这里也可以不通过已有的大数据平台，而是采用数据分析算法，实现对数据的加工、处理和分析等。

(4) 数据可视化：将经过大数据平台处理过的数据，以更富有表现力和理解力的形式展示出来。比如，可以将 Dana Studio 大数据开发平台生成的数据工作表作为数据源或者其他符合格式要求的数据导入到 PandaBI 大数据决策开发平台，在此进行数据再处理、可视化分析，生成美观而便于理解、观看的数据大屏或者仪表盘等。

(5) 数据决策：数据决策是大数据应用开发流程的最后一步，需求用户根据可视化的数据图表展示，对其中的每个图表的数据进行一一研究、对比分析等，找到数据规律和问题发生的原因等，挖掘出更有价值的信息，并做出合理的研判和决策。

为了更好地理解 Dana Studio 和 PandaBI 大数据平台组合应用优势，将二者的功能关系绘制在一张图中，如图 5-2 所示。从图中可以看出 Dana Studio 的数据来源于外部，主要有网络舆情数据、线上数据库、离线数据、物联网数据和海量日志数据；而 PandaBI 的数据来源主要有两类：一类是由 Dana Studio 处理产生的数据，另一类是外部提供的数据。经过 Dana Studio 清洗、过滤、建模分析后的新数据可以用于第三方开发者或数据应用场景，而经过 PandaBI 可视化后的数据可以应用到数据分析场景，比如可视化实时监控和智能报表分析等。总的来说，Dana Studio 侧重数据管理、数据存储和数据处理，而 PandaBI 更侧重数据报表处理和可视化展示。

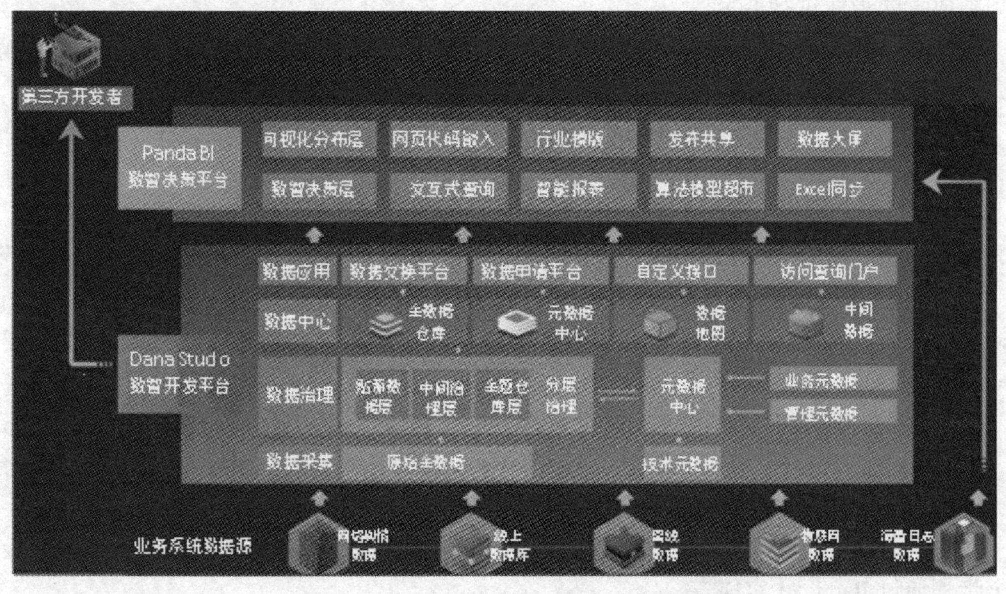


图 5-2　Dana Studio 和 PandaBI 功能关系图

在第 6 章将通过实验详细介绍 Dana Studio 和 PandaBI 的功能应用，建议可以提前开展实验学习。

## 5.2　平台应用案例分析

面对行业大数据(比如，教育大数据、交通大数据、电商大数据、海关大数据、医疗大数据)问题，如何利用现有的大数据平台快速、高效地解决这些问题，给出最优的决策呢？本节将结合 Dana Studio 和 PandaBI 大数据平台，介绍三个大数据应用案例的具体解决方案。

### 5.2.1 政务舆情分析大数据平台应用

1. 问题描述

随着互联网和自媒体的发展，公众可以更加自由地在网络上对公共事务发表言论和看法，反映公众对现实社会中各种现象所持的政治信念、态度、意见和情绪等。各级政府部门越来越关注公众舆论，希望能够及时掌握舆论动向，快速分析舆论趋势，并积极引导舆论走向，维护社会稳定，真正做到关注民生、保障民生、改善民生。

那么怎样通过互联网有效地获取公众的舆情信息，并通过技术手段将这些数据形成数据报表，展示给相应政府各级部门工作人员和领导，使其对公共监督情况了然于胸，从而提升政务管理能力呢，下面以贵州省舆情分析大数据应用平台为例进行介绍。

2. 解决方案

首先利用网络爬虫技术获取贵州省近几年各大平台网站的各种网络舆情信息，然后利用 Dana Studio 和 PandaBI 大数据开发平台对网络舆情信息进行整理、清洗、建模和可视化展示。对于舆情数据，首先根据关键词的出现频率进行排序，并将出现频率较高的关键词以集中放大的形式进行展示。

由于 Dana Studio 和 PandaBI 对数据处理的步骤和过程较多、较复杂，为了便于理解，首先介绍这两个大数据开发平台组合起来处理数据的一般流程。

(1) 创建列表：在 Dana Studio 大数据平台的“数据中心”创建初始表，比如 ods_news 表和 base_news 表。

(2) 导入原始数据：通过 PSQL 将 CSV 文件中的原始数据导入到创建的初始表中，比如导入到步骤(1)创建的 ods_news 表中。

(3) 过滤、清洗“脏”数据：通过编写脚本(比如本节需要编写的三个脚本 base_news.kjb、base_newsl.ktr、base2_news2.ktr)，将原始“脏”数据过滤并导入到基础表中(步骤(1)创建的 base_news 表)。

(4) 数据建模：按照不同维度对数据进行分析，编写 SQL 和 Python 脚本进行数据建模。

(5) 可视化：将分析建模生成的以 dwd 和 yy 为前缀的应用数据表导入到 PandaBI 平台，最终通过 PandaBI 平台进行数据可视化呈现。

其中，前四个步骤在 Dana Studio 中完成，包括数据采集、数据清洗、数据建模，最后一个步骤通过 PandaBI 实现。

为了更清晰地讲解政务舆情分析大数据应用案例的具体实施过程，我们将以贵州省舆情分析数据应用为例，并在第 7 章通过具体的实验方式来详细介绍如何利用 Dana Studio 和 PandaBI 大数据开发平台方便、高效地实现政务舆情大数据管理。建议可以提前开展实验学习，在此不再赘述。

### 5.2.2 交通运营车辆大数据平台应用

1. 问题描述

随着时代的发展，当人们的出行变得越来越便利的同时，也带来了越发严重的交通安全问题。随着我国的经济高速发展，全国汽车保有量、交通道路、人口等都在不断地增加，同时道路交通安全事故也进入高发期。分析事故发生的原因，找到事故发生的内在规律，对交通部门进行道路交通的改进和提高民众的出行安全具有重大意义。

道路交通事故是指车辆在道路上因过错或者意外造成的人身伤亡或者财产损失的事件。在长期的交通事故司法鉴定中，认识到道路交通事故虽然具有偶然性和突发性等特点，但并非无章可循，交通事故的发生及产生的后果有其必然性。交通事故的发生，是人(驾驶员)、车、路三方面因素共同作用的结果。因此在事故分析中，交通事故的发生原因显得尤为重要，是责任划分的重要依据。但由于交通事故的发生受到人(驾驶员)、车、路三方面因素的影响，因此事故形成原因的分析也比较复杂，需要综合考虑各方面的影响，以及各方面因素影响的大小。如何通过大数据平台分析交通事故发生的原因，找到事故发生的规律，使交通部门进行道路交通的改进，从而有效减少交通事故呢？

**2. 解决方案**

要进行交通事故成因案例分析，首先需要准备与交通事故相关的多维度数据。本次案例主要准备四类交通事故数据信息：事故信息(事故状态和事故时间)、事故车辆信息(车辆类型和车辆颜色)、事故当事人信息(当事人性别和年龄)和事故发生的天气信息。然后通过大数据平台对这些交通事故数据进行清洗、过滤、建模和分析，最后以可视化的形式将交通大数据呈现出来，对此进行再分析并做出数据决策。具体实现步骤如下：

1) 数据集准备

本案例主要使用的是 2015 年相关交通行业的数据，同时为了保护客户的隐私，对一些数据进行了脱敏处理。数据脱敏就是对某些敏感信息进行数据的变形，实现敏感隐私数据的可靠保护。比如，最常见的火车票、电商收货人地址都会对敏感信息做处理。

本次案例交通事故信息数据以 CSV 格式文件进行存储，包含内容如表 5-1 所示。

**表 5-1　交通事故信息**

| 数 据 项 | 文件数(csv) | 数 据 质 量 |
|---|---|---|
| 2015 事故信息数据 | 1 | 事故状态、事故原因、事故时间等未格式化 |
| 2015 事故车辆信息 | 1 | 事故车辆类型和车辆颜色 |
| 2015 事故当事人信息表 | 1 | 人员重复、驾校信息、性别和年龄信息等未格式化 |
| 2015 事故天气数据 | 1 | 天气、气温、风向未格式化 |
| 车辆信息脱敏数据和数据字典 | 12 | 数据重复、数据格式不对 |

2) 大数据应用平台——Dana Studio 数智分析

(1) 数据采集。数据采集的主要任务是将原始数据(即 CSV 格式的初始数据)存储到新建的初始表中。数据采集包括创建初始数据表、数据导入两个步骤，具体如下：

① 创建初始数据表。首先在 Dana Studio 开发平台中创建几个初始数据表，用来存储导入的原始数据。

Step1：如图 5-3 所示，进入 Dana Studio 后点击上方“数据中心”→“模型管理”→“新增”来新建四张数据表(天气表 ods_weather、事故表 ods_accident、车辆表 ods_carinfo、司机表 ods_drviverinfo)。

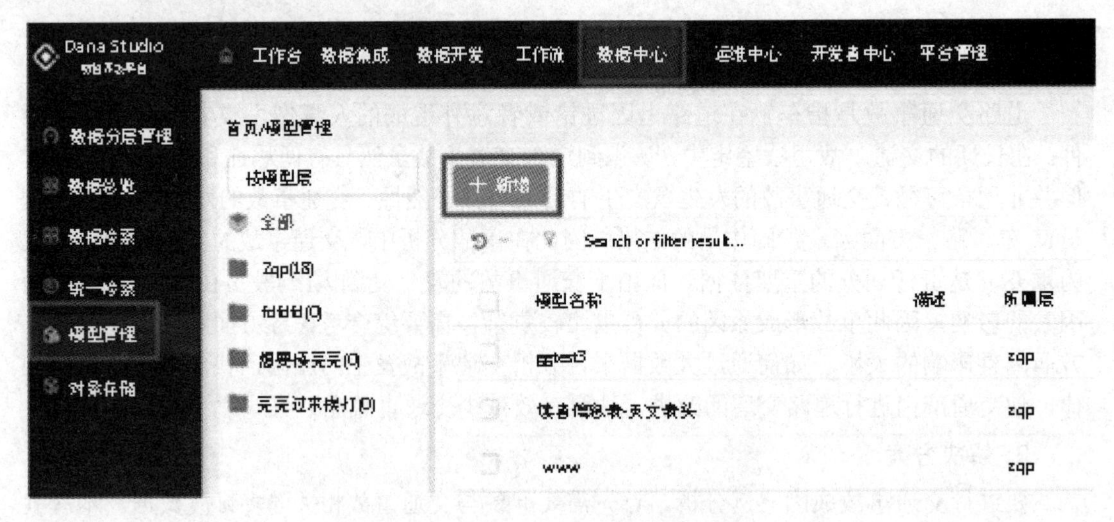


图 5-3　Dana Studio 中新建数据表

Step2：点击新增模型表后填写相应信息来创建四张初始表，四张表的“模型名”分别为“ods_weather”“ods_carinfo”“ods_accident”和“ods_drviverinfo”，如图 5-4 所示为创建“ods_weather”初始表的属性信息，其他三张表可参考此表自行添加。其中，四张表的字段信息“字段名、字段类型、描述”等内容分别根据图 5-5～图 5-8 的结构来依次为初始表添加字段。

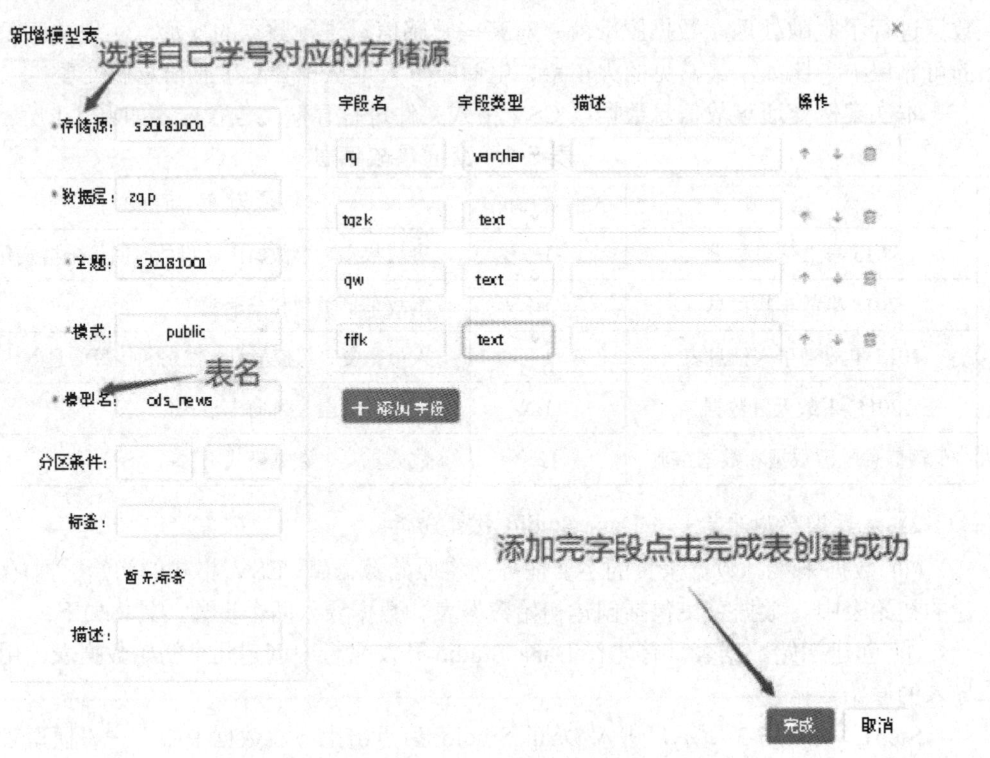


图 5-4　Dana Studio 中创建 ods_weather 初始表

| 字段 | 类型 | 描述 |
| --- | --- | --- |
| rq | character varying(255) | 日期 |
| tqzk | character varying(255) | 天气状况 |
| qw | character varying(255) | 气温 |
| flfx | character varying(255) | 风力风向 |

图 5-5　初始表 1(ods_weather)中的字段

| 字段 | 类型 | 描述 |
| --- | --- | --- |
| hphm | character varying(255) | 号牌号码 |
| clpp1 | character varying(255) | 车辆类型 |

图 5-6　初始表 2(ods_carinfo)中的字段

| 字段 | 类型 | 描述 |
| --- | --- | --- |
| accidentid | character varying(255) | 事故编号 |
| driver1infoid | character varying(255) | 事故当事人1信息 |
| driver2infoid | character varying(255) | 事故当事人2信息 |
| accidenttime | text | 事故发生时间 |
| accidentaddr | character varying(255) | 事故发生地点 |
| userid | character varying(255) | 用户ID |
| status | character | 状态 |
| driver1fault | character varying(255) | 事故故障1 |
| driver2fault | character varying(255) | 事故故障2 |
| driver1responsibility | character varying(255) | 司机1责任 |
| driver2responsibility | character varying(255) | 司机2责任 |

图 5-7　初始表 3(ods_accident)中的字段

| 字段 | 类型 | 描述 |
| --- | --- | --- |
| drviverinfoid | character varying(255) | 事故当事人信息ID |
| sex | character varying(255) | 当事人性别 1男0女 |
| pl5tenumber | character varying(255) | 事故车辆号牌号码 |
| carmodels | character varying(255) | 车辆类型 |
| carcolor | character varying(255) | 车辆颜色 |
| createtime | character varying(255) | 事故发生时间 |
| birth | character varying(255) | 当事人出生年月 |
| jxmc | character varying(255) | 毕业驾校名称 |

图 5-8　初始表 4(ods_drviverinfo)中的字段

② 将所有的原始数据(即 CSV 数据)导入到刚创建的初始表中。

Step1：如图 5-9 所示，进入 Dana Studio 后点击“数据开发”→选择“+”新增目录图标，目录名称为“姓名首字母+学号”，新建自己的目录。

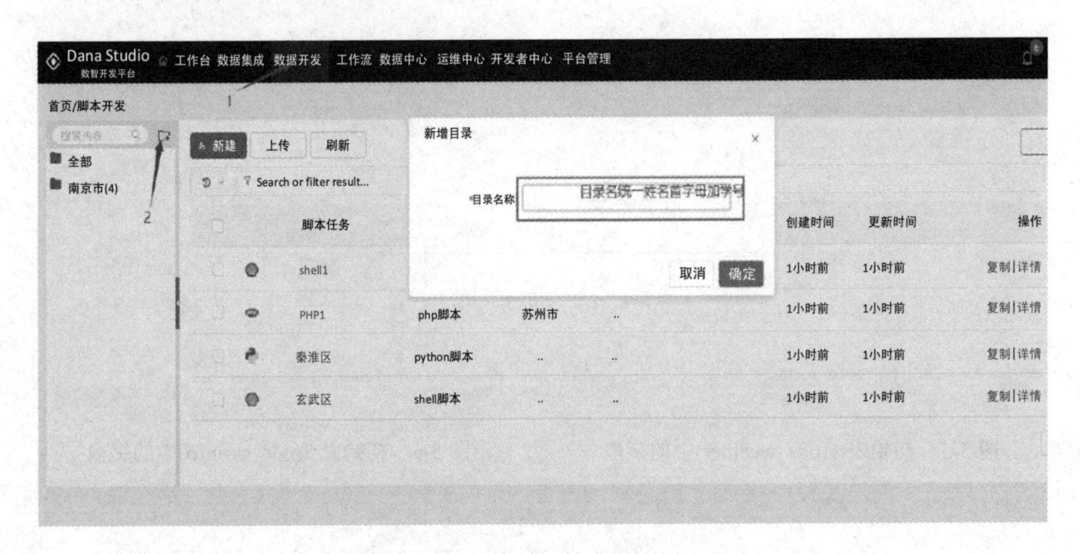


图 5-9　Dana Studio 中新建目录页面

Step2：目录创建完后，直接点击“新建”，新建脚本，如图 5-10 所示。

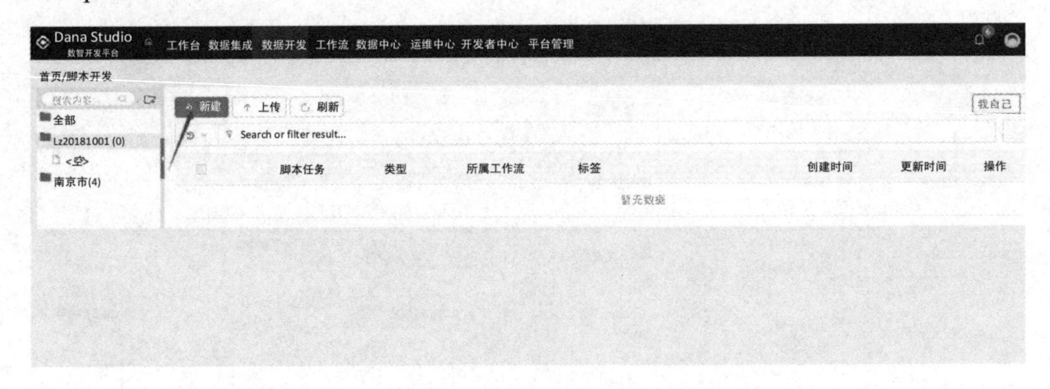


图 5-10　Dana Studio 中新建脚本页面

Step3：选择新建脚本后，界面如图 5-11 所示，填写相应的脚本信息，如脚本名称、目录和类型等。

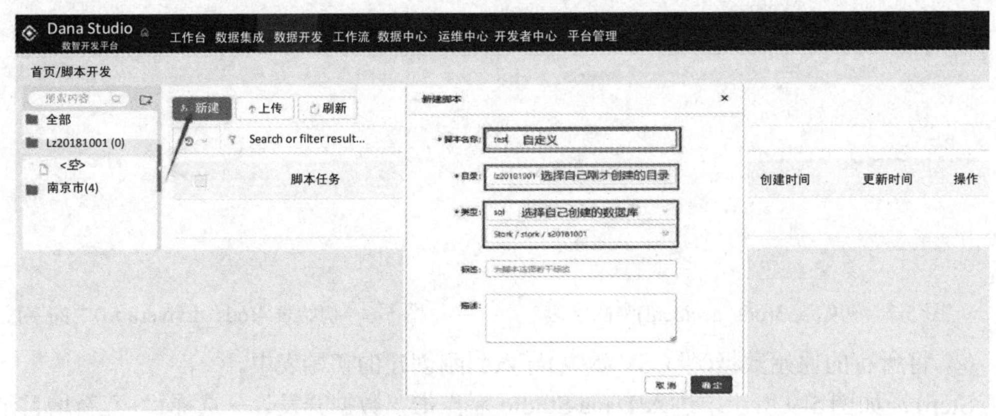


图 5-11　Dana Studio 中编辑脚本

Step4：在新建的脚本中编写 PSQL 脚本语句，目的是将 CSV 原始数据导入到对应的表中，编写完成后点击“保存运行”即可。初始表与 CSV 文件对应关系如图 5-12 所示，根据对应关系来编写脚本语句。

根据对应关系编写 PSQL 脚本，部分示例如下，根据示例可以自行编写完整的脚本程序。注意：在脚本首行加上 su-stork 语句，是用来改变用户并进行环境加载。

su - stork

psql "host=192.168.50.40 hostaddr = 192.168.50.40 port=14103 user=stork password=stork dbname=s20181001 "-c" copy ods_weather from '/var/dana/demo/kskpweather .csv' WITH CSV HEADER;"

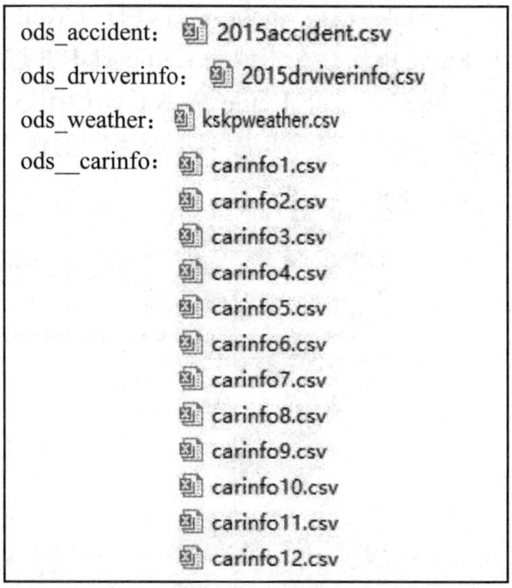

ods_accident：2015accident.csv
ods_drviverinfo：2015drviverinfo.csv
ods_weather：kskpweather.csv
ods__carinfo：carinfo1.csv
carinfo2.csv
carinfo3.csv
carinfo4.csv
carinfo5.csv
carinfo6.csv
carinfo7.csv
carinfo8.csv
carinfo9.csv
carinfo10.csv
carinfo11.csv
carinfo12.csv

图 5-12　初始表与 CSV 文件对应关系图

Step5：数据导入成功后，进入 Dana Studio“数据中心”→“模型管理”→“详情”，如图 5-13 所示，在详情对话框中查看表数据和表结构，查看无误后进行确认完成。

Dana Studio
工作台
数据集成
数据分层管理
数据总览
数据检索
统一检索
模型管理
对象存储
首页/模型管理
按模型层
全部
Zqp(18)
fdfdfd(0)
想要揍亮亮(0)
亮亮过来挨打(0)
详情
系统属性
存储源：s20181001
数据层：zqp
主题：s20181001
模式：public
模型名：ods_weather
分区条件：暂无
标签：暂无
描述：
表结构
表数据
3
字段
类型
描述
rq
character varying
tpzk
text
qw
text
fifx
text
操作
详情
2
table_lrz
zqp
undefine
lrz
lol_test

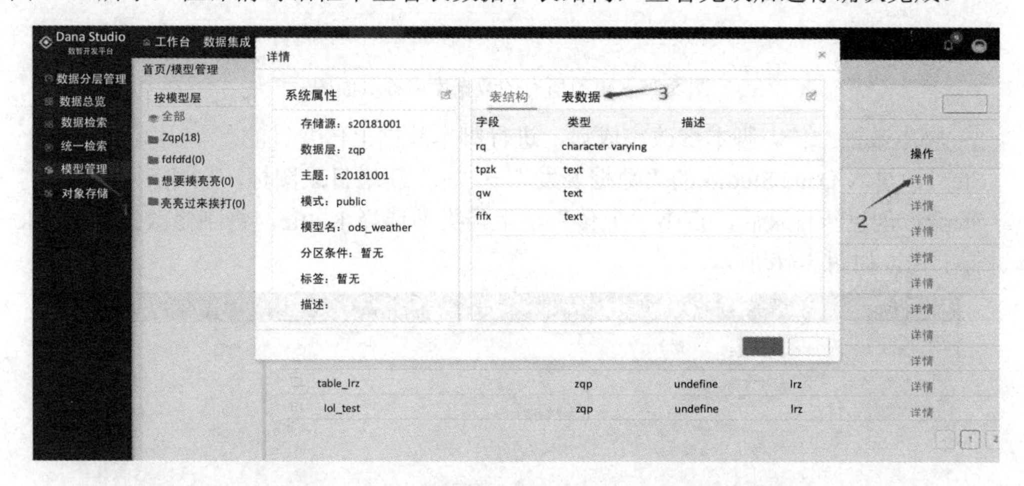

图 5-13　Dana Studio 中数据导入详情页面

(2) 数据预处理(数据过滤和清洗)。数据预处理主要指的是通过 Kettle 工具初步过滤、清洗经过上述步骤采集来的“脏”的原始数据。数据过滤和清洗包括脚本修改、脚本数据上传和工作作业三个步骤。

① 脚本修改。

Step1：将图 5-14 中的 Kettle 脚本上传到本地任意路径下。

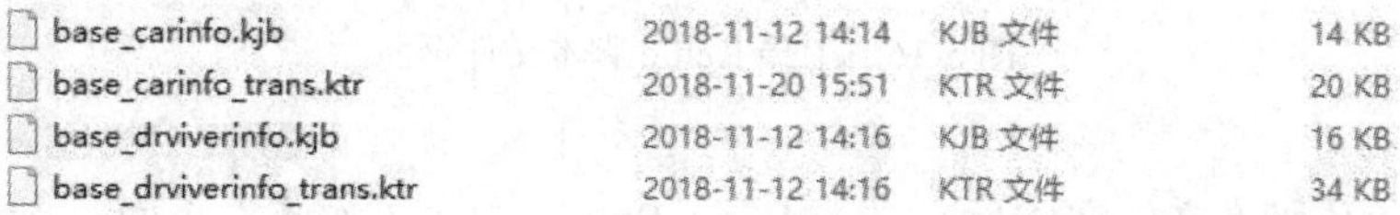

base_carinfo.kjb　2018-11-12 14:14　KJB 文件　14 KB
base_carinfo_trans.ktr　2018-11-20 15:51　KTR 文件　20 KB
base_drviverinfo.kjb　2018-11-12 14:16　KJB 文件　16 KB
base_drviverinfo_trans.ktr　2018-11-12 14:16　KTR 文件　34 KB

图 5-14　Kettle 脚本

Step2：通过 Spoon 软件，打开 Kettle 工具，点击左上角“文件”→“打开”，依次打开 Step1 中保存在本地的 Kettle 脚本并进行修改。

Step3：打开 Kettle 脚本后，如图 5-15 所示，鼠标右击“DB 连接”下的节点进行 IP 编辑，把所有的数据库名称改为刚创建的数据库名。

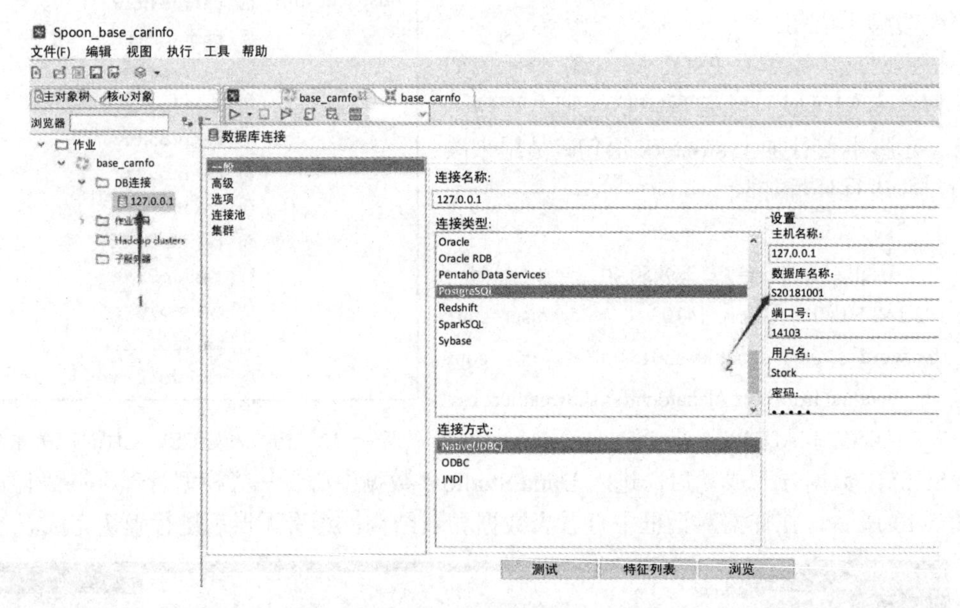


图 5-15　更改所有的数据库名称页面图

② 脚本数据上传。脚本修改完成后，进行脚本数据上传并过滤。

Step1：进入 Dana Studio 的“数据开发”→“+”新增目录图标，创建新目录。

Step2：创建新目录后，点击“上传”，上传类型选择 Kettle，将刚修改过的 Kettle 脚本进行上传，如图 5-16 所示。

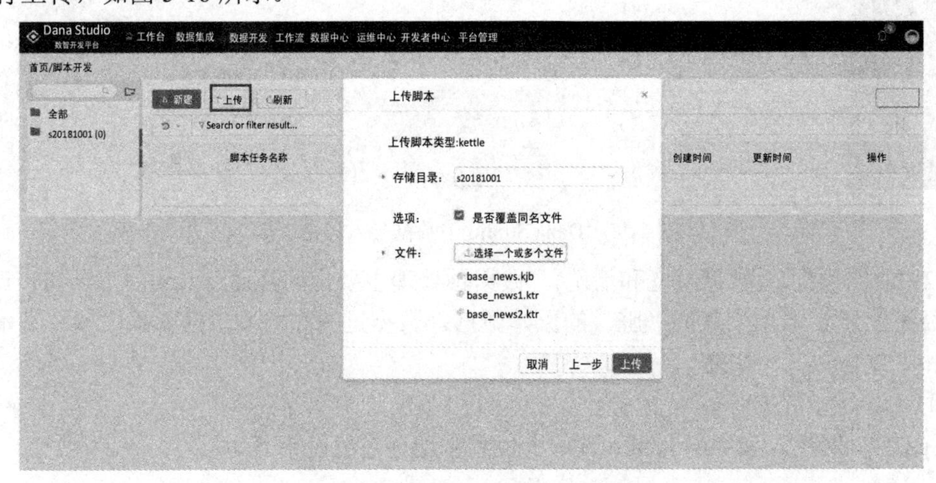


图 5-16　上传 Kettle 脚本文件页面

③ 工作作业。

Step1：上传脚本文件完成后，进入 Dana Studio 的“工作流”页面，点击刚创建的目录文件，新建自己的工作流和目录，如图 5-17 所示。

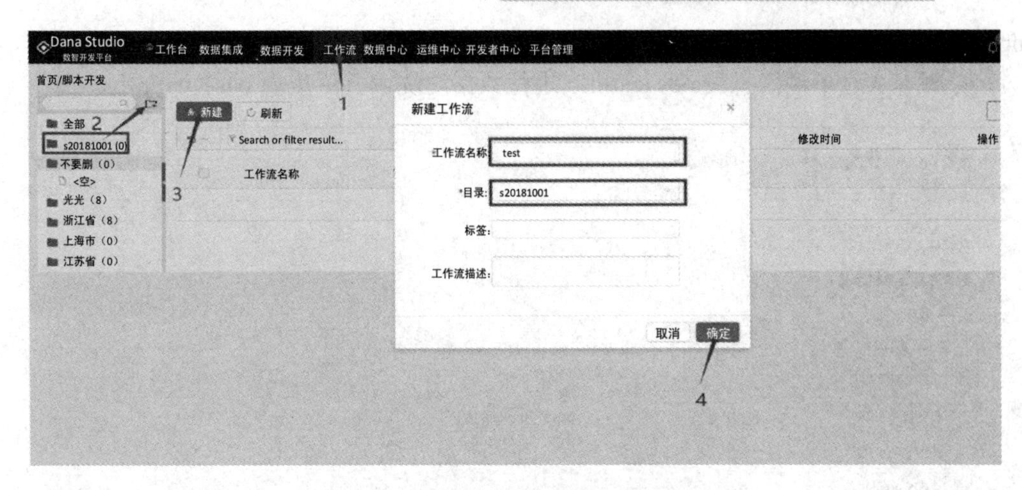


图 5-17　Dana Studio 中新建工作流页面

Step2：工作流创建成功后，为工作流添加作业，选择“脚本”，将 base_drviverinfo 和 base_carinfo 两个 Kettle 脚本拖曳到右侧编辑栏，如图 5-18 所示。

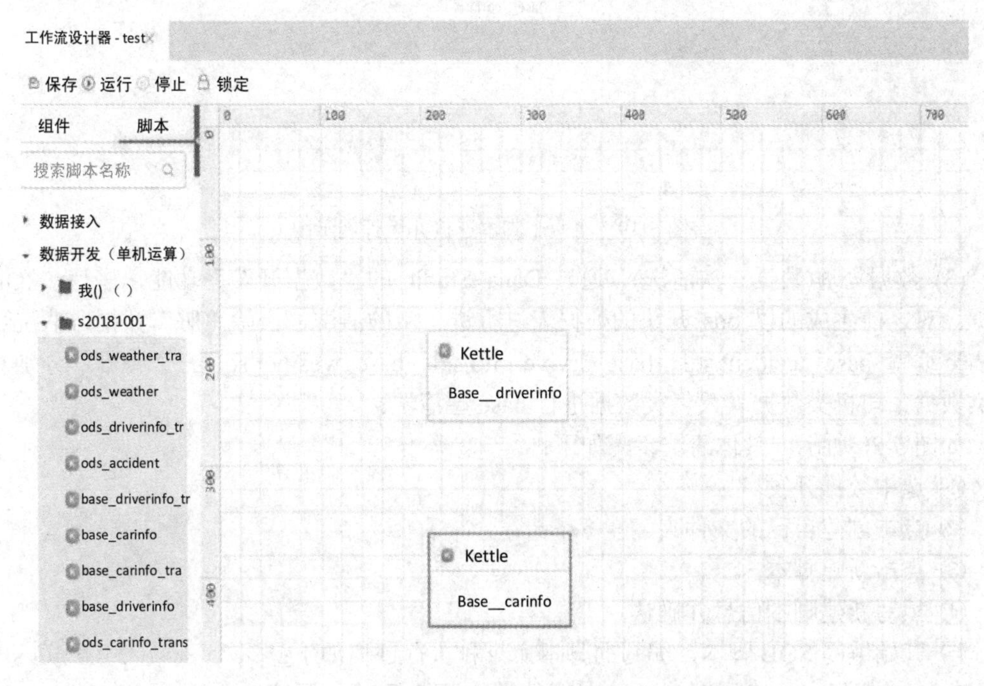


图 5-18　Dana Studio 中为工作流添加作业页面

Step3：按照 base_drviverinfo→base_carinfo 方式将两个脚本连接并运行，如图 5-19 所示。

Step4：查看下方运行状态和输出可查看脚本运行情况，运行完成后可在“数据中心”的“模型管理”中，查看新生成的表的信息。

经过上述步骤就完成了 Kettle 对原始数据的预处理，包括清洗、去重等，具体实现的功能如下：

- 脚本 1 对司机表 ods_drviverinfo 进行清洗、去重、格式化等操作，并生成表

tmp_base_drviverinfo；

• 脚本 2 对车辆信息表 ods_carinfo 进行数据清洗，并生成表 base_carinfo。

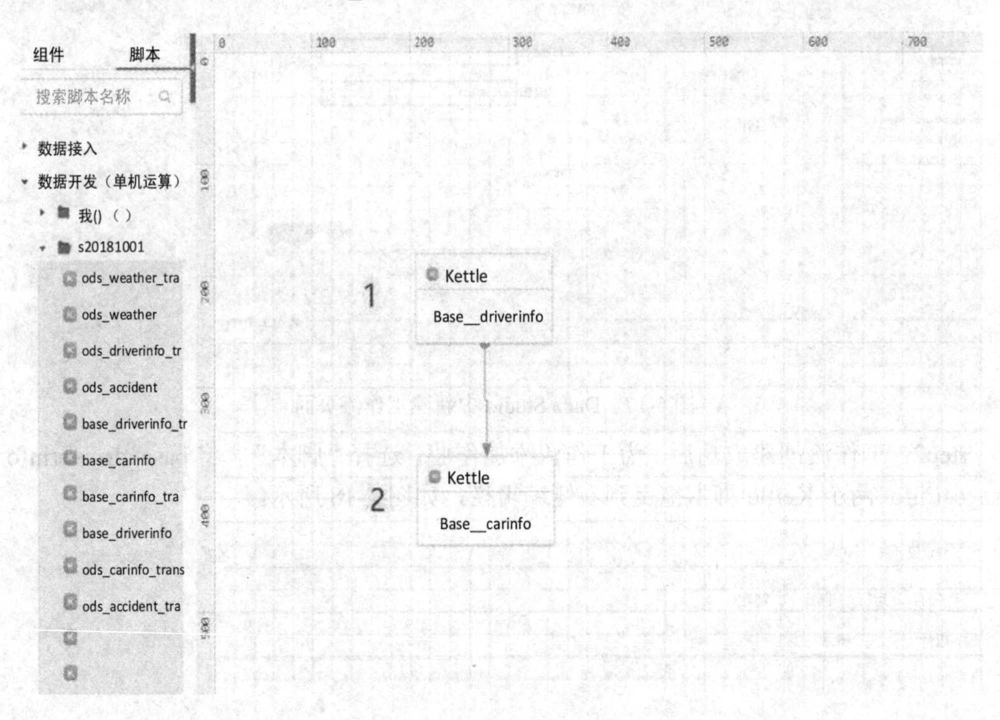


图 5-19　将两个脚本连接并运行展示图

(3) 数据处理(数据二次清洗)。通过 Dana Studio 的“数据开发”功能，进行二次清洗数据。对之前生成的以 ods 开头的数据表进行进一步的清洗，去除“脏”数据，清洗过程中需要编写 base_accident.sql、base_drviverinfo.sql、base_weather.sql 三个脚本，分别对事件类数据、司机类数据、天气类数据进行 base 层清洗。

如图 5-20 所示，具体清洗步骤如下：

① 选中数据开发。

② 点击创建自己的文件夹。

③ 点击新建脚本。

④ 填写新建脚本信息并确认。

⑤ 开始编写 SQL 脚本，编写的脚本命令和执行过程如下：

Step1：执行 base_accident.sql，对事件类数据进行 base 层清洗。

Step2：执行 base_driverinfo.sql，对司机类数据进行 base 层清洗。

Step3：执行 base_weather.sql，对天气类数据进行 base 层清洗。

(4) 数据建模。使用 Dana Studio 的“数据开发”与“数据中心”功能模块进行数据建模，具体步骤如下：

Step1：执行 dwd_accident.sql，对事件类数据进行模型建设。

Step2：执行 dwd_drviverinfo.sql，对司机类数据进行模型建设。

Step3：执行 dwd_weather.sql，对天气类数据进行模型建设。

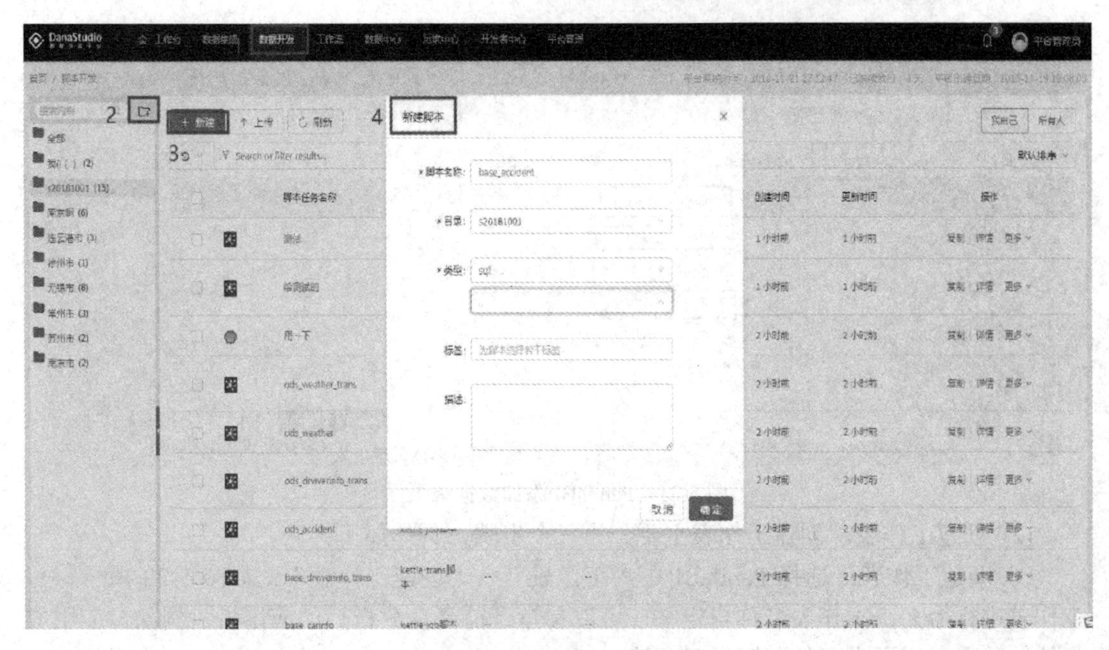


图 5-20 数据清洗步骤图

(5) 数据分析。

① 通过执行以下语句，建立数据主题表：

Step1：执行 dm_an_accident.sql，对事件类数据进行主题表建设。

Step2：执行 dm_rk_drviverinfo.sql，对司机类数据进行主题表建设。

② 通过执行以下语句，建设数据应用表(为了便于隔离和区分导入到 PandaBI 中的数据表，这里新建以 yy 开头的应用表)：

Step1：执行 yy_accidentaddr.sql，应用类事件地址。

Step2：执行 yy_accidentdata.sql，应用类事件日期。

Step3：执行 yy_drviverage.sql，应用类事件司机年龄。

Step4：执行 yy_carlx.sql，应用类事件车辆类型。

Step5：执行 yy_carxh.sql，应用类事件车辆型号。

3) 数据可视化——PandaBI 可视化

通过数智决策平台 PandaBI 对应用表数据进行可视化处理，主要包括三个步骤：添加数据源、创建工作表和数据大屏/仪表盘展示。

(1) 添加数据源。通过 dsight 智慧实验室打开数智决策平台 PandaBI，进行添加数据源操作，如图 5-21 所示，具体操作步骤如下：

① 点击数据源。

② 点击 Stork 数据库。

③ 数据源名称：用户自定义输入，例如：s20181001。

④ 数据库地址：输入实际实验环境的 IP 地址，例如 192.168.1.1。

⑤ 数据库名称：输入之前创建好的数据库，例如：s20181001。

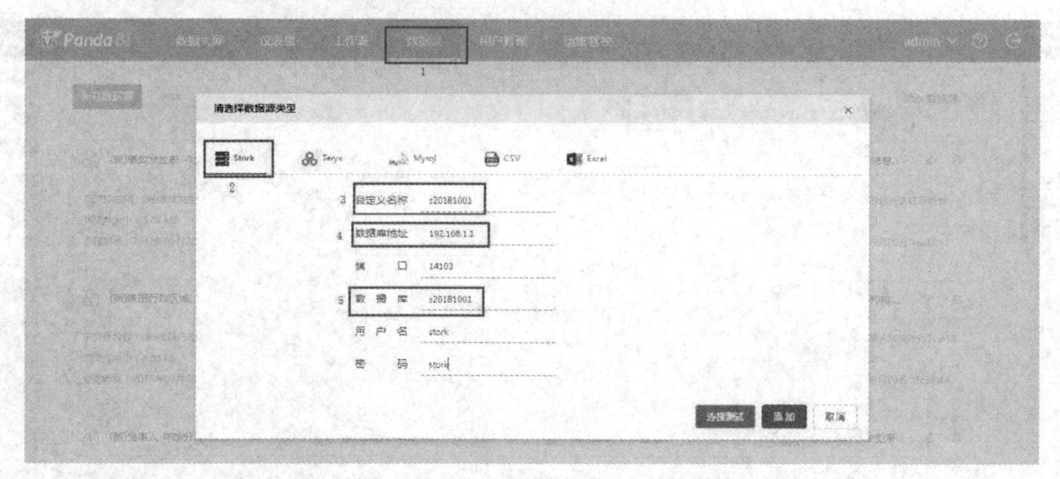


图 5-21　PandaBI 添加数据源页面

(2) 创建工作表。创建工作表主要分为三个步骤，具体如下：

① 新建工作表：选择 PandaBI 中“工作表”→“创建工作表”，如图 5-22 所示，对工作表进行命名，工作表名称自定义，可以参考之前清洗分析后的应用表。例如：应用类事件地址表、应用类事件车辆类型表等。

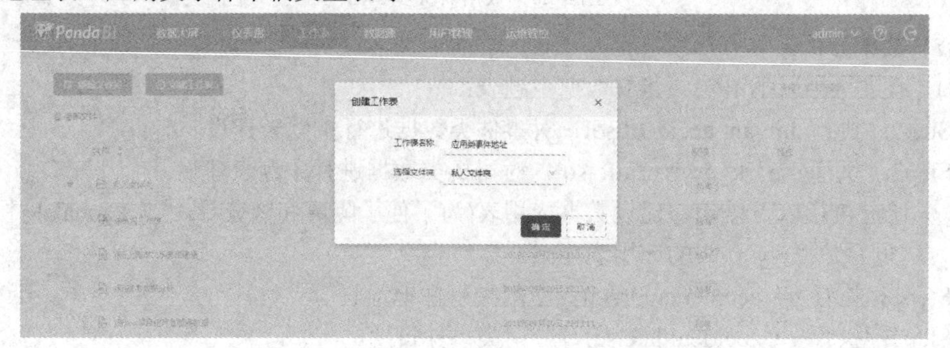


图 5-22　PandaBI 新建工作表页面

② 为工作表添加内容：选择对应工作表，拖曳至空白处并点击“保存”，如图 5-23 所示。注意：拖曳多张表可进行关联。

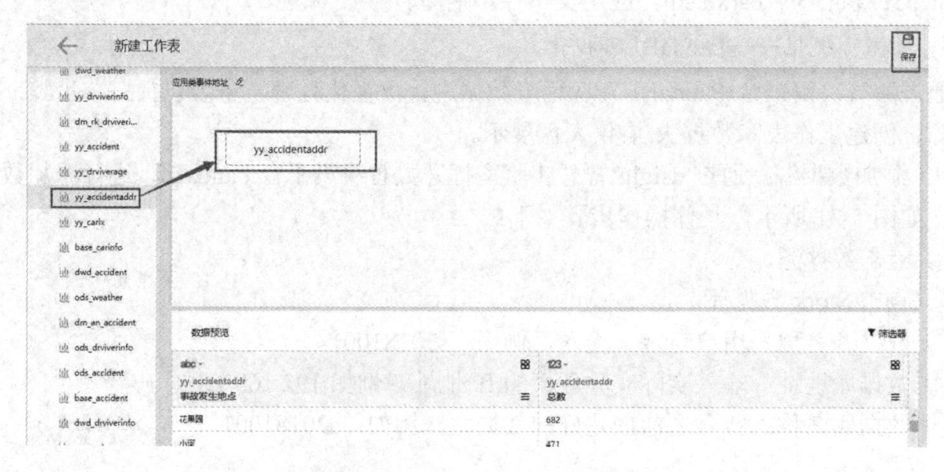


图 5-23　PandaBI 拖曳表至相应位置

③ 重复上述步骤，依次创建需要展示的工作表，如图 5-24 所示。

图 5-24　PandaBI 依次创建需要展示的工作表

(3) 数据大屏。数据大屏是 PandaBI 可视化的最后一步，将创建好的工作表以图形等易于理解的方式展示出来。具体步骤如下：

① 新建数据大屏：选择 PandaBI 中“数据大屏”，点击“+”加号，创建一个新的数据大屏，数据大屏名称可以根据个人喜好自定义命名，然后点击“确定”，进入数据大屏编辑界面，如图 5-25 所示。

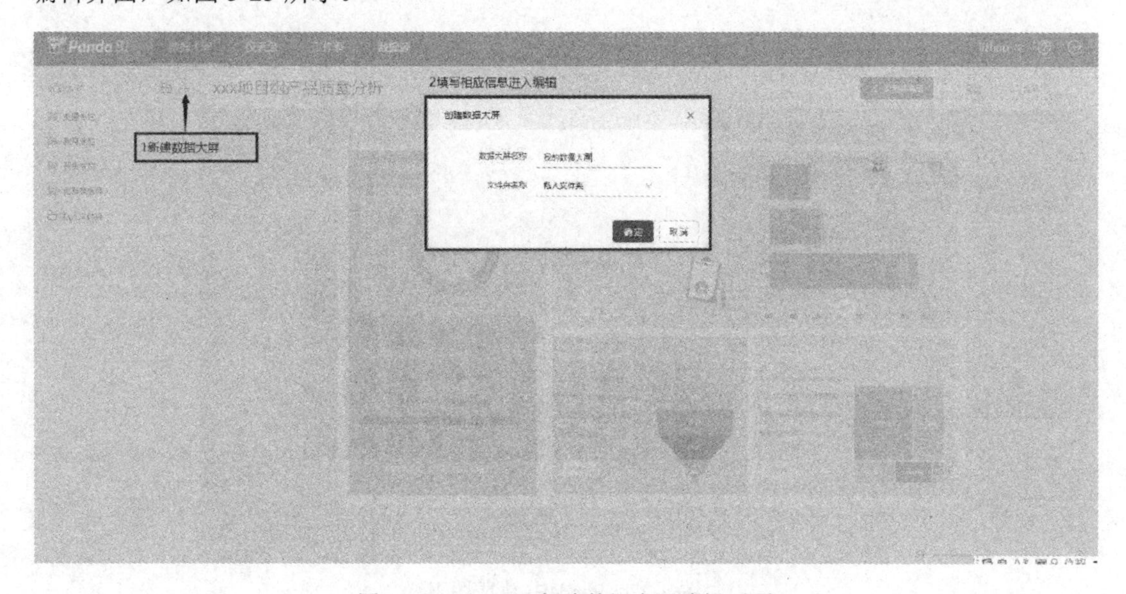


图 5-25　PandaBI 新建数据大屏编辑页面

② 添加背景图片：点击上方“图片”图标，选择一张目录中已有图片进行背景图片的添加，如图 5-26 所示。

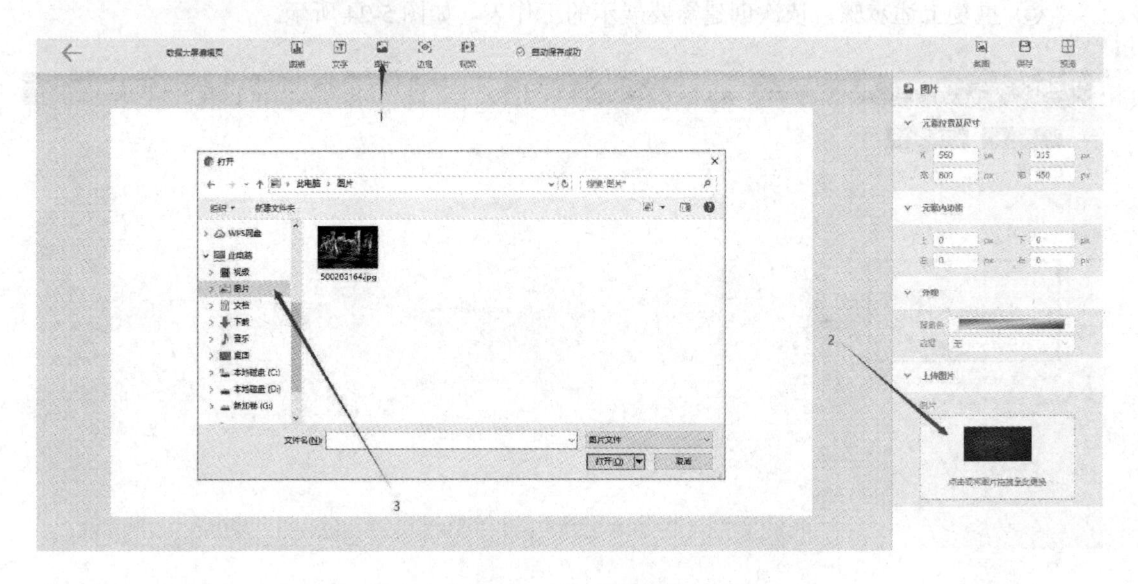


图 5-26　PandaBI 添加背景图片页面

③ 创建和编辑图表：背景图片添加完成后，在上一步的页面中选择“图表”创建一个自己的图表。创建好自己的图表后，拖曳字段至 $x$ 与 $y$ 轴维度上，并且设置 $y$ 轴的聚合方式为求和，设置好后点击右上角“保存”，即可生成第一个可视化数据图表，如图 5-27 所示。保存并返回后，继续生成其他图表。点击背景图片或点击不同的图表可对图表进行移动，改变位置、尺寸等操作。

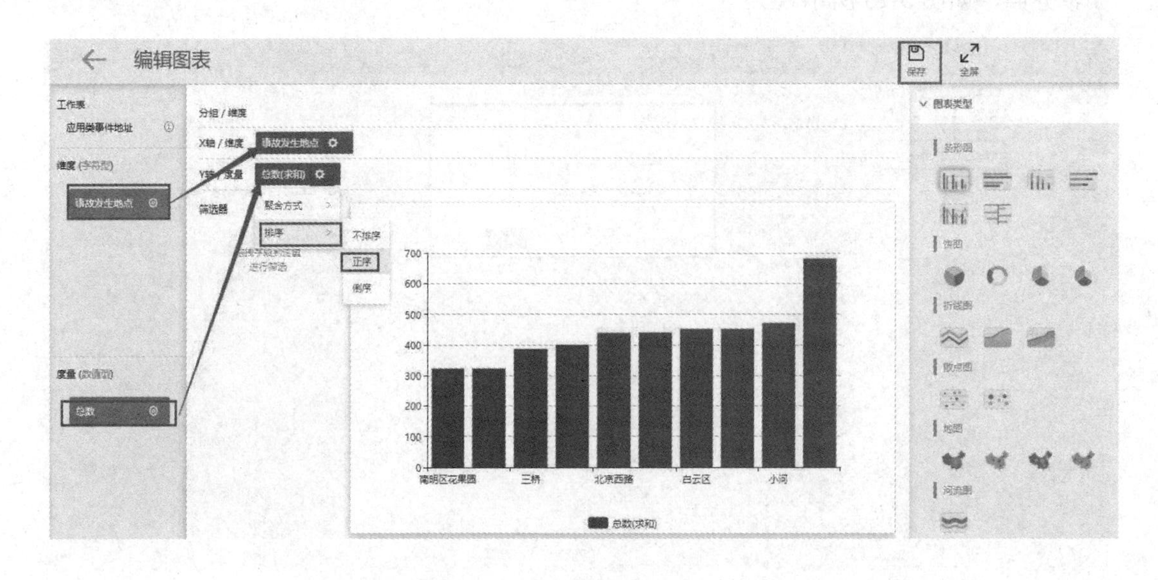


图 5-27　PandaBI 生成图表

④ 查看效果图：对所有表编辑、排版完成后，返回数据大屏查看最终效果图，如图 5-28 所示。点击右上角“复制并编辑”可直接套用模板进行数据展示操作。

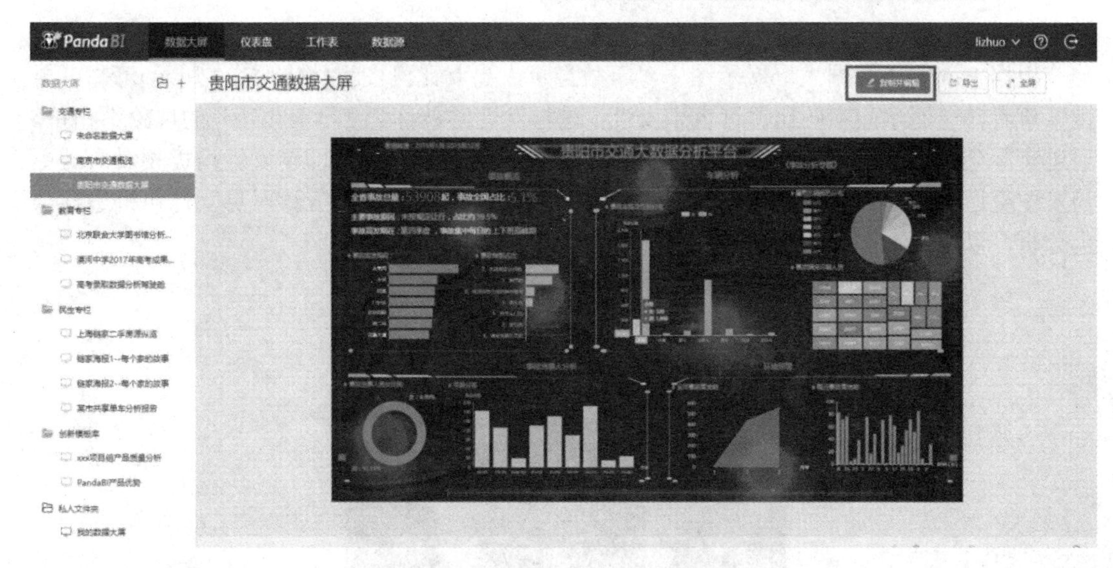


图 5-28　PandaBI 数据大屏展示图

4) 数据决策

数据决策是大数据应用平台开发的最后一步，即通过可视化图表并结合实际情况分析交通事故主要成因和肇事人群，对交通事故大数据做出科学分析和决策。

选取 PandaBI 数据大屏展示图中的两个图表为例，分别进行交通事故分析。读者可以此为例，自行分析其他数据图表。

(1) 事故频发路段及事故类型分析。根据 PandaBI 数据大屏展示图中“事故频发路段及事故类型占比图”(如图 5-29 所示)可知：事故频发路段中花果园、小河、花溪、白云区和北京西路、西二环占比较大，通过实际分析可知这些事故发生地主要分布在景区及人口聚集区；通过对事故类型占比分析可以看出，未按规定让行的、追尾的、依法应负全责的其他情形以及倒车的在事故发生类型中占比较大，因此应该加大对民众进行依法让行、依法驾驶的宣传力度。

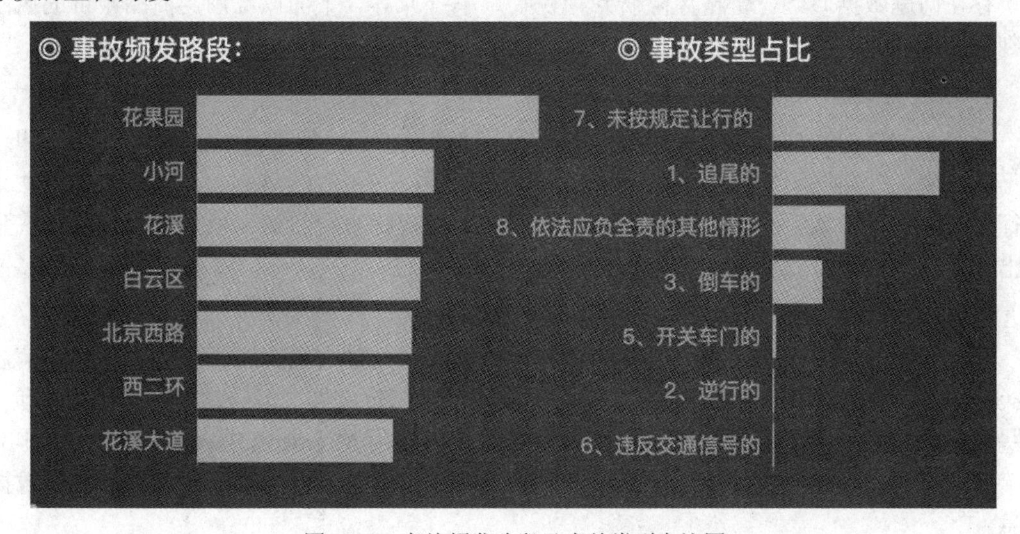


图 5-29　事故频发路段及事故类型占比图

(2) 肇事者性别分析。

根据 PandaBI 数据大屏展示图中“事故当事人男女比例图”(如图 5-30 所示)可知：男性肇事者在交通事故中的比例远大于女性，这与女性常被称为“马路杀手”的现象不相符。通过实际分析不难发现，在现实生活中开车的男性远多于女性，即使女性司机相对男性更易发生交通事故，但是在整个司机大群体中占比仍很小。因此，应该对男女性司机进行分类分析，以做出更准确的判断。

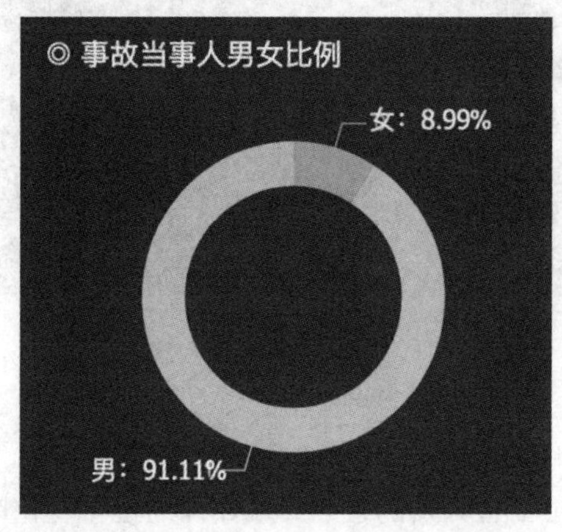


图 5-30　事故当事人男女比例图

### 5.2.3　出入境管理局风险评估大数据平台应用

#### 1. 问题描述

近年来，出入境管理局对大数据的应用探索已经初见成效，逐渐建设了电子海关、电子总署等信息化体系，实现了报关单、舱单、电子账册等单证数据从分散处理到集中分析、集成应用。分类通关、无纸化通关、区域通关一体化改革等也将大数据技术逐渐应用于海关执法。出入境管理局风险评估大数据包含的内容比较多而且分析处理较复杂。比如，报关单存在问题数据研判、价格风险研判、税收账单统计等。下面以红酒类商品申价的风险研判为例来进行讲解。

#### 2. 解决方案

前面两个案例，都是将采集到的原始数据直接通过 Dana Studio 大数据平台处理分析，由于出入境管理局风险评估的数据分析较复杂，将采用 K 均值(K-Means)和决策树的方法来进行红酒申报单价风险研判，最后再通过 PandaBI 可视化平台将数据以风险矩阵的形式呈现出来。具体操作步骤如下：

1) 数据集准备

本次案例的数据源是红酒类商品的企业报关单，报关单中至少应含有的五种基本信息为：title(红酒名称)、origin(红酒产地)、year(红酒年份)、class(红酒等级)和 price(红酒单价)。这些数据源一般由相关企业直接提供 XLS 文件，可直接用 Microsoft Excel 打开。如图 5-31 所示为红酒类商品企业报关单数据截取的一部分，其中红色方框中数据代表五种基本数据信息。

|  | A | B | C | D | E | F | G | H | I | J | K | L |
|---|---|---|---|---|---|---|---|---|---|---|---|---|
| 1 | title（红酒名称） | quantity（红酒描述） | price（红酒 | Maison（ | year（红酒年份 | Caracteristiques（红酒特色） | Taux（红酒度 | Region（红酒产区 | class（红酒等级 | Poids（红酒重 | averageprice（红酒均价） |  |
| 2 | Chateau Peyrabon 2002 Haut-M¦doc Grand Cru - Vin rouge |  | 65.94 | Chateau | 2002 | Vin tranquille | 12,0 % Vol. | Sud-Ouest | GCC | 1300 g | 87.92 |  |
| 3 | L'Adret Du Pont 2016 Cairanne C?tes du Rh?ne - Vin rouge |  | 5.18 | L'Adret d | 2016 | Vin tranquille |  | Vall¦e du Rh?n | AOC | 1500 g | 6.90666666667 |  |
| 4 | Domaine des Bouzons La Friandise 2015 C?tes du Rh?ne |  | 5.14 | DOMAINE | 2015 | Vin tranquille | 13,0 % Vol. | Vall¦e du Rh?n | AOC | 1500 g | 6.85333333333 |  |
| 5 | Domaine Magaly Matray 2015 Fleurie - Vin rouge du Beauj |  | 6.04 | Magali M. | 2015 | Vin tranquille | 13,0 % Vol. | Beaujolais | AOP | 1500 g | 8.05333333333 |  |
| 6 | Pizza Pasta Vino Di Altobello - Vin rouge d'Italie |  | 3.14 |  | 1992 | Demi-sec | 12,7 % Vol. |  | VDT | 1400 g | 4.18666666667 |  |
| 7 | Chateau de La Coste 2014 Margaux - Vin rouge de Bordea |  | 12.99 | CH?TEAU | 2014 |  | 13,0 % Vol. | Bordelais | GCC | 1500 g | 17.32 |  |
| 8 | CH?TEAU LANESSAN 2014 Haut-M¦doc Grand Cru Class |  | 149.94 | Chateau | 2014 | Vin tranquille | 13,5 % Vol. | Sud-Ouest | GCC | 2416 g | 49.98 |  |
| 9 | CH?TEAU LANESSAN 2014 Haut-M¦doc Grand Cru Class |  | 149.94 | Chateau | 2014 | Vin tranquille | 13,5 % Vol. | Sud-Ouest | GCC | 2416 g | 199.92 |  |
| 10 | Coffret Chateau Brown 2000 Rouge 75cl AOC Pessac L¦oc |  | 83.00 |  | 1993 |  |  |  | AOC |  | 110.666666667 |  |
| 11 | Coffret Chateau Patache D_x0003_Aux 1986 Rouge 75cl A |  | 72.00 |  | 2009 |  |  |  | AOC |  | 96.0 |  |
| 12 | 18X Casier Cave Blanc - 6x75cl - coffret |  | 173.52 |  | 1998 |  |  | Bordelais | VDT |  | 231.36 |  |
| 13 | 18X Casier Cave Blanc - 6x75cl - coffret |  | 173.52 |  | 1990 |  |  | Provence | VDT |  | 231.36 |  |
| 14 | Chateau Lascombes 2014 Margaux Grand Cru - Vin rouge |  | 62.90 | Chateau | 2014 | Vin tranquille | 13,5 % Vol. | Bordelais | VDT | 1500 g | 83.8666666667 |  |
| 15 | Magnum Chateau Lascombes 2014 Margaux - Vin rouge d |  | 119.00 | Chateau | 2014 | Vin tranquille | 13,5 % Vol. | Bordelais | AOP | 3000 g | 158.666666667 |  |
| 16 | Bib Corbi¨re 2015 Languedoc Roussillon - Vin rouge du La |  | 11.99 | Club De S | 2015 | Vin tranquille |  | Languedoc-Roussi | GCC | 3300 g | 15.9866666667 |  |
| 17 | Croix Milhas AOP Muscat de Rivesaltes |  | 7.99 | Croix Mill | 1992 |  | 15,5 % Vol. | Languedoc-Roussi | AOP | 1280 g | 10.6533333333 |  |
| 18 | Croix Milhas AOP Muscat de Rivesaltes |  | 7.99 | Croix Mill | 1983 |  | 15,5 % Vol. | Languedoc-Roussi | AOP | 1280 g | 10.6533333333 |  |
| 19 | Croix Milhas AOP Muscat de Rivesaltes |  | 7.99 | Croix Mill | 1997 |  | 15,5 % Vol. | Languedoc-Roussi | AOP | 1280 g | 10.6533333333 |  |
| 20 | Croix Milhas AOP Rivesaltes ambr¨ |  |  | Croix Mill | 1981 | Doux | 15,5 % Vol. | Languedoc-Roussi | AOP | 1280 g | 35.9866666667 |  |
| 21 | Croix Milhas AOP Rivesaltes ambr¨ |  |  | Croix Mill | 2010 | Doux | 15,5 % Vol. | Languedoc-Roussi | AOP | 1280 g | 35.9866666667 |  |
| 22 | PORTO ROUGE "3 VELHOTES" CALEM |  | 7.05 |  | 2001 |  |  |  | VDT | 0 g | 9.4 |  |
| 23 | Cave de Lugny 2016 Bourgogne Aligot¦ - Vin blanc de Bourgogn |  |  | Cave de L | 2016 | Vin tranquille |  | Bourgogne | AOP |  | 35.9866666667 |  |
| 24 | Celliers du Mazet Vin rouge - 5 litres |  | 14.50 | Celliers d | 1991 | Vin tranquille |  | Bordelais | AOC | 5000 g | 19.3333333333 |  |
| 25 | Vinaddict - Coffret Bretzel - 2 Bouteilles 75Cl - Riesling Vie |  | 29.90 |  | 1988 |  |  | Alsace | AOC |  | 39.8666666667 |  |
| 26 | Vinaddict - Coffret Carnivore - Vins |  | 24.90 |  | 1988 |  |  |  | GCC |  | 33.2 |  |

图 5-31　红酒类商品的企业报关单数据

*2) 数据分析*

数据分析主要通过 K 均值(K-Means)和决策树的方法将红酒报关单数据进行分类分析，来判断红酒报价是否存在风险等。具体算法思路如下：

(1) 从报关单的红酒类商品的商品规格字段(g_model)中，提取出红酒的商品规格描述，如品牌名称、年份、产区、等级、酒精度数、葡萄比例。用主成因分析法(PCA)对商品要素进行降维分析，得出影响红酒价格的主要三个因素，这里为产区、年份、等级。

(2) 用 K 均值(K-Means)方法对红酒的申报价格进行价格区间的分类，得出不同的价格区间。

(3) 用决策树来分析每个价格区间中产区、年份、等级这三个要素的主要特征，然后根据新申报单中的产区、年份、等级来判断该项商品应该属于哪个价格区间，判断这项商品的申报单价是否在价格区间内。如果是，则该单申报价格无风险；若不是，则有风险。其中决策树判断红酒价格区间的决策图如图 5-32 所示。根据决策树图，可以编写 Python 代码来实现此例的决策树算法。

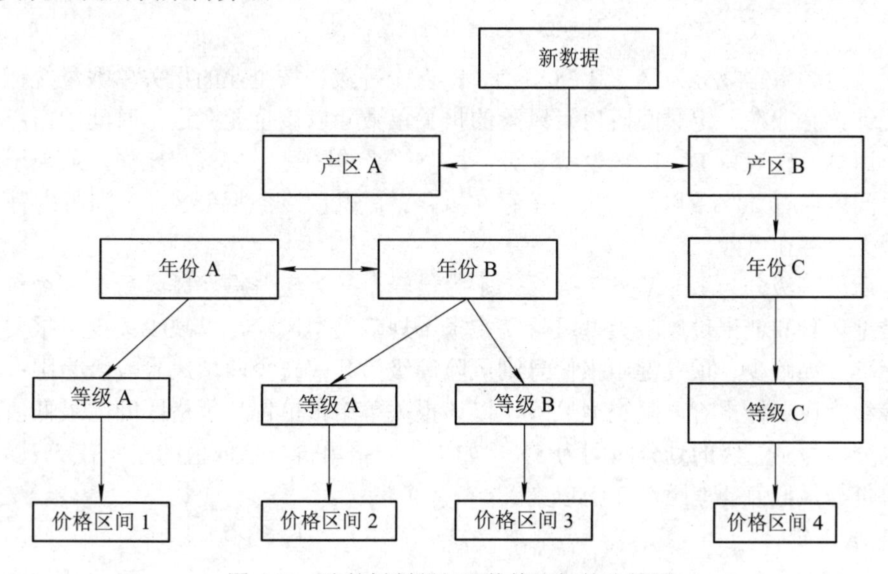


图 5-32　决策树判断红酒价格区间的决策图

3) 数据可视化

通过可视化工具将上述数据分析结果进行可视化展示，读者可以根据需求和喜好制作可视化图形或者图表等。因为前面两个案例都已经讲解了 PandaBI 数据可视化的过程，这里就不再赘述。

可视化图片主要显示红酒申价风险研判分析结果，将通过算法模型找出的有问题报关单单位和数量以矩阵的形式展现出来，并按照风险等级排列。图 5-33 所示为红酒申价风险研判分析可视化效果图——“风险研判矩阵图”。图中风险矩阵(5 × 5)将风险划分为三维立体等级：总体风险等级、发生风险频率等级和风险后果等级。

其中，总体风险等级又分为三个等级：蓝色、黄色和红色(蓝色：风险等级较低，可以暂时观察；黄色：风险等级中等，建议采取行动；红色：风险等级较高，建议立即采取行动)。

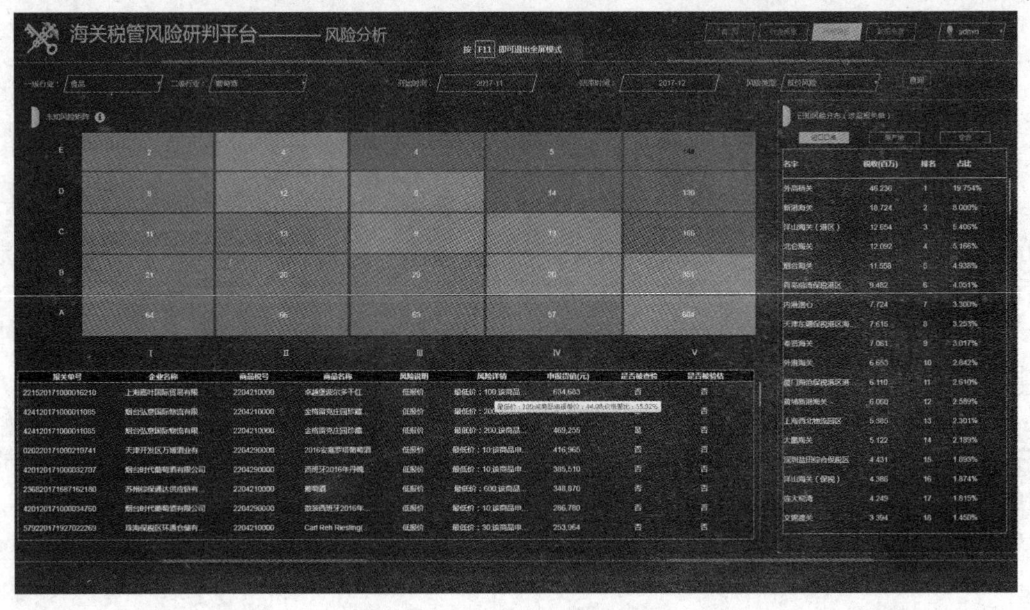


图 5-33　红酒申价风险研判图

发生风险频率等级分为 A、B、C、D、E 五个等级。按企业的报关单数量统计，计算方法为统计该企业在一定时间段内有风险的报关单数除以该企业在这个时间段内所有的报关单数。用 A、B、C、D、E 来表示等级，每个等级的区间为 20%，比如，A 表示该企业在这个时间段内有 20%或以下的报关单存在风险；E 表示该企业在这个时间段内有 80%或以上的报关单存在风险。

风险后果等级分为Ⅰ～Ⅴ五个等级。Ⅰ为最轻，Ⅴ为最严重。风险后果等级包括申报不规范类型风险和低报价风险类型风险。申报不规范类型风险，以缺少关键申报要素数量为划分标准，如缺少一项关键申报信息则风险等级为Ⅱ；缺少两项风险等级为Ⅲ；缺少三项风险等级为Ⅳ。低报价风险类型风险，以该报关单申报单价与价格区间的最低值范围差为标准划分，每个等级的划分区间为 5%，如Ⅰ为申报单价与最低值的差距在 5%以内，Ⅴ为申报单价与最低值的差距在 20%以上。

4) 数据决策

选取红酒申价风险矩阵和红酒申价风险研判详细信息表为例，分别进行红酒风险研判分析。读者可以此为例，自行分析其他数据图表。

(1) 红酒申价风险矩阵。

如图 5-34 所示，根据红酒申价风险矩阵图中不同等级风险数量可知：在风险频率等级相同的情况下，风险后果等级数量为Ⅰ级的风险数量最少，为Ⅴ级风险的数量最多，并且Ⅰ～Ⅳ级风险数量较相近；总体风险等级呈梯形变化，而且发生风险频率和风险后果等级较小时，总体风险等级较低，可以暂时观察；反之总体风险等级较高，需要采取行动。总的来看，数量较多的区域主要集中在风险后果等级Ⅴ级，即申报单价与最低值的差距在 20%以上的较多，因此总体呈现低价风险趋势。

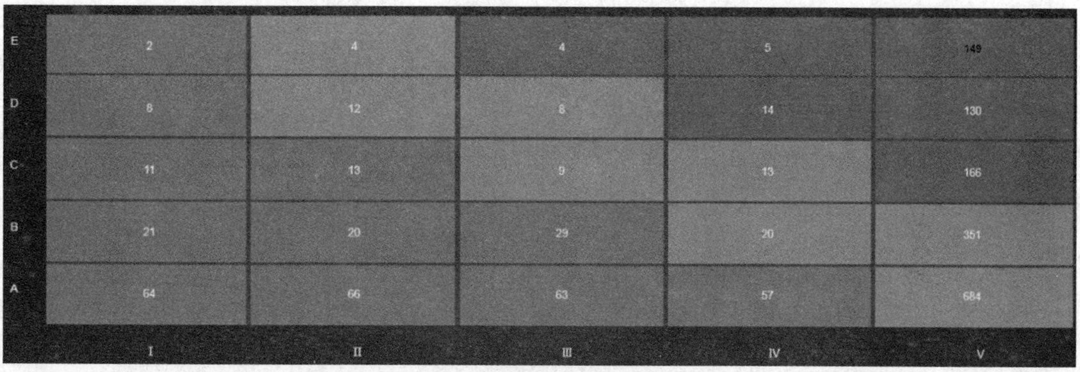

|  | Ⅰ | Ⅱ | Ⅲ | Ⅳ | Ⅴ |
|---|---|---|---|---|---|
| E | 2 | 4 | 4 | 5 | 149 |
| D | 8 | 12 | 8 | 14 | 130 |
| C | 11 | 13 | 9 | 13 | 166 |
| B | 21 | 20 | 29 | 20 | 351 |
| A | 64 | 66 | 63 | 57 | 684 |

图 5-34　红酒申价风险矩阵图

(2) 红酒申价风险研判详细信息。

根据红酒申价风险研判详细信息表(如图 5-35 所示)中的部分信息可以看出：不同红酒企业的报关单中，申报价格较多呈现低报价的风险，而且这些企业商品均没有被查验。通过此信息表还可以了解和查询不同红酒企业的报关单申价风险等详细信息。

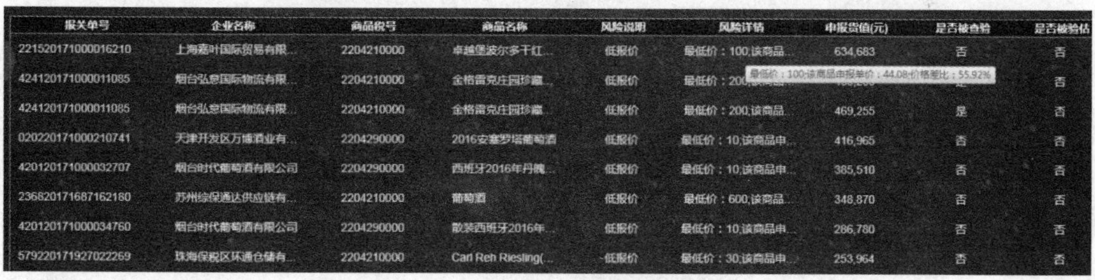

| 报关单号 | 企业名称 | 商品税号 | 商品名称 | 风险说明 | 风险详情 | 申报货值(元) | 是否被查验 | 是否被验估 |
|---|---|---|---|---|---|---|---|---|
| 221520171000016210 | 上海嘉叶国际贸易有限... | 2204210000 | 卓越堡波尔多干红... | 低报价 | 最低价：100;该商品... | 634,683 | 否 | 否 |
| 424120171000011085 | 烟台弘意国际物流有限... | 2204210000 | 金格雷克庄园珍藏... | 低报价 | 最低价：200[illegible] | [illegible] | [illegible] | 否 |
| 424120171000011085 | 烟台弘意国际物流有限... | 2204210000 | 金格雷克庄园珍藏... | 低报价 | 最低价：200;该商品... | 469,255 | 是 | 否 |
| 020220171000210741 | 天津开发区万博酒业有... | 2204290000 | 2016安塞罗塔葡萄酒 | 低报价 | 最低价：10;该商品申... | 416,965 | 否 | 否 |
| 420120171000032707 | 烟台时代葡萄酒有限公司 | 2204290000 | 西班牙2016年丹魄... | 低报价 | 最低价：10;该商品申... | 385,510 | 否 | 否 |
| 236820171687162180 | 苏州综保通达供应链有... | 2204210000 | 葡萄酒 | 低报价 | 最低价：600;该商品... | 348,870 | 否 | 否 |
| 420120171000034760 | 烟台时代葡萄酒有限公司 | 2204290000 | 散装西班牙2016年... | 低报价 | 最低价：10;该商品申... | 286,780 | 否 | 否 |
| 579220171927022269 | 珠海保税区坏通仓储有... | 2204210000 | Carl Reh Riesling(... | 低报价 | 最低价：30;该商品申... | 253,964 | 否 | 否 |

最低价：100;该商品申报单价：44.08;价格差比：55.92%

图 5-35　红酒申价风险研判详细信息表

# 本 章 小 结

本章介绍了大数据平台解决行业项目问题的一般流程，并结合 Dana Studio 和 PandaBI 两个大数据平台，依次详细讲解了政务舆情分析大数据平台应用和交通运营车辆大数据平台应用的解决方案。最后利用一些数据分析算法简要介绍了出入境管理局风险评估大数据平台应用案例的解决方案。

# 课 后 作 业

## 一、简答题

1. 针对一般的大数据问题，结合大数据应用平台，简要介绍一下大数据应用开发流程。

2. 简要阐述 Dana Studio 和 PandaBI 两个平台之间的功能关系。

3. 简要叙述 Dana Studio 和 PandaBI 两个大数据平台处理大数据问题的一般流程。

## 二、读书报告

1. 阅读相关文献，了解现阶段大数据应用平台可以解决哪些问题，比如电子商务大数据、交通物流大数据和健康医疗大数据等。

2. 谈谈不同大数据应用平台之间的不同和优缺点。

# 第6章　大数据平台实战

- 掌握Noah、Dana Studio和PandaBI三个大数据平台之间的关系
- 熟悉Dana Studio数智开发平台的使用
- 熟悉PandaBI数智决策平台的使用

## 本章重点

- Dana Studio数智开发平台操作
- PandaBI数智决策平台操作

本章通过实验的方式来讲解 Noah、Dana Studio 及 PandaBI 三个大数据开发平台的具体操作应用，突出每个平台在具体的大数据应用开发中的作用，引导大数据应用开发者能够根据项目需求选择最合适的开发平台，从而提高开发效率，获得理想的应用效果。

## 6.1 实验目的

Noah 大数据基础引擎管理平台、Dana Studio 数智开发平台及 PandaBI 数智决策平台都是由上海德拓信息技术股份有限公司自主研发的大数据开发平台。

Noah 是一款基础引擎管理平台产品，它集成了非结构化数据存储、结构化存储、网络服务、多媒体、应用中间件等涵盖多种数据服务需求的引擎，针对用户制定的数据解决方案，可以高效、快捷地提供底层引擎支持。

DANA Studio 数智开发平台是面向多用户的一站式大数据协作开发平台，致力于解决结构化、半结构化和非结构化数据的采集融合、存储治理、计算分析、数据挖掘等问题。

PandaBI 侧重于大数据可视化分析，提供灵活、易用、高效可视化探索式大数据分析能力，其核心价值在于用直观、多维、实时的方式展示和分析数据。

DanaStudio 和 PandaBI 是技术支撑平台，为大数据应用提供统一的安装部署、运维管理、性能优化、安全策略等技术支持。Noah 是支持这两款技术支撑平台的基础平台，封装了一些最基本的组件，主要是提供大数据开发最底层的服务。Noah 一般不会对外部暴露，在 DanaStudio+PandaBI 整体解决方案中，Noah 是作为一个内部工具使用，负责产品(DanaStudio+PandaBI)的安装与运维管控，所以，安装 DanaStudio 和 PandaBI 前需要先安装对应版本的 Naoh 系统。

本章的实验将具体介绍这三个平台的操作使用，从而达到以下目的：

(1) 了解三种大数据平台的功能。

(2) 认识 Noah 大数据基础引擎管理平台。

(3) 认识 Dana Studio 数智开发平台。

(4) 认识 PandaBI 数智决策平台。

## 6.2 实验内容

上海德拓信息技术股份有限公司利用创新的超融合大数据技术，开发了自己的大数据平台 Noah、Dana Studio 和 PandaBI，这三个平台可帮助用户智能化地收集、存储、分类、处理、分享、可视化和应用数据，降低用户信息化投入成本，提高数据利用效率。三个平台各有侧重，相互支撑。在实际的大数据应用开发中，将 Noah、Dana Studio 和 PandaBI 配合使用，可以缩短开发周期，获得理想的大数据应用效果。

本节将对这三个大数据开发平台做较为详细的演示介绍。

### 1. Noah 大数据基础引擎管理平台的演示介绍

Noah 是一款基础引擎管理平台产品，包括服务安装、节点管理和运维管理三个模块。点击“新建”，新建一个网页，输入部署好 Noah 的服务器地址，进入 Noah 大数据基础引擎管理平台的登录界面，使用管理员账号登录。登录界面如图 6-1 所示，登录成功后 Noah 界面如图 6-2 所示。

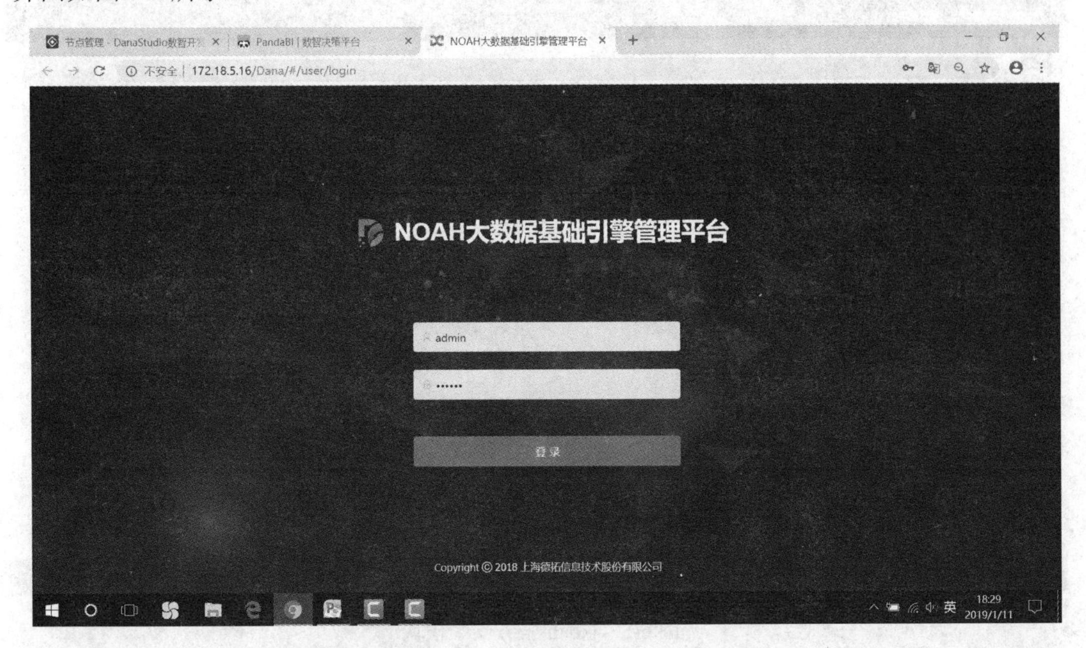


图 6-1　Noah 大数据基础引擎管理平台登录界面

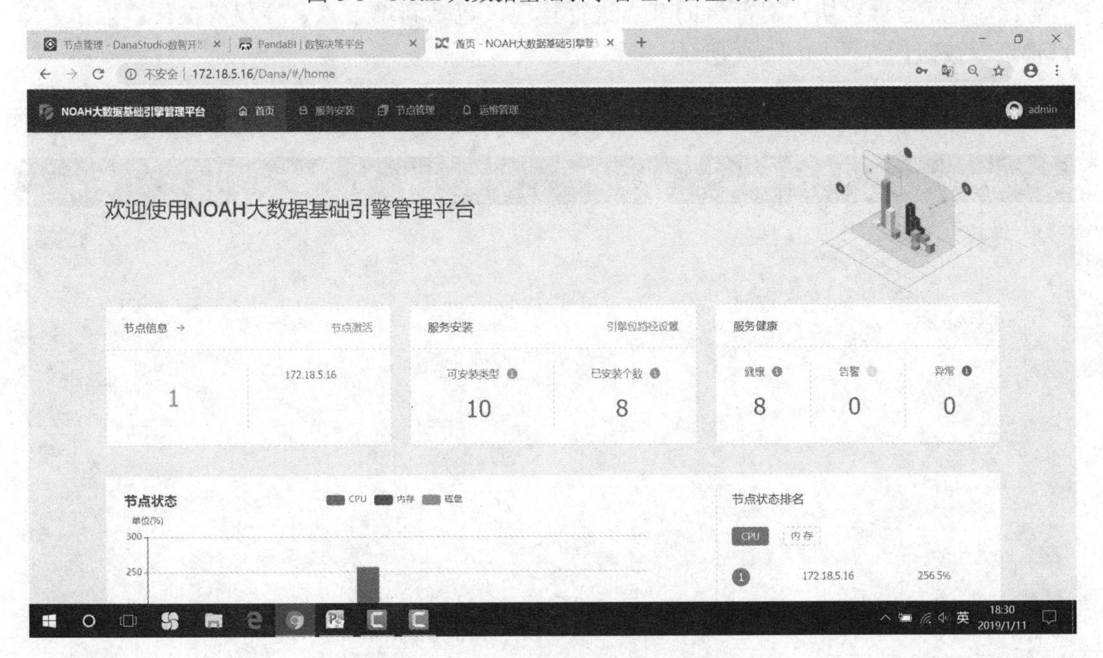


图 6-2　Noah 主界面

(1) 服务安装模块：可以对所需要的服务进行快捷安装操作。点击“服务安装”按钮，界面如图 6-3 所示。

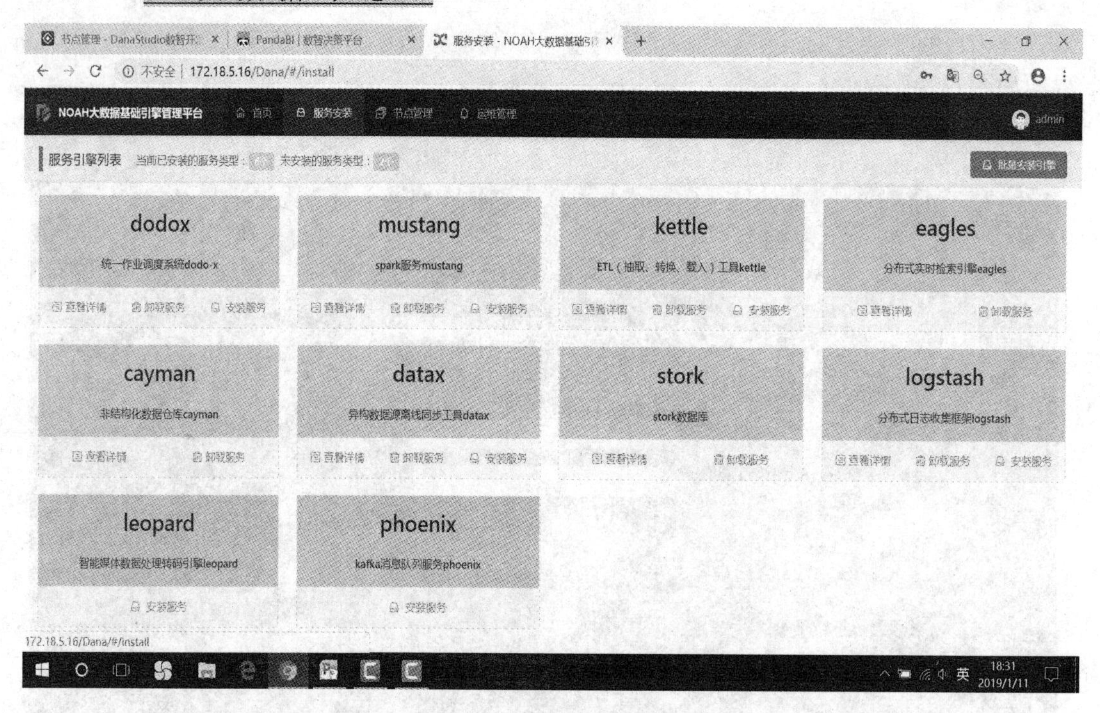


图 6-3 Noah 服务安装模块

(2) 节点管理模块：对部署的节点进行管理，包括新增节点、授权等操作。点击“节点管理”按钮，界面如图 6-4 所示。

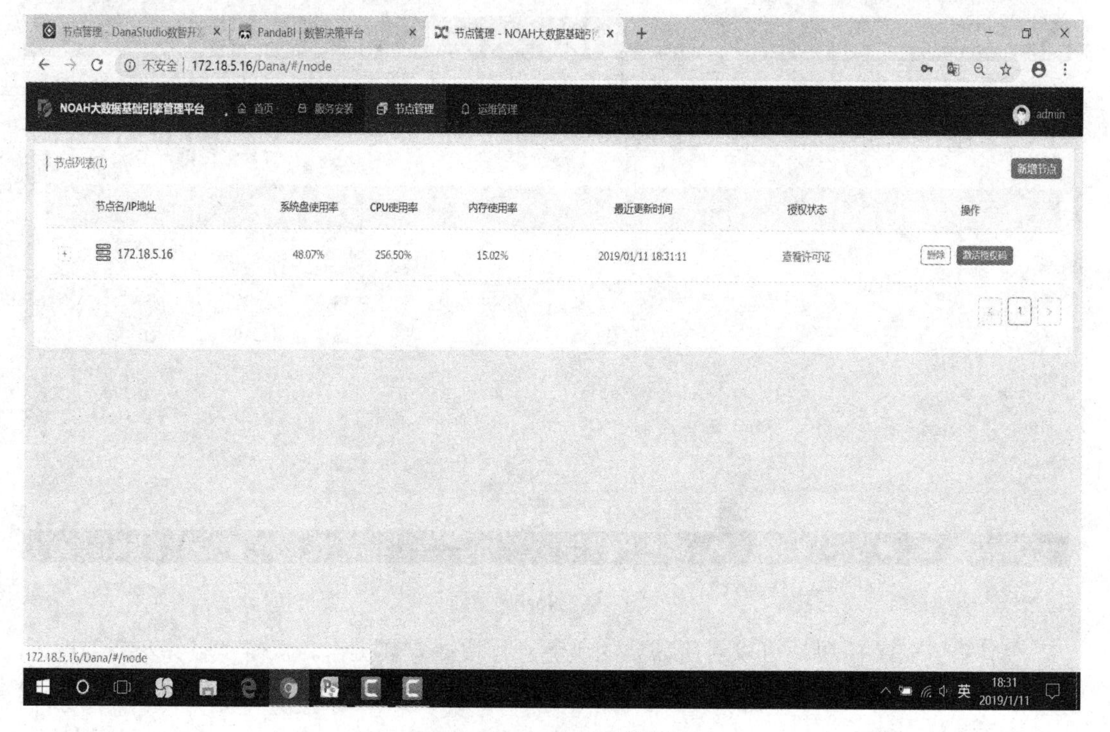


图 6-4 Noah 节点管理模块

(3) 运维管理模块：对平台日常维护操作，包括运维监控、运维总览、技术文档三个子模块。点击“运维管理”按钮，界面如图 6-5 所示。

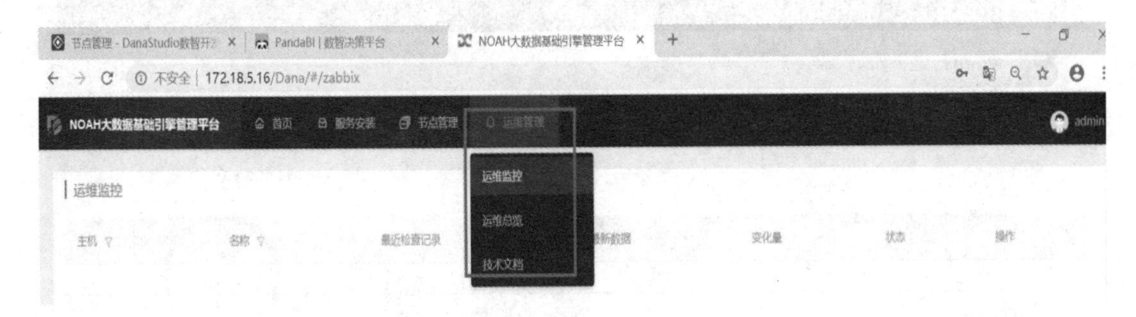


图 6-5　Noah 运维管理模块

### 2. Dana Studio 数智开发平台的演示介绍

打开浏览器，在浏览器地址栏中输入 Dana Studio 服务器后台地址：172.18.5.16/danastudio，进入平台登录界面，使用管理员用户名(admin)、密码(123456)登录平台。界面如图 6-6 所示。

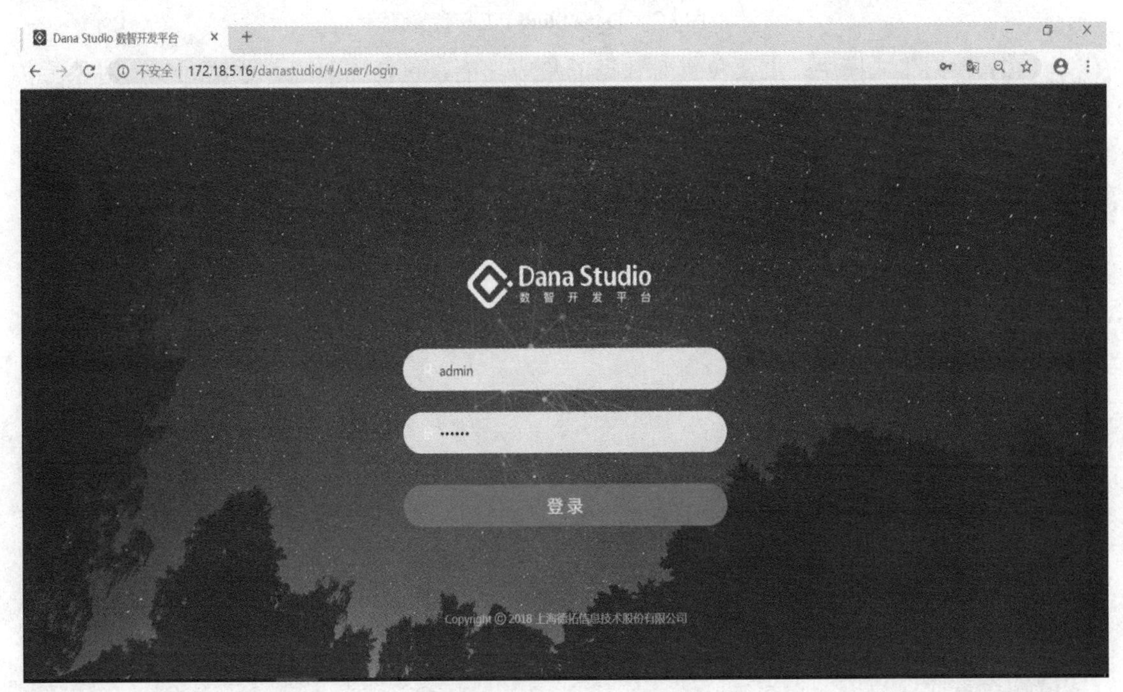


图 6-6　Dana Studio 登录界面

Dana Studio 大数据平台包括八大核心模块，分别是工作台、数据集成、数据开发、工作流、数据中心、运维中心、开发者中心、平台管理。

(1) 工作台模块：主要提供全局的简单监控，包括线上作业、作业执行状态、工作流作业、数据中心等情况，便于用户进入平台快速发现问题、快速运维。点击“工作台”按钮，界面如图 6-7 所示。

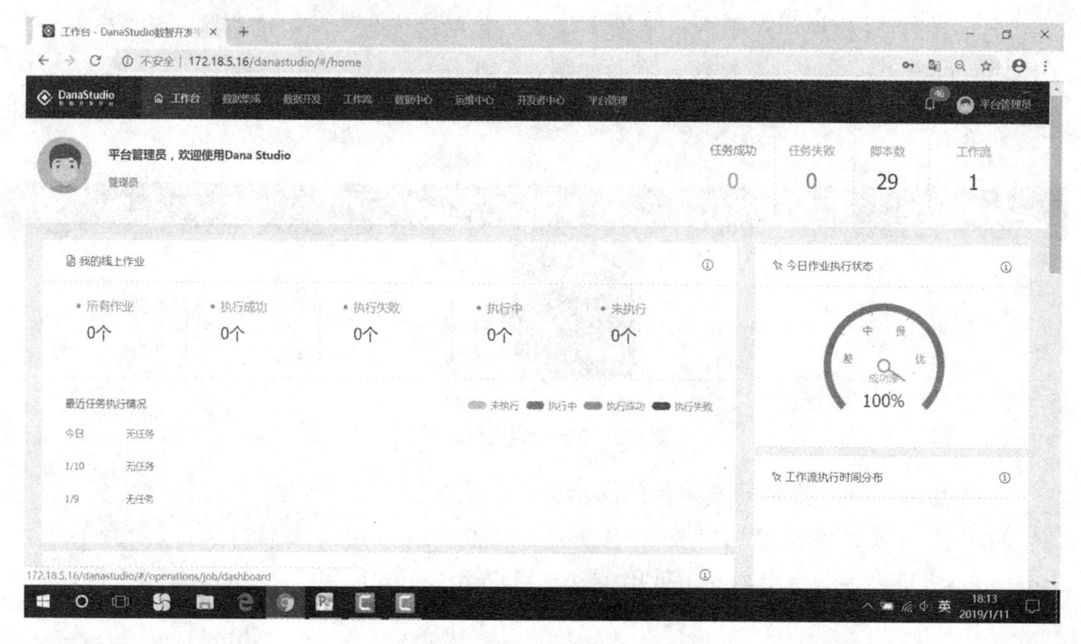


图 6-7　Dana Studio 工作台界面

(2) 数据集成模块：主要负责对数据的集成功能，包括抽取源、数据同步、对象上传模块。点击“数据集成”按钮，界面如图 6-8 所示。

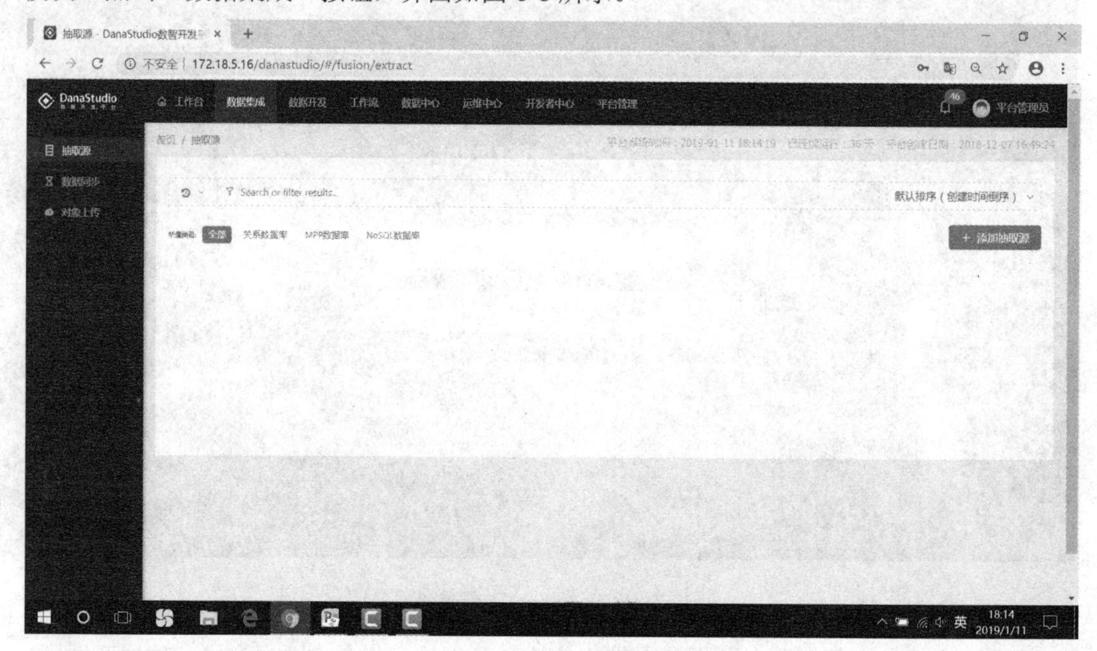


图 6-8　DanaStudio 数据集成模块界面

(3) 数据开发模块：提供了多种开发脚本，用于满足不同开发者的需求。平台不仅提供了多种脚本语言的开发环境，还提供了 Shell、Python、PHP、SQL 脚本的在线编辑、运行、调试。开发者基于平台开发，可避免本地服务器环境不一致问题。点击“数据集成”按钮，界面如图 6-9 所示。

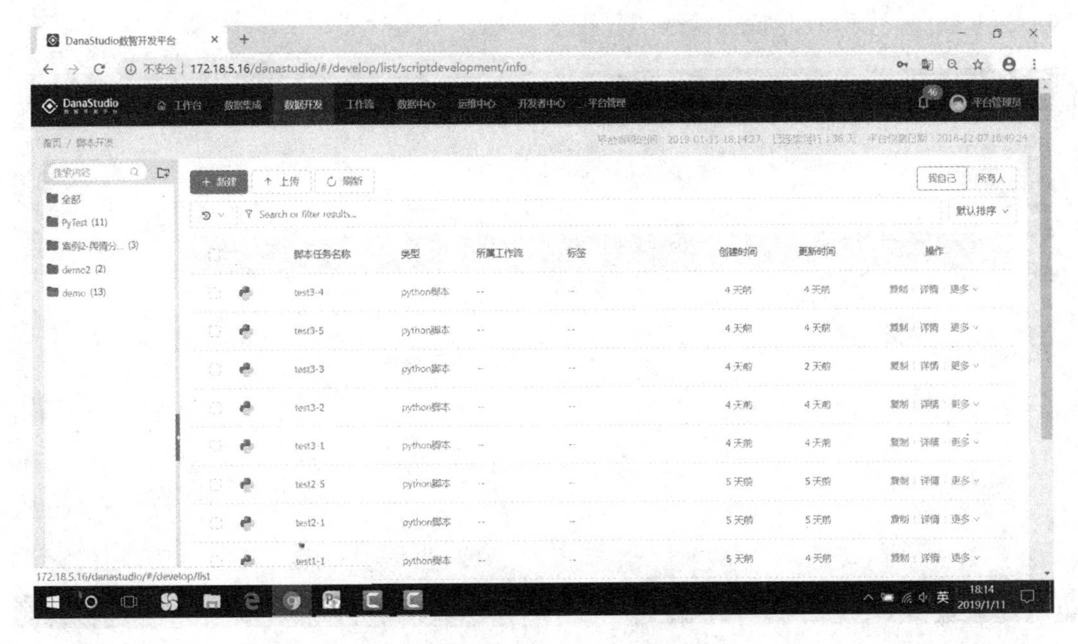


图 6-9　Dana Studio 数据开发模块界面

(4) 工作流模块：Dana Studio 的重点模块，该模块结合数据集成、数据开发模块，提供了一系列丰富的用于创建有向无环 DAG 工作流的组件。在工作流设计器中，用户可以新建工作流。点击“工作流”按钮，界面如图 6-10 所示。

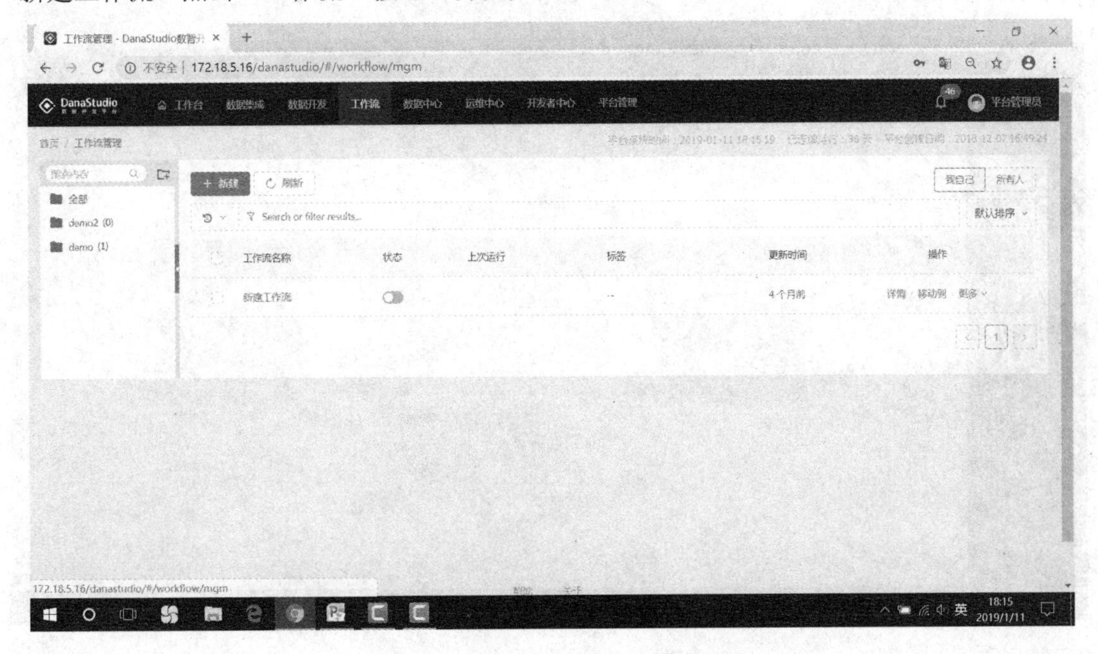


图 6-10　Dana Studio 工作流模块界面

利用这些组件，用户可以创建一个工作流作业，在工作流作业内部创建一个个的子作业，子作业之间互相依赖，按照设定的流程运转。点击“新建工作流”按钮，如图 6-11 所示。

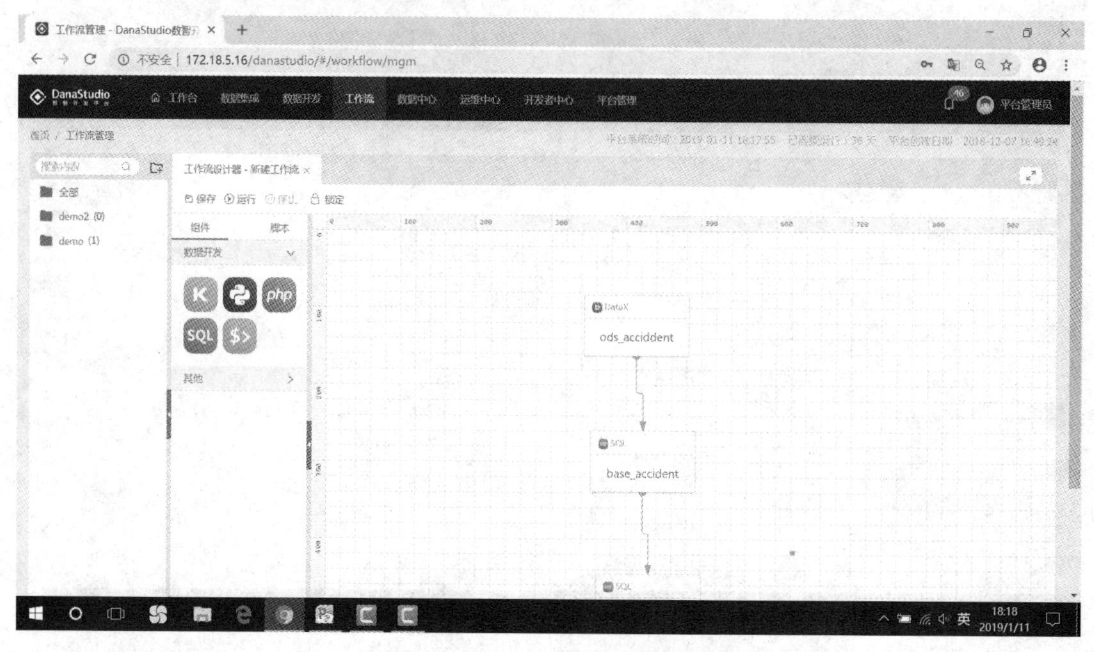


图 6-11　DanaStudio 新建工作流界面

(5) 数据中心模块：主要是对数据的资产管理，包括数据分层管理、数据总览、数据检索、统一检索、模块管理、对象存储模块。点击“数据中心”按钮，界面如图 6-12 所示。

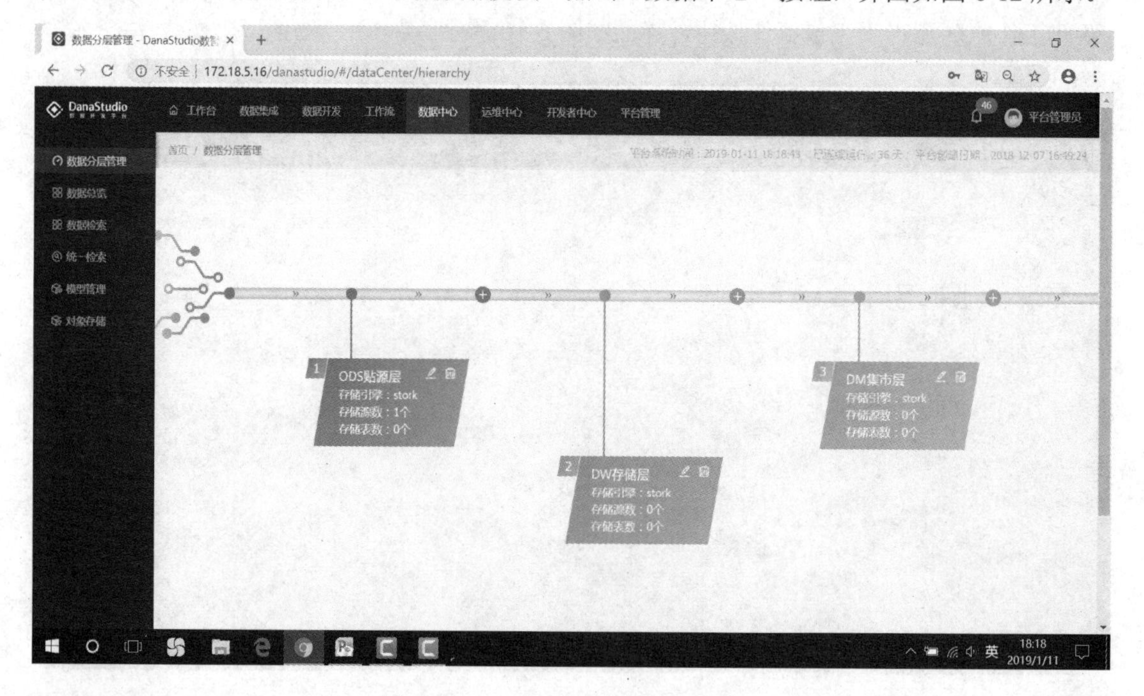


图 6-12　Dana Studio 数据中心界面

(6) 运维中心模块：提供整个平台任务与作业的可视化监测与运维，是整个平台线上作业的调度核心。点击“运维中心”按钮，界面如图 6-13 所示。

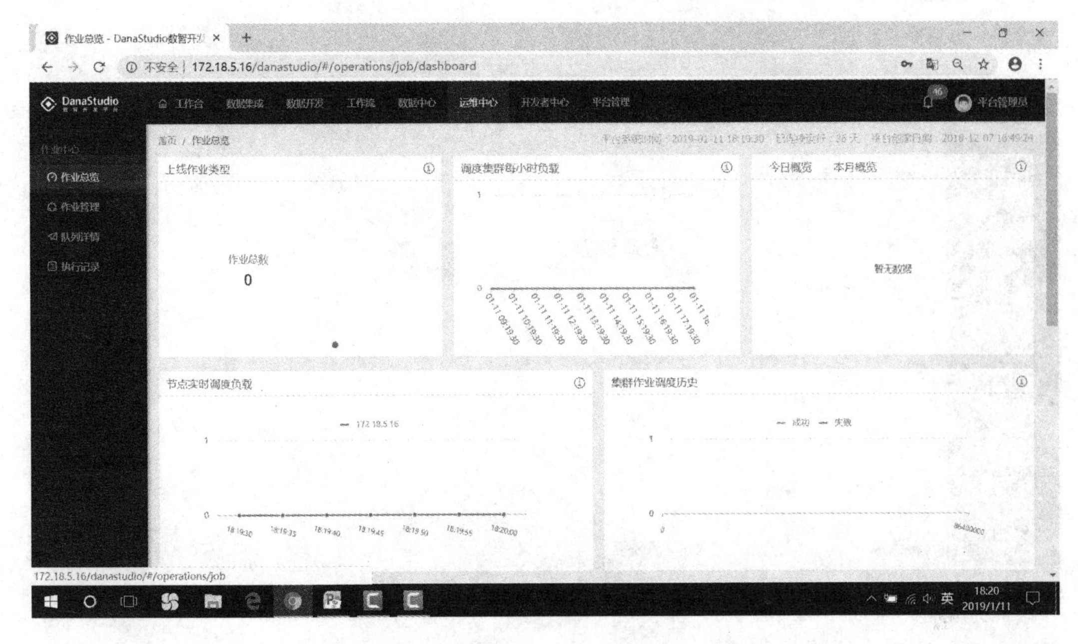


图 6-13　Dana Studio 运维中心界面

(7) 开发者中心模块：主要为开发者提供实用的 API 接口以及一些实用的 SDK 资源包来辅助开发者进行大数据开发，节约开发者在使用过程中学习 API 的时间。其主要包括帮助文档、公共 API、SDK 下载、工具下载模块，点击“开发者中心”按钮，界面如图 6-14 所示。

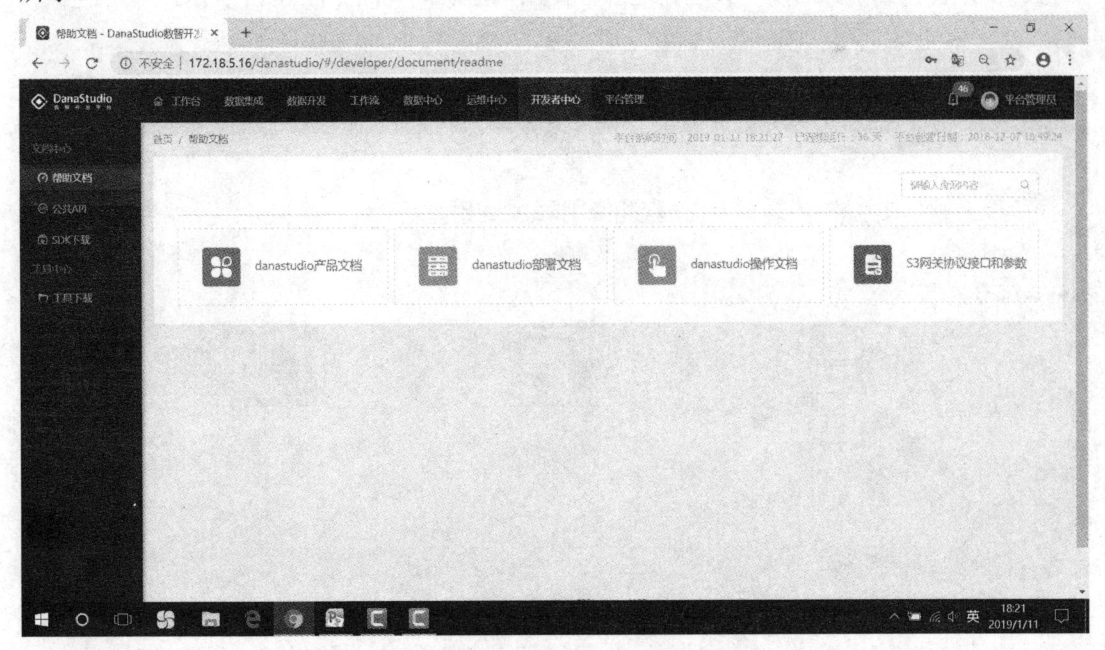


图 6-14　Dana Studio 开发者中心界面

(8) 平台管理模块：仅管理员可见，提供一些平台级的安全管理和配置。分为主机管理和权限管理以及日志记录模块。点击“平台管理”按钮，界面如图 6-15 所示。

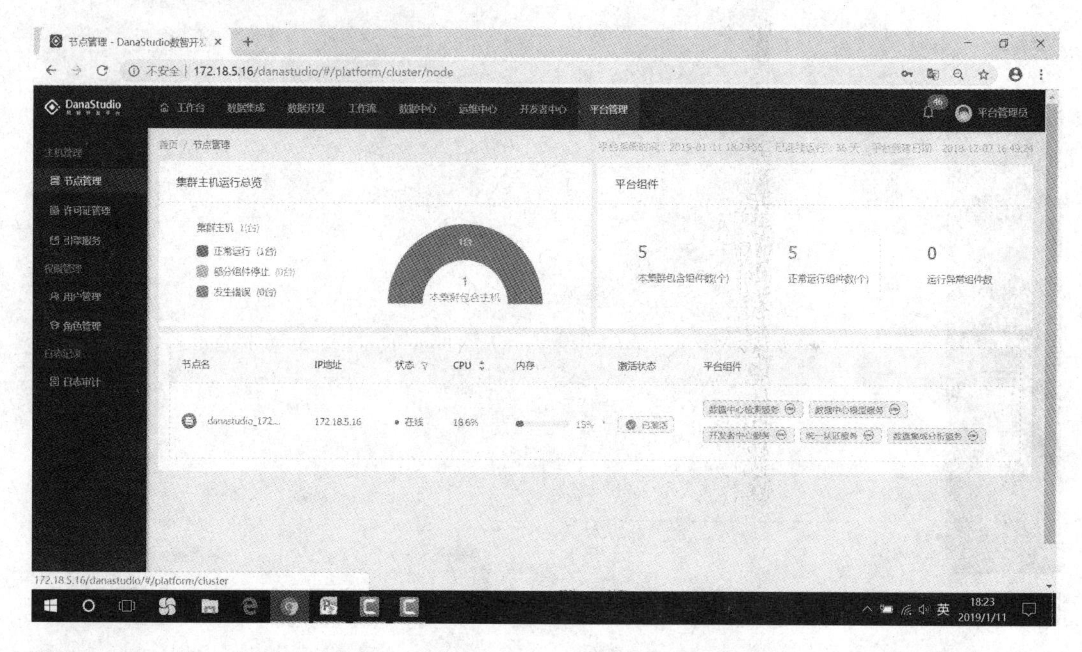


图 6-15　Dana Studio 平台管理模块界面

### 3. PandaBI 数智决策平台的演示介绍

点击“新建”按钮，新建一个网页，输入部署好 PandaBI 的服务器地址，进入 PandaBI 的登录界面，使用管理员账号、密码登录。PandaBI 基于 B/S 架构，包括了数据大屏、仪表盘、工作表、数据源、用户管理、运维管控六个模块。界面如图 6-16 所示。

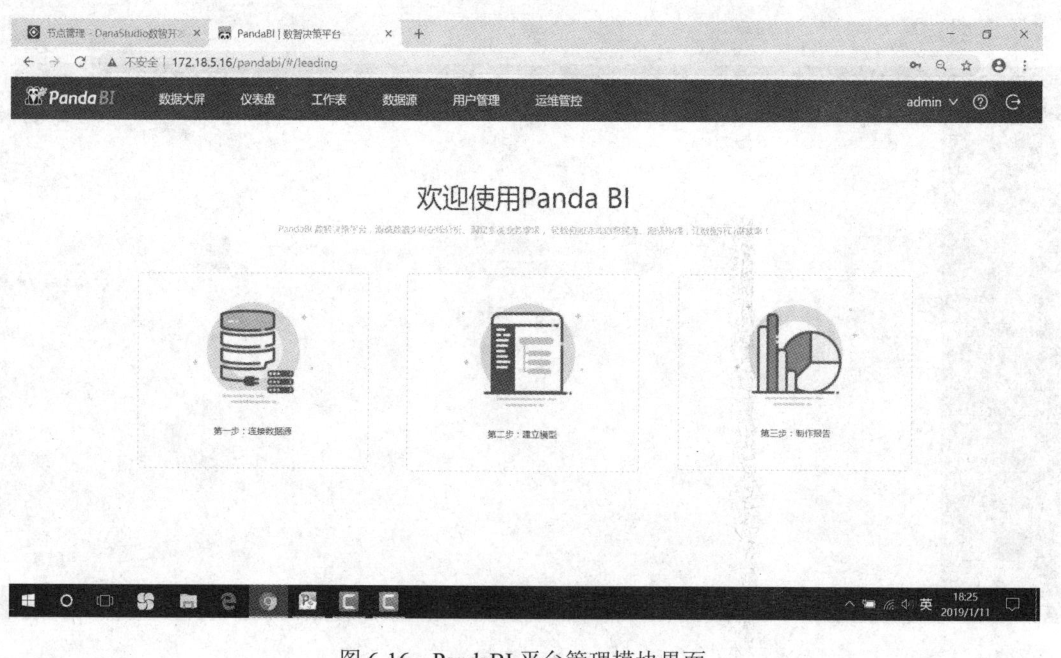


图 6-16　PandaBI 平台管理模块界面

(1) 数据大屏模块：为了满足数据大屏展示需求，帮助非专业人士通过图形化的界面轻松搭建具有专业水准的可视化应用。点击“数据大屏”按钮，再点击“贵阳数据大屏”

按钮，界面如图 6-17 所示。

图 6-17　PandaBI 数据大屏模块界面

(2) 仪表盘模块：由文件夹和仪表盘组成，通过文件夹和仪表盘构成了各个业务的分析框架。其还提供了仪表盘管理与预览一体化的界面，更方便操作和管控。点击“仪表盘”按钮，界面如图 6-18 所示。

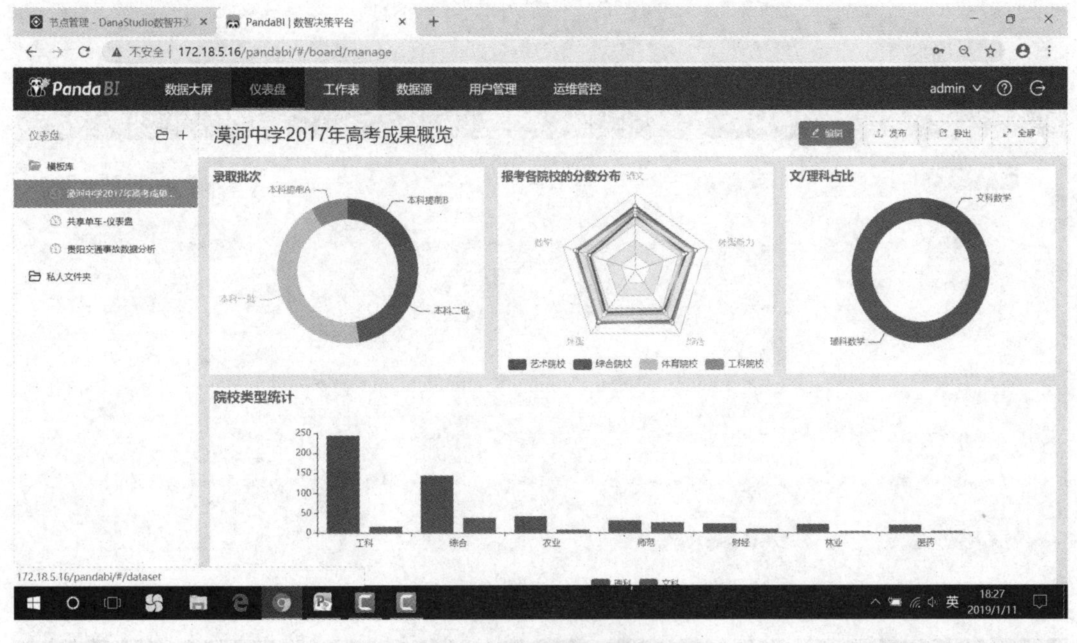


图 6-18　PandaBI 仪表盘模块界面

(3) 工作表模块：用户可以在工作表模块选取相应的工作表来进行预览，每一个工作表对应的字段类型、字段名称、字段值，用户都可以在预览页面进行查看。除此之外，该模块还支持原始表达式过滤。点击“工作表”按钮，界面如图 6-19 所示。

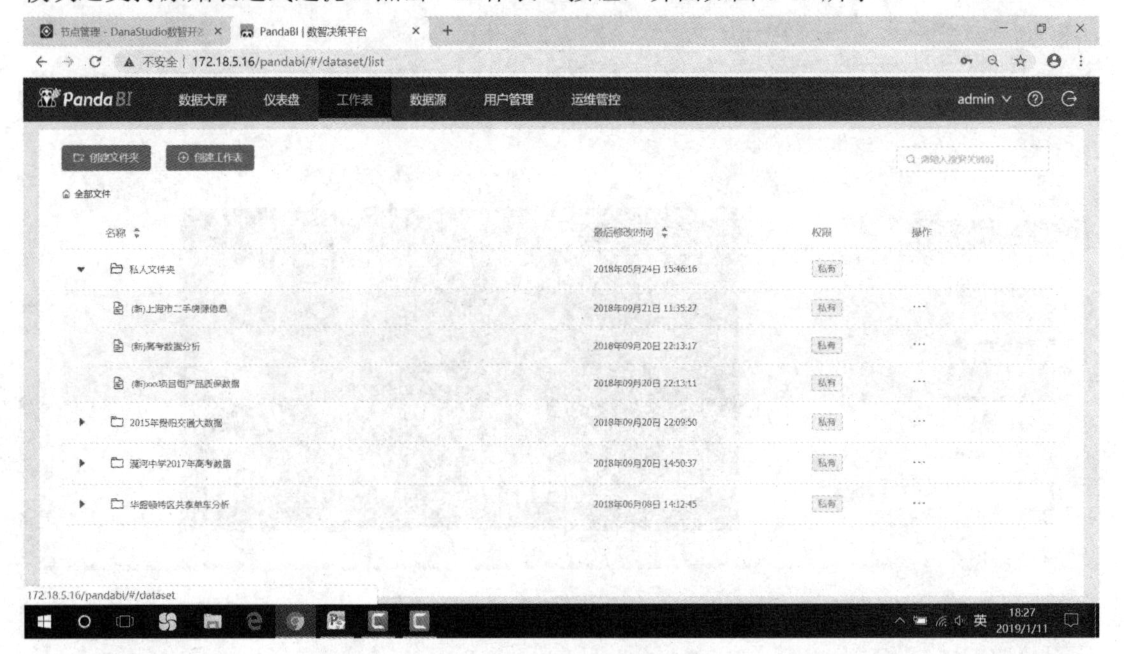


图 6-19　PandaBI 工作表模块界面

(4) 数据源模块：数据接入是数据分析的第一步，PandaBI 数智决策平台可以方便快捷地将用户所需要的数据进行集中，简化数据获取流程，快速低成本的构建数据中心。点击“数据源”按钮，界面如图 6-20 所示。

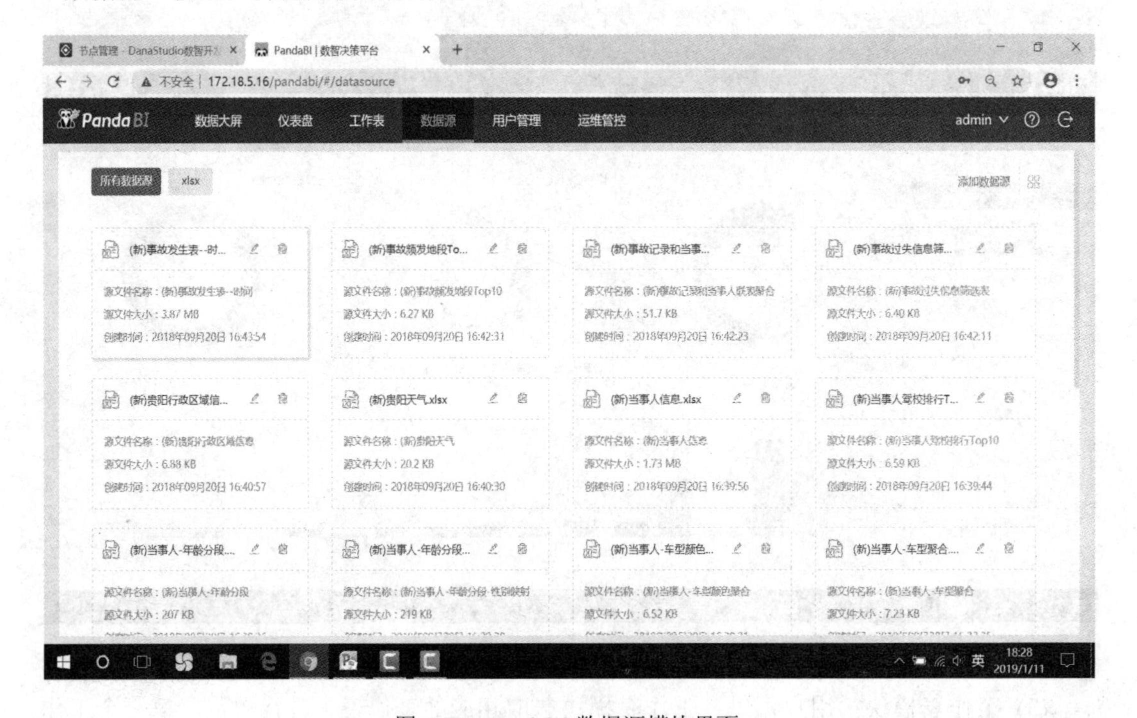


图 6-20　PandaBI 数据源模块界面

(5) 用户管理模块：展示不同用户的操作记录。点击“用户管理”按钮，界面如图 6-21 所示。

图 6-21　PandaBI 用户管理模块界面

(6) 运维管控模块：展示节点的相关信息。点击“运维管控”按钮，界面如图 6-22 所示。

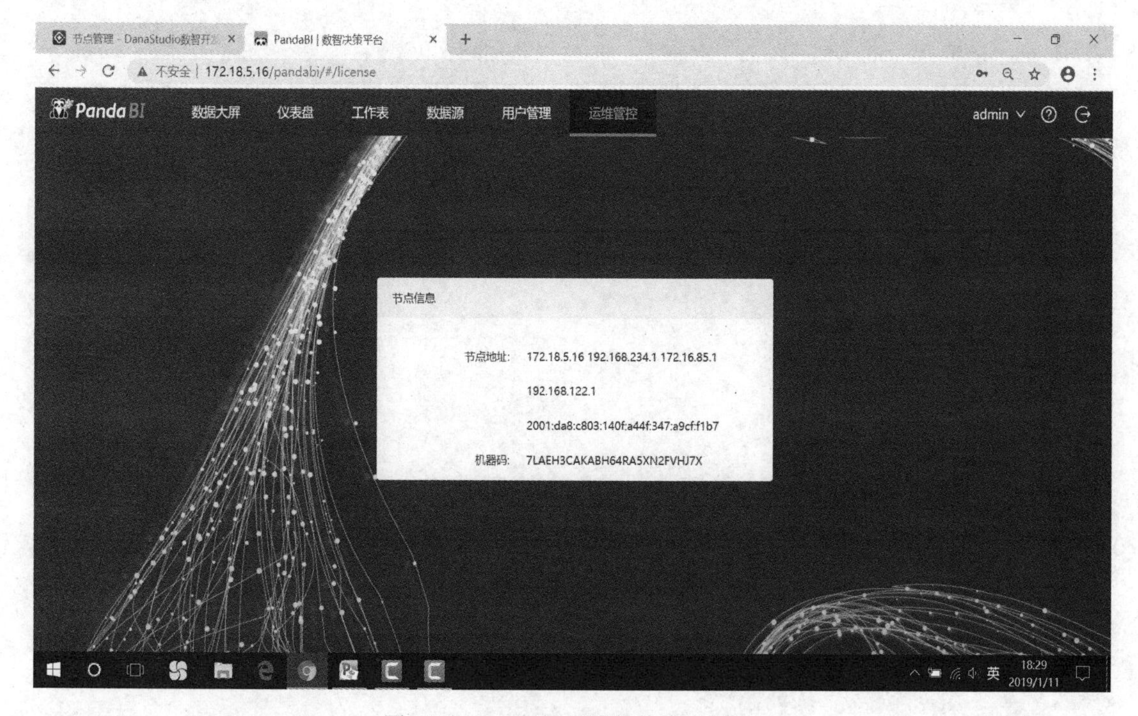


图 6-22　PandaBI 运维管控模块界面

## 6.3 实验小结

通过本次实验，了解了 Noah 大数据基础引擎管理平台、DanaSudio 数智开发平台以及 PandaBI 数智决策平台的基本功能及平台特色，对基本开发流程有了初步的理解。

# 第 7 章　政务舆情分析大数据应用案例实战

学习目标

- 掌握利用 Dana Studio 和 PandaBI 联合开发大数据应用的操作流程
- 了解政务舆情分析大数据应用案例背景
- 掌握政务舆情分析大数据应用案例实现过程
- 熟悉 Dana Studio 和 PandaBI 大数据开发平台应用

## 本章重点

- 利用 Dana Studio 和 PandaBI 联合开发大数据应用的操作流程
- 政务舆情分析大数据应用案例实现过程

本章以贵州省政务舆情分析大数据应用为例，通过实验的方式详细讲解如何利用 Dana Studio 和 PandaBI 大数据开发平台实现政务舆情大数据管理。

## 7.1 实 验 目 的

通过第 6 章的实验，我们已经掌握了 Dana Studio 和 PandaBI 的操作应用。Dana Studio 侧重于解决结构化、半结构化和非结构化数据的采集融合、存储治理、计算分析、数据挖掘等问题。PandaBI 侧重于用直观、多维、实时的方式展示和分析数据。在实际的大数据应用案例中，我们往往将二者结合使用，用 Dana Studio 实现大数据的采集、存储和分析处理，用 PandaBI 完成处理后数据的可视化展示。

本节将具体介绍利用 Dana Studio 和 PandaBI 实现政务舆情分析大数据应用的实验过程，通过实验希望达到以下目的：

(1) 了解政务舆情分析大数据应用案例背景。

(2) 掌握政务舆情大数据分析方法和步骤。

(3) 掌握利用 Dana Studio 实现本案例的操作步骤。

(4) 掌握利用 PandaBI 实现本案例的操作步骤。

## 7.2 实 验 内 容

随着互联网和自媒体的发展，公众可以更加自由地在网络上公开发表言论和看法，反映公众对现实社会中各种现象所持的政治信念、态度、意见和情绪等。各级政府部门越来越关注公众舆论，希望能够及时掌握舆论动向，快速分析舆论趋势，并积极引导舆论走向，维护社会稳定。对舆情数据进行分析处理并用直观的方法展示给各级领导和相关人员，让大家对于公共舆情了然于胸，能够反向推动政务服务质量的改进和提升，真正做到关注民生、保障民生、改善民生。

本节以贵州省舆情分析大数据应用为例，详细介绍利用 Dana Studio 和 PandaBI 进行舆情数据爬取、清洗、处理、分析及展示的具体过程。

### 1. 数据的爬取

(1) 通过 WinSCP 将 news.csv 原始数据文件上传到大数据平台服务器的\var\dana\demo 目录下。打开桌面上的 WinSCP 程序，依次输入主机名(172.18.5.16)、用户名以及密码，点击“登录”按钮。登录界面如图 7-1 所示。

打开“BigData”文件夹，再打开“Demo”文件，可以发现 news.csv 原始数据文件已经被上传到服务器。打开 DanaStudio，使用管理员账号登录，点击“数据开发”模块，再点击“新建”按钮，选择类型“shell”，创建一个 Shell 脚本，界面如图 7-2 所示。

(2) 打开“Navicat”，连接已经创建的数据库。点击“新建查询”按钮，打开两个已经创建的 SQL 脚本，将代码复制到 Navicat 中，点击“运行”按钮，创建两张初始表，界面如图 7-3 所示。

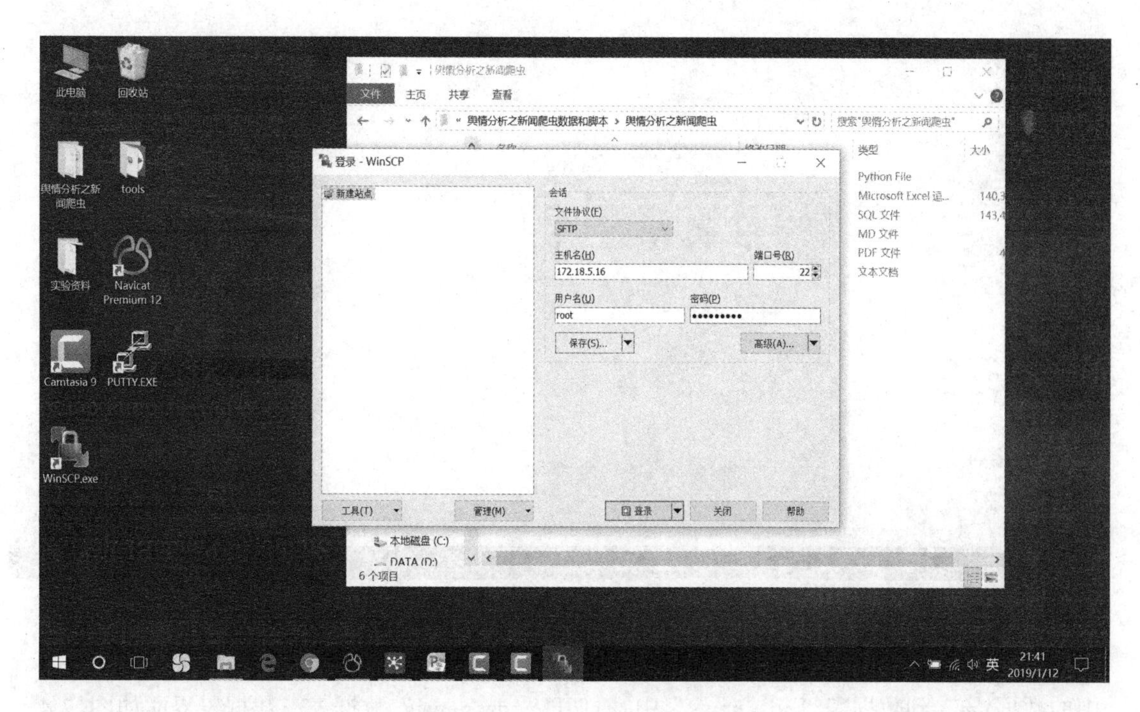


图 7-1　WinsSCP 登录界面

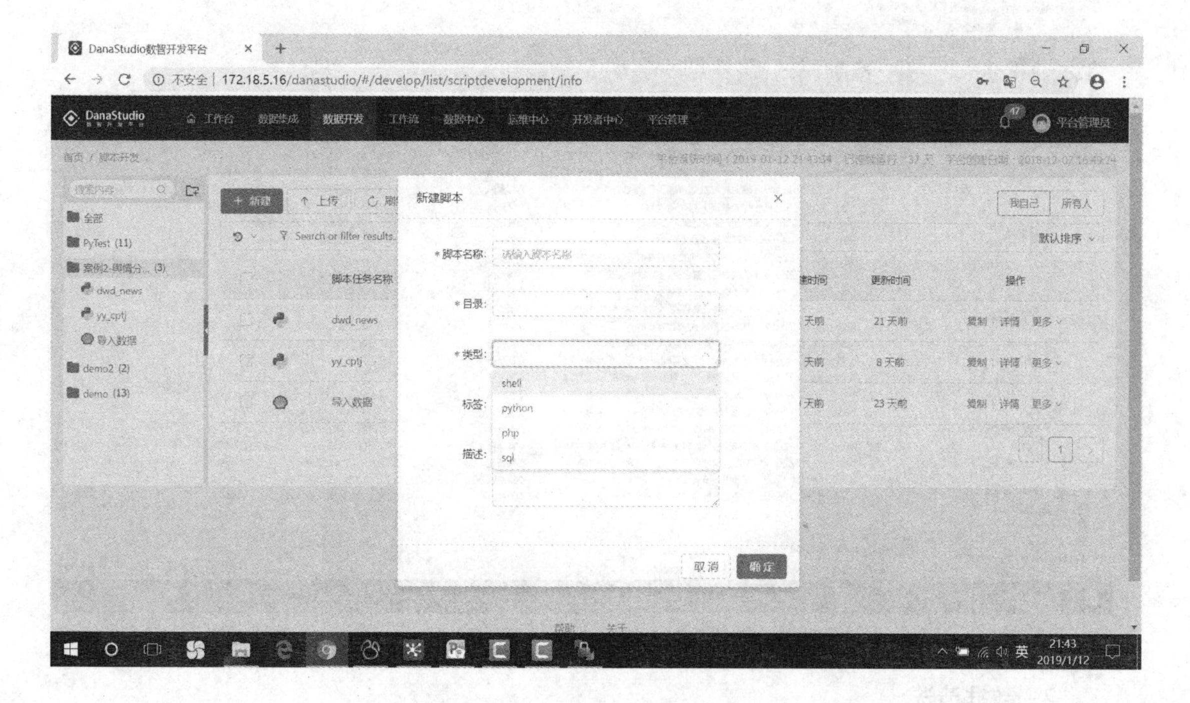


图 7-2　DanaStudio 创建脚本界面

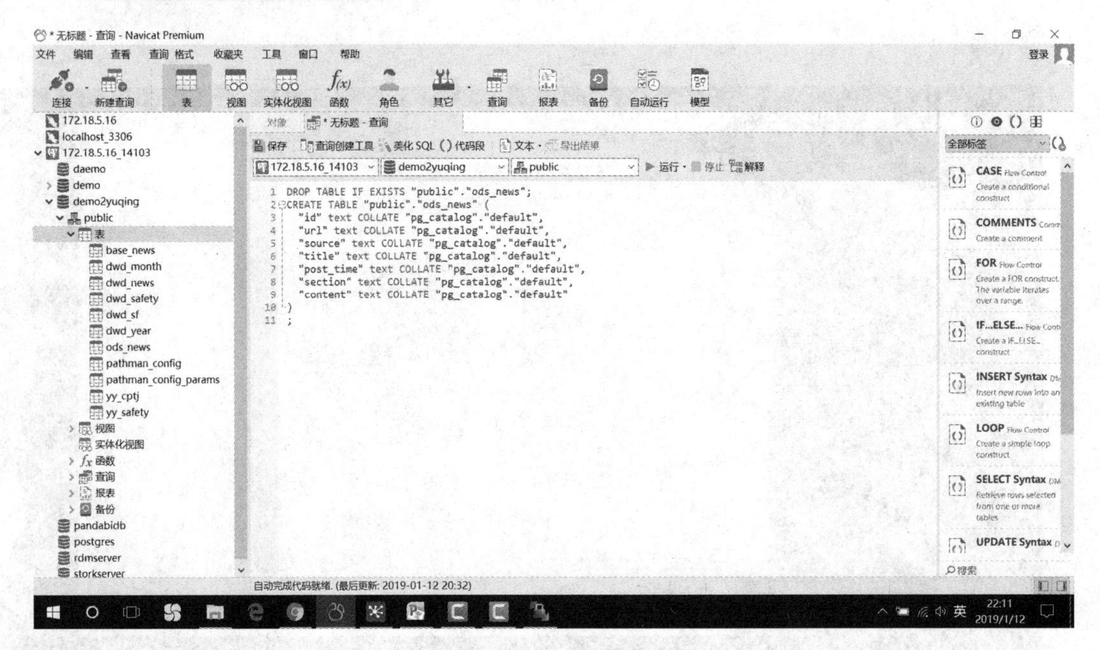


图 7-3　Navicat 创建初始表界面

创建两张基础数据表后，需要使用 Kettle 工具将网络爬虫获取的数据(也就是 news.csv 中的数据)导入到数据表“ods_news”中。打开“ods_news”数据表，数据表界面如图 7-4 所示。

图 7-4　数据表界面图

## 2．数据清洗

(1) 打开 Kettle，进入事先写好的“base_news”脚本，脚本如图 7-5 所示。

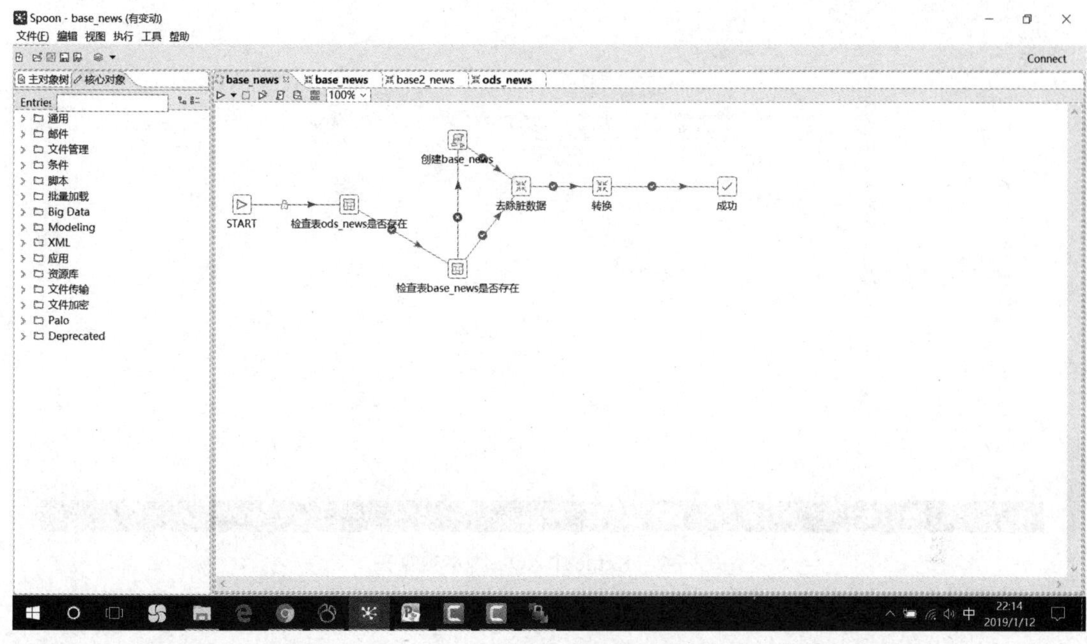


图 7-5　Kettle 脚本图

(2) 通过脚本上的流程，可以去除“脏”数据，得到清洗后的数据。打开“去除脏数据”脚本，可以看到的脚本信息如图 7-6 所示。

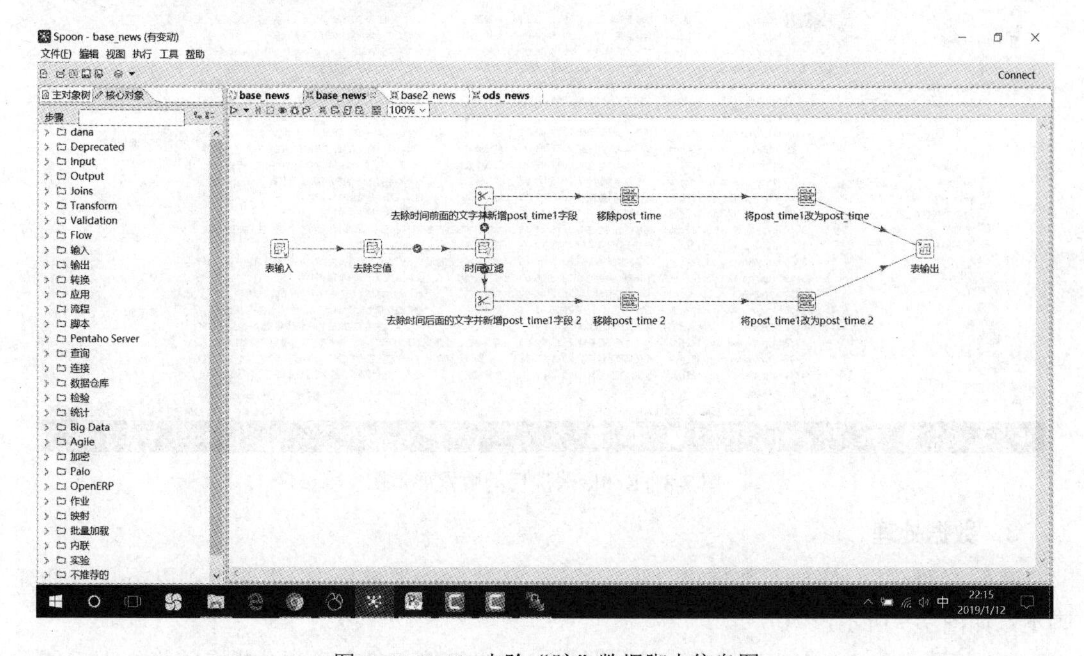


图 7-6　Kettle 去除“脏”数据脚本信息图

打开“转换”，可以看到执行的是 SQL 脚本，点击打开 SQL 脚本，该 SQL 脚本对新闻发布时间的年月日进行了格式化处理，如图 7-7 所示。

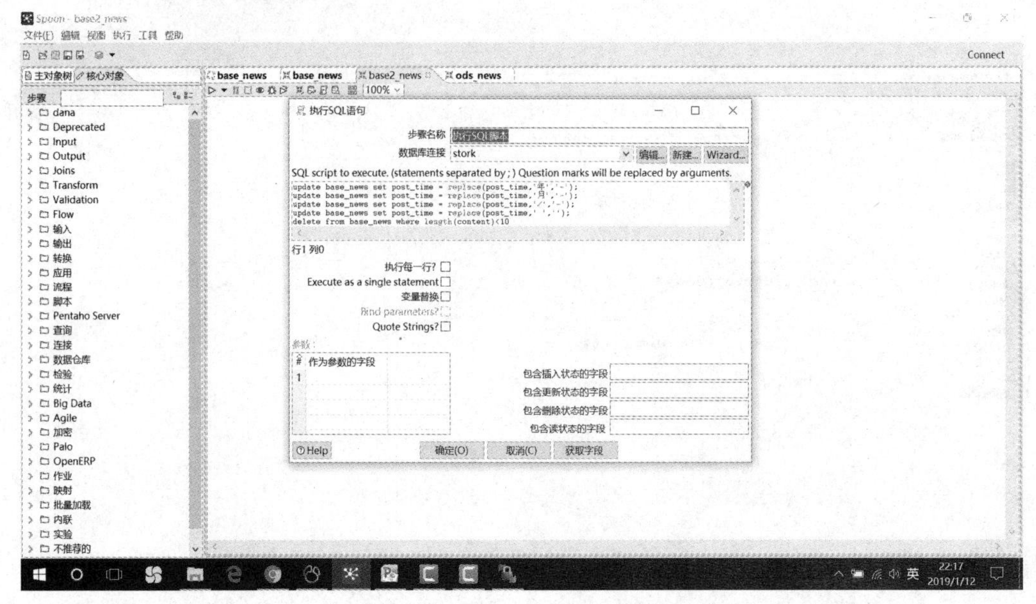


图 7-7　Kettle 中 SQL 脚本数据图

最后，将清洗后的数据输出到“base_news”表中，如图 7-8 所示。

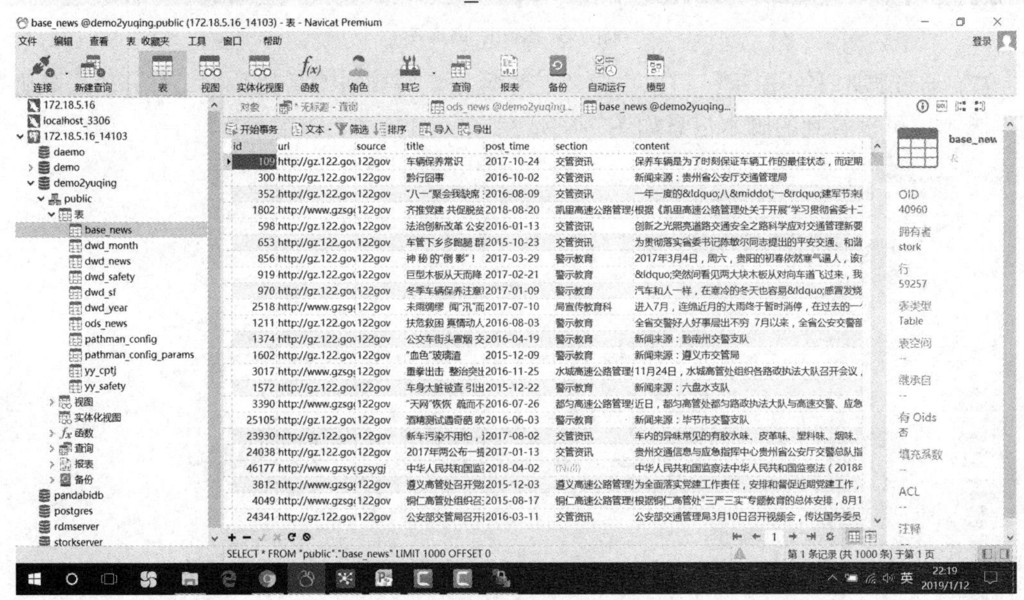


图 7-8　Kettle 清洗后的数据展示图

### 3. 数据处理

在数据清洗后，需要对数据进行简单处理。在数据处理过程中，需要用到以下几个 SQL 脚本，如图 7-9 所示。

(1) 打开“dwd_month”脚本，对数据中特定的年份和月份进行分析，并将处理后的数据保存在数据库中的“dwd_month”表中，脚本数据如图 7-10 所示。

然后打开 Navicat，点击打开“dwd_month”表，可以看到处理后的数据，按照年月将数据进行发布量的统计，数据如图 7-11 所示。

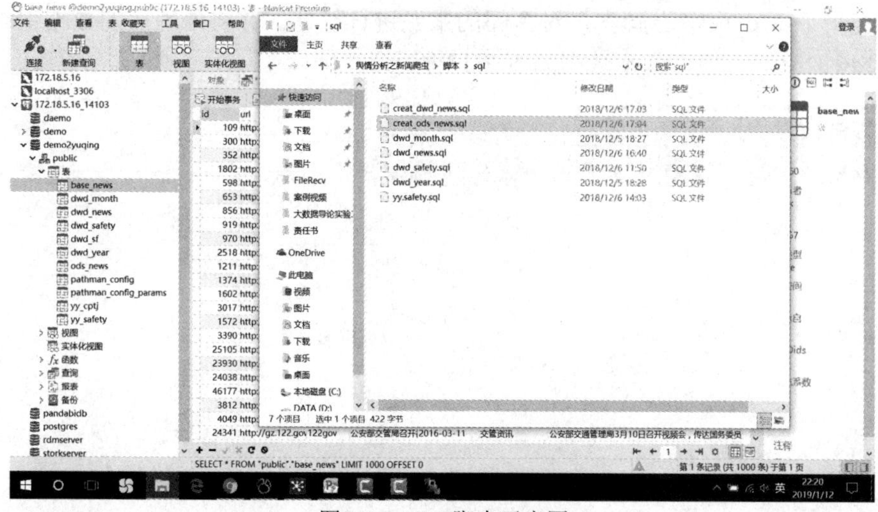


图 7-9　SQL 脚本示意图

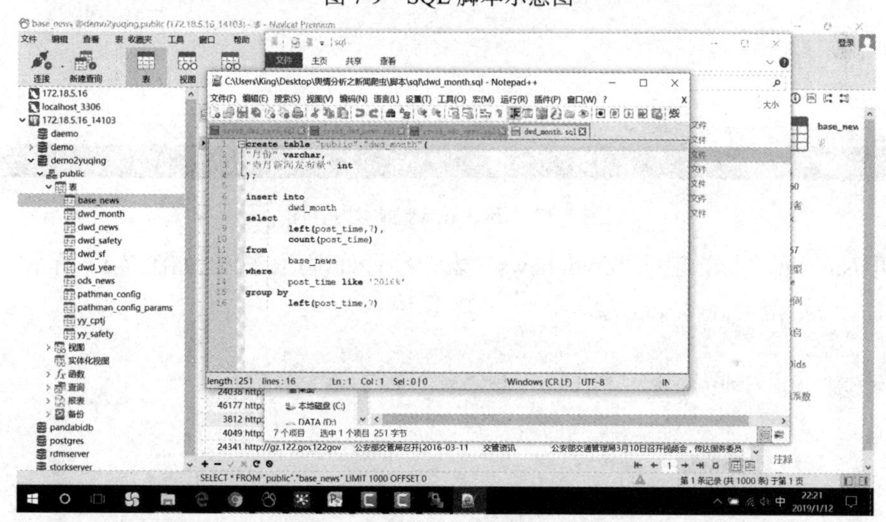


图 7-10　dwd_month 脚本内容图

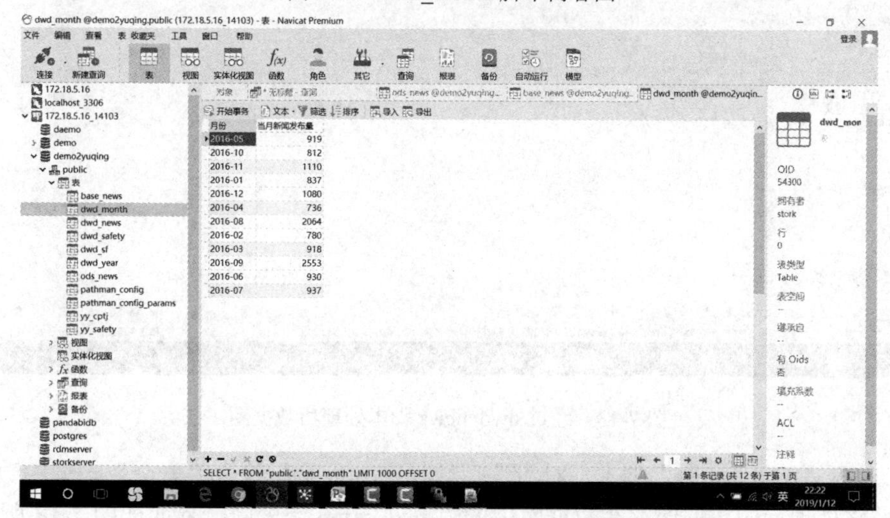


图 7-11　经过 dwd_month 脚本处理后的数据展示图

(2) 打开“dwd_news”脚本，对新闻的来源进行统计，并将处理后的数据保存在数据库中的“dwd_news”中，脚本数据如图 7-12 所示。

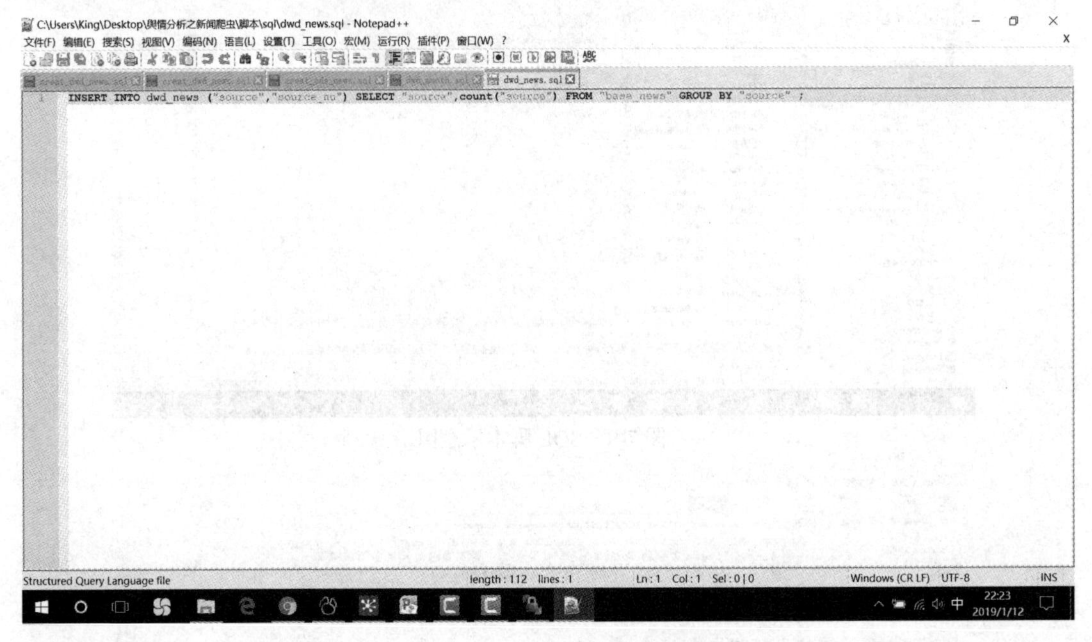


图 7-12 dwd_news 脚本内容图

打开 Navicat，点击打开“dwd_news”表，经过处理后的数据如图 7-13 所示。

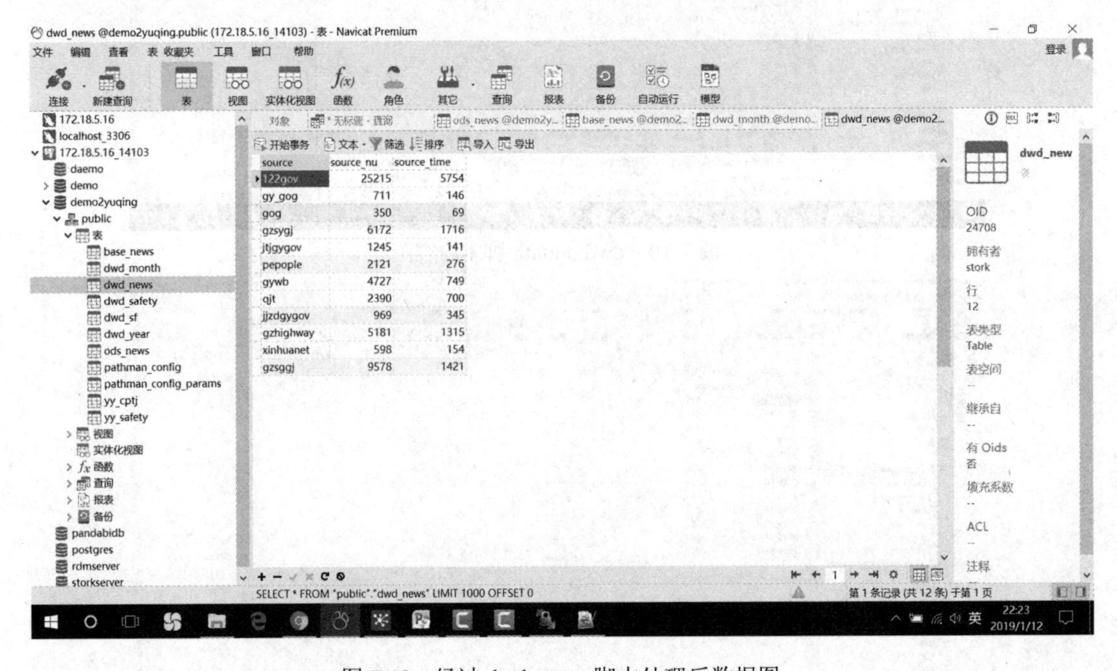


图 7-13 经过 dwd_news 脚本处理后数据图

(3) 打开“dwd_safety”脚本，对清洗后数据中 title 字段包含“安全”一词的数据进行统计，并将处理后的数据保存在数据库中的“dwd_safety”表中，界面如图 7-14 所示。

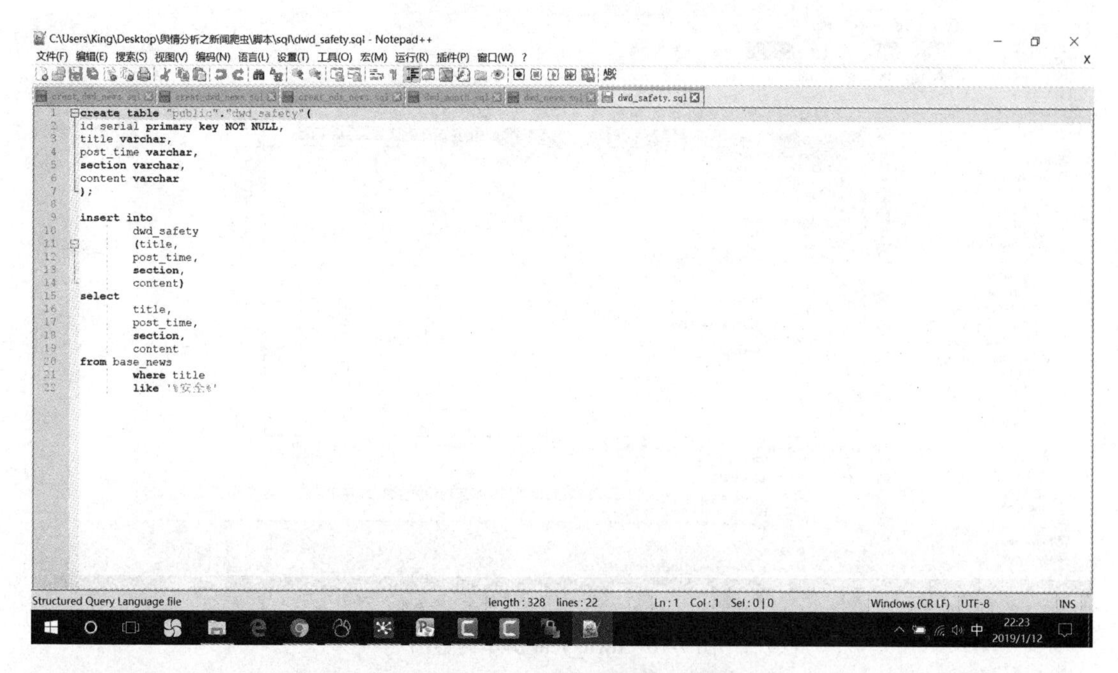


图 7-14　dwd_safety 脚本内容图

打开 Navicat，点击“dwd_safety”表，经过处理后的数据如图 7-15 所示。

图 7-15　经过 dwd_safety 脚本处理后数据图

(4) 打开“dwd_year”脚本，按某些年份统计新闻的发布量，并将处理后的数据保存在数据库中“dwd_year”表中，脚本数据如图 7-16 所示。

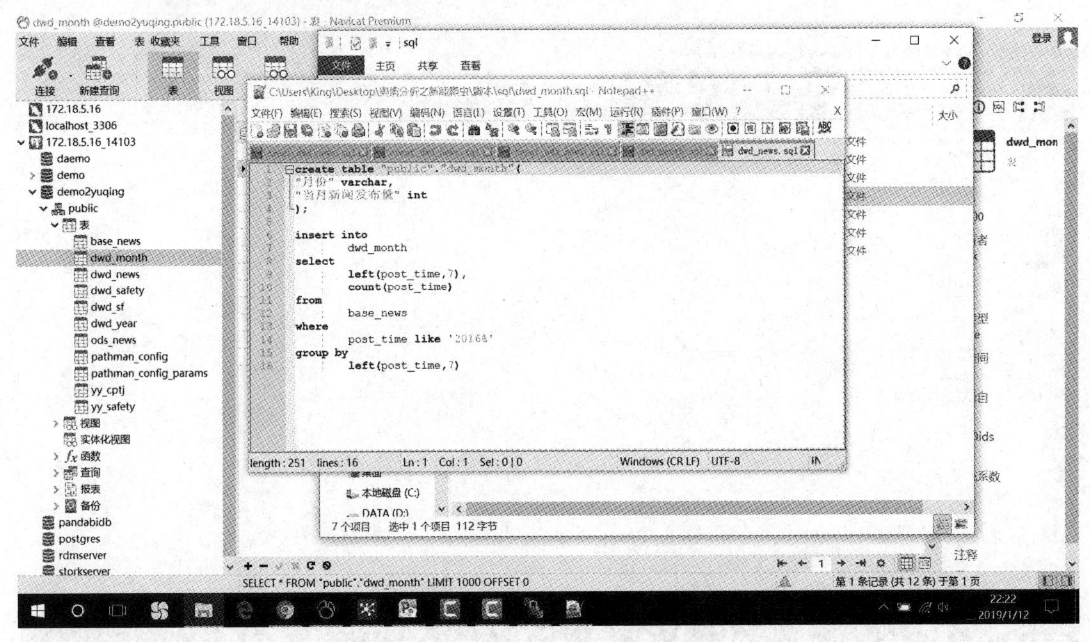


图 7-16　dwd_year 脚本内容图

打开 Navicat，点击“dwd_year”表，经过处理后的数据如图 7-17 所示。

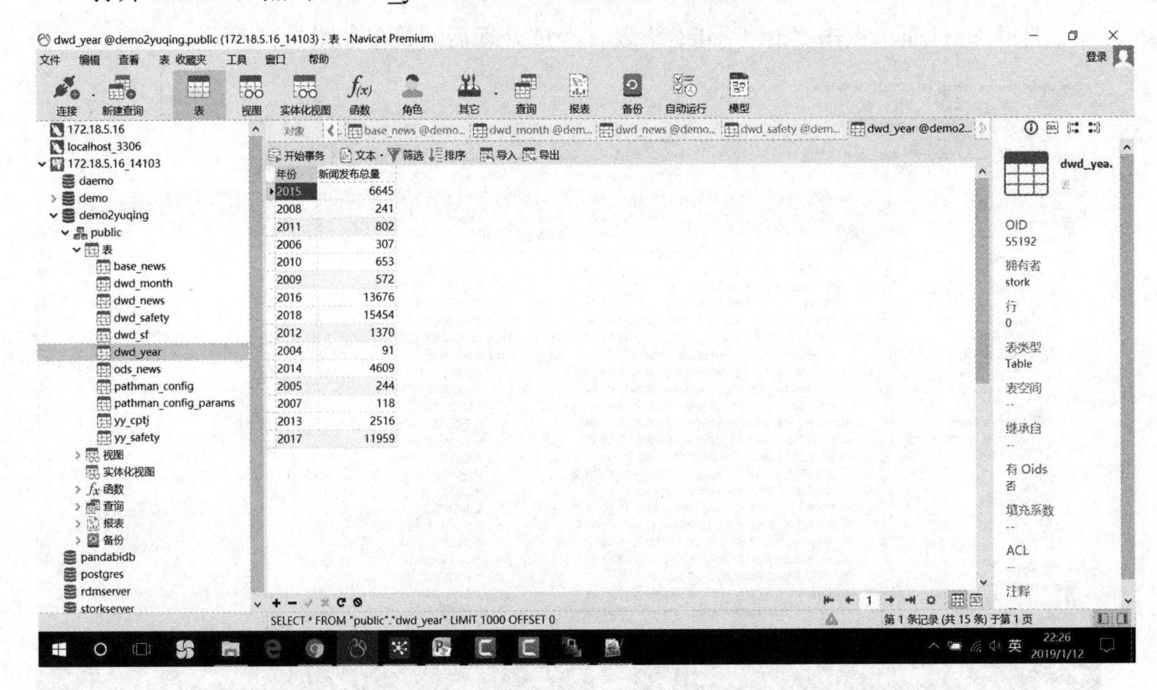


图 7-17　经过 dwd_year 脚本处理后数据图

### 4．数据进一步分析处理

打开 Dana Studio，进入“数据开发”模块，点击“新建”按钮，新建两个 Python 脚本，分别命名为“dwd_news”“yy_cptj”，界面如图 7-18 所示。

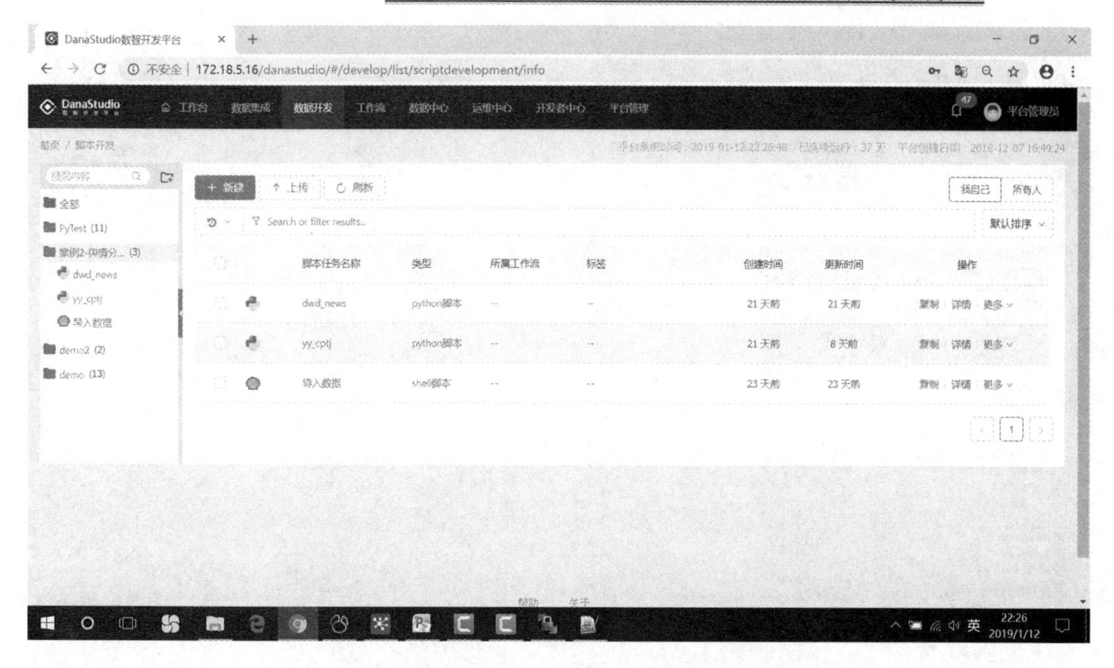


图 7-18　Dana Studio 新建 Python 脚本图

(1) 打开“yy_cptj”脚本，该脚本的功能是对所有的数据进行分析，得到词频在 3000 以上的热点词，并将处理后的数据保存在数据库中的“yy_cptj”表中，脚本内容如图 7-19 所示。

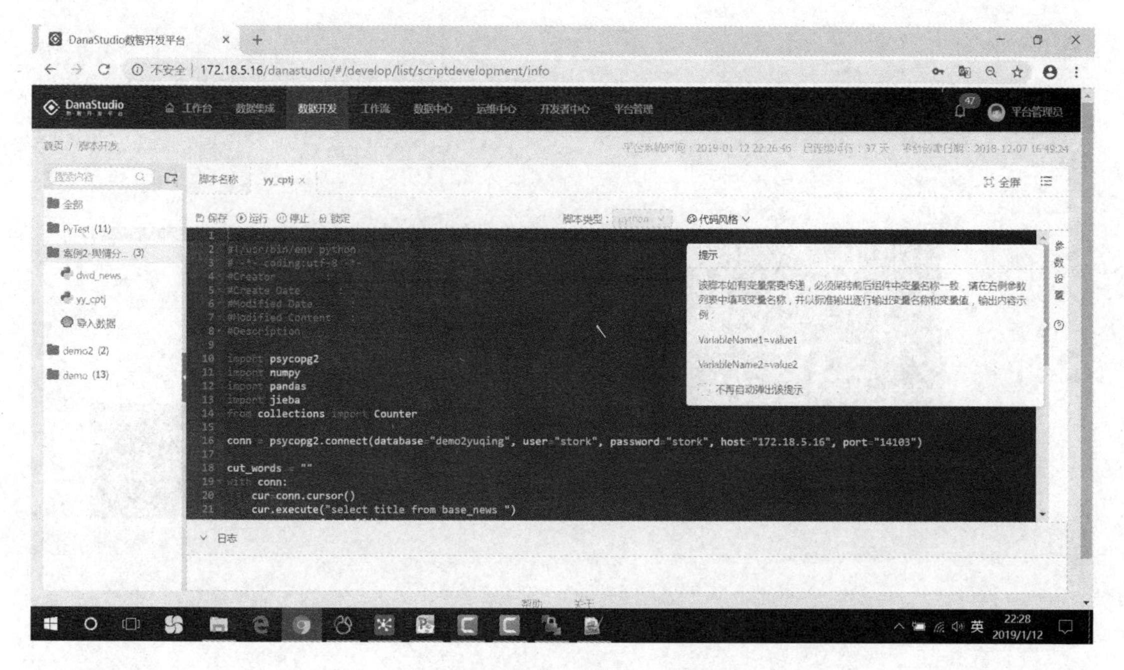


图 7-19　yy_cptj 脚本内容图

打开 Navicat，打开“yy_cptj”表，经过处理后的数据如图 7-20 所示。

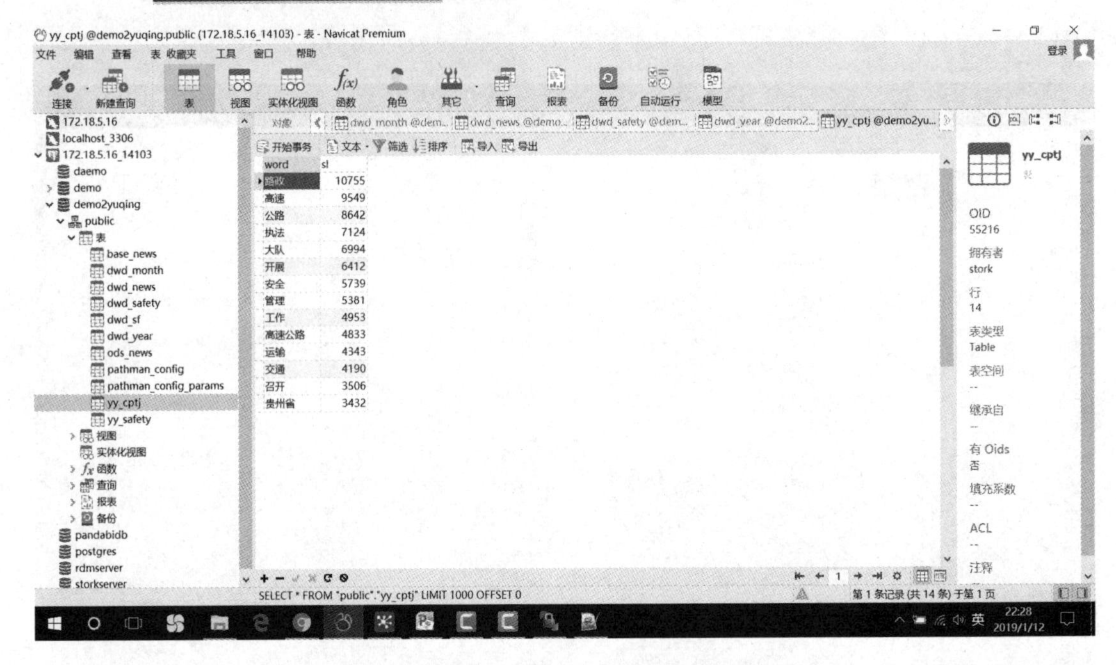


图 7-20　经过 yy_cptj 脚本处理后数据图

(2) 点击打开“dwd_news” Python 脚本，该脚本的功能是统计数据的及时性(发布时间和新闻内容中提及的时间相差在一天以内)，将处理后的数据保存在数据库中的“dwd_news”表中。脚本数据如图 7-21 所示。

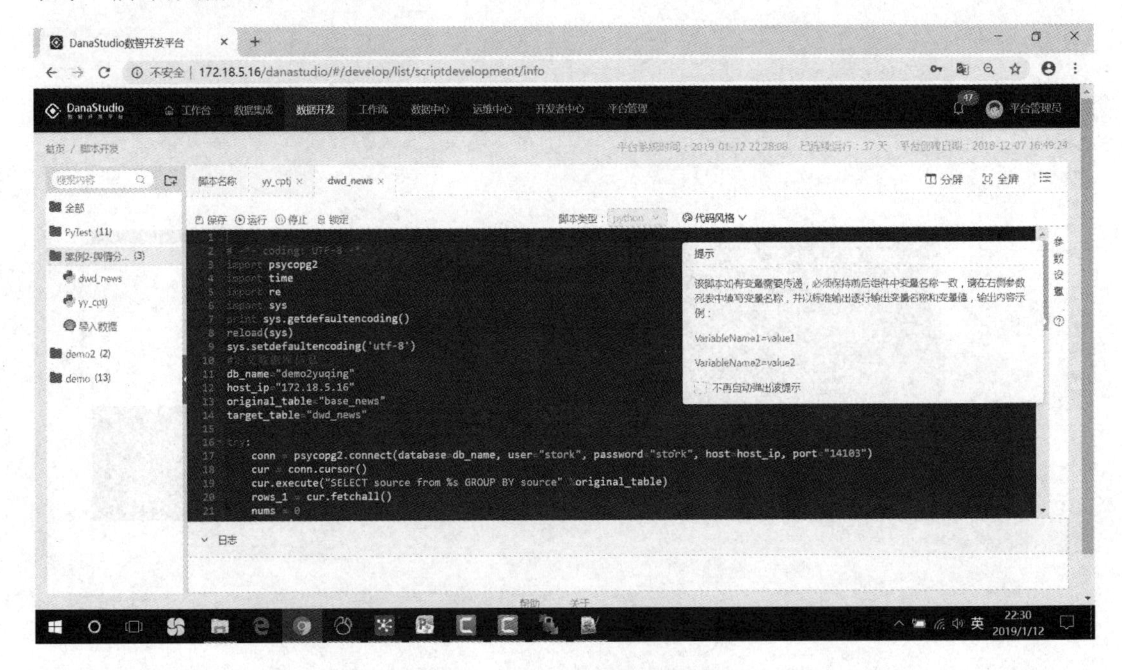


图 7-21　dwd_news 脚本数据图

打开 Navicat，打开“dwd_news”表，经过处理后的数据如图 7-22 所示。

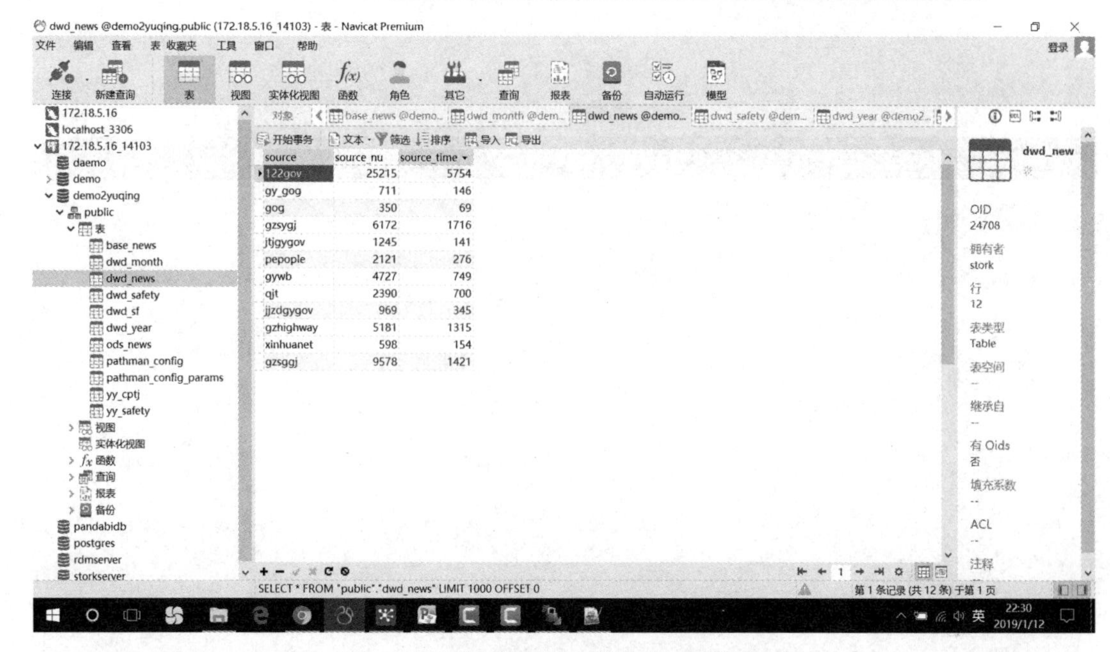


图 7-22　经过 dwd_news 脚本处理后数据图

## 5. 数据分析结果的展示

(1) 经过数据的爬取、清洗、分析处理后，需要用 PandaBI 数智决策平台对得到的数据及分析的结果进行展示。打开 PandaBI，点击“数据源”模块，点击“添加数据源”，选择数据源类型，如图 7-23 所示。填写完相应数据后点击“添加”按钮，界面如图 7-24 所示。

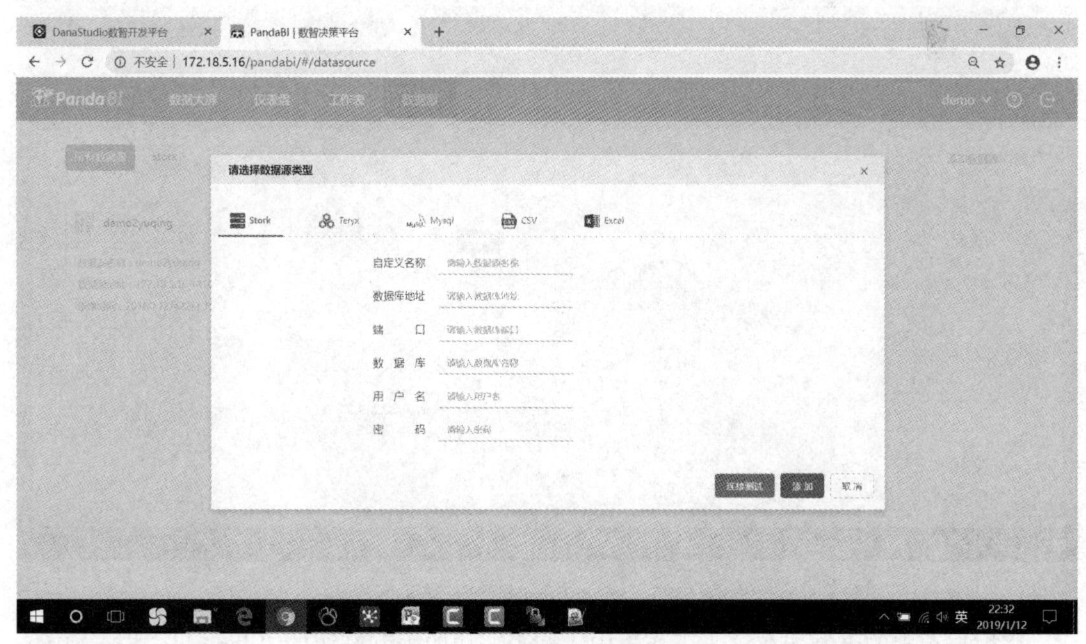


图 7-23　PandaBI 添加数据源图

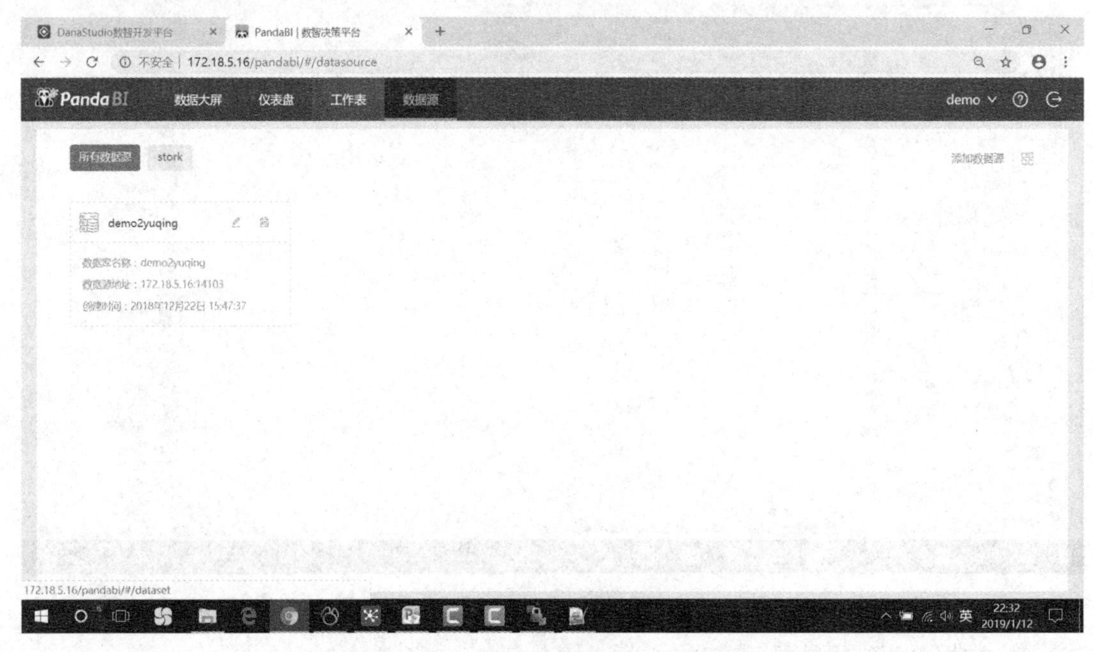


图 7-24 PandaBI 数据源添加成功后界面图

(2) 点击“工作表”模块，在新建文件夹后，点击“创建工作表”按钮，命名后选择文件夹，点击“确定”按钮，界面如图 7-25 所示。

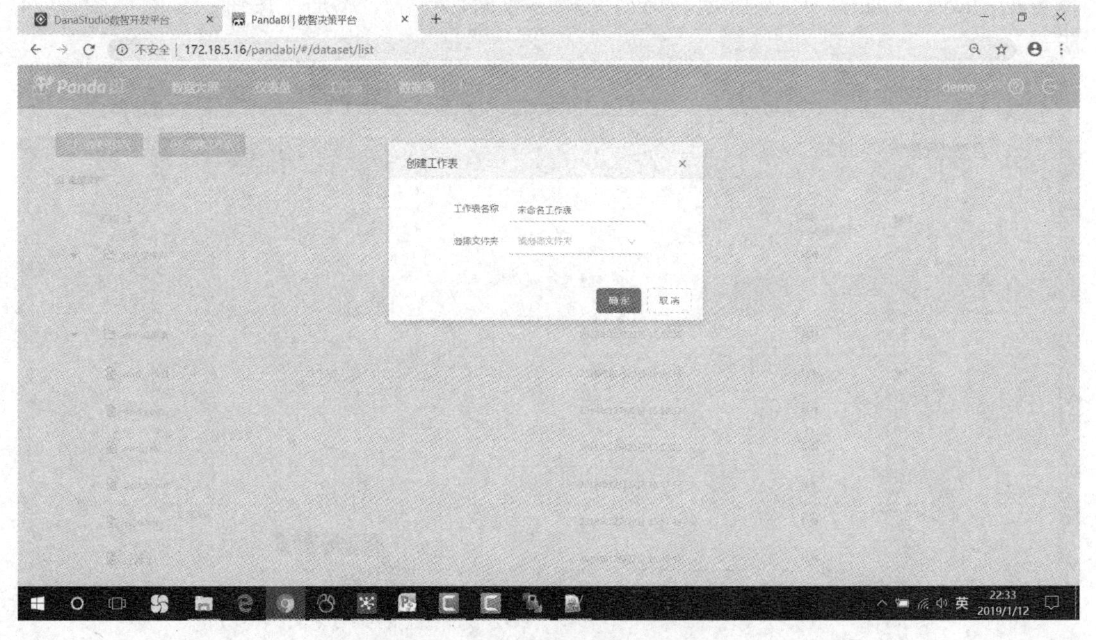


图 7-25 PandaBI 创建工作表页面

将数据源中的表添加在这张工作表中，拖动左边的表到右边的“demo1”数据表中，此时可以看到数据源中的表有哪些字段，点击“保存”按钮，界面如图 7-26 所示。

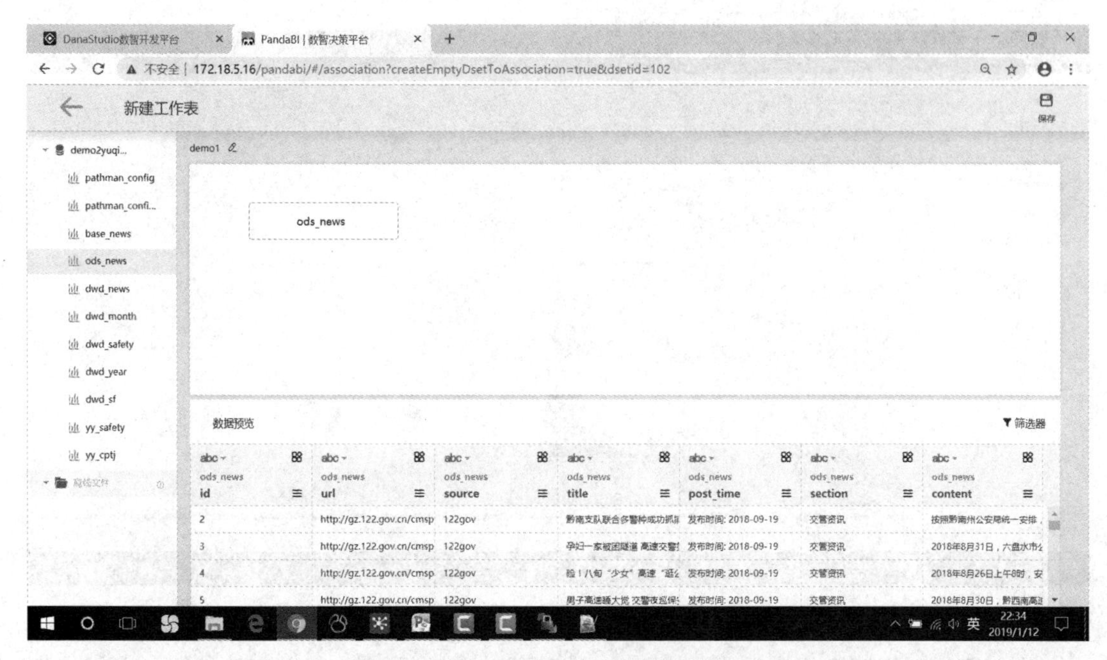


图 7-26　PandaBI 工作表数据预览页面

返回后可以看到新建的工作表“demo1”，界面如图 7-27 所示。

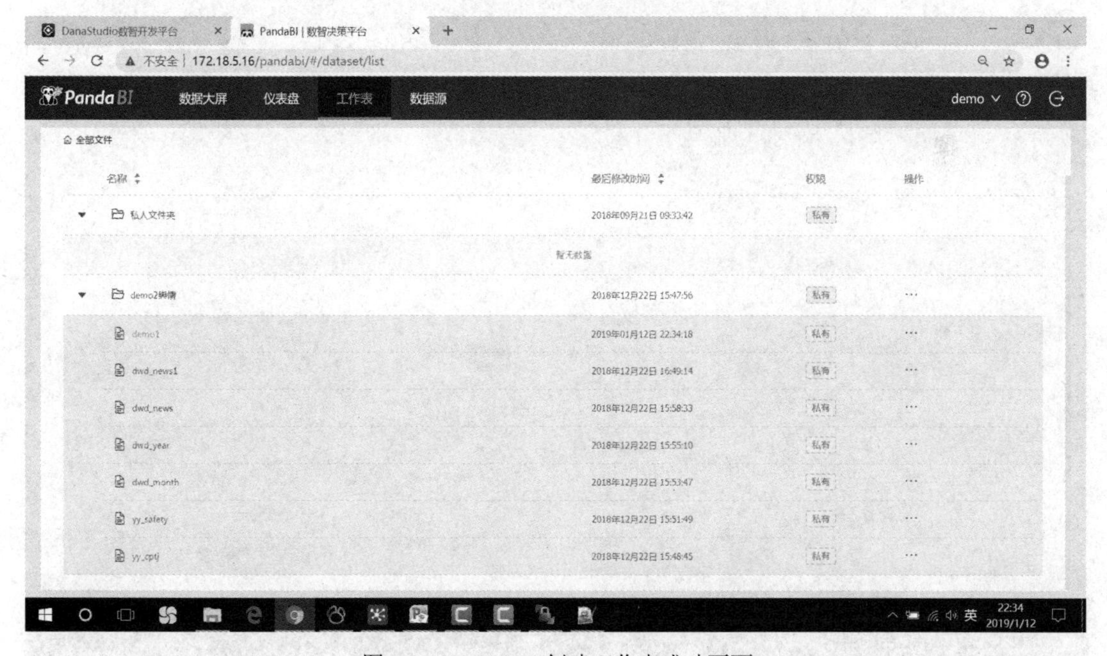


图 7-27　PandaBI 创建工作表成功页面

(3) 将所有需要展示的数据表新建工作表后，点击“数据大屏”模块，点击新建文件夹“demo2yuqing”，在“demo2yuqing”文件夹中创建“demo2yuqing”数据大屏，界面如图 7-28 所示。

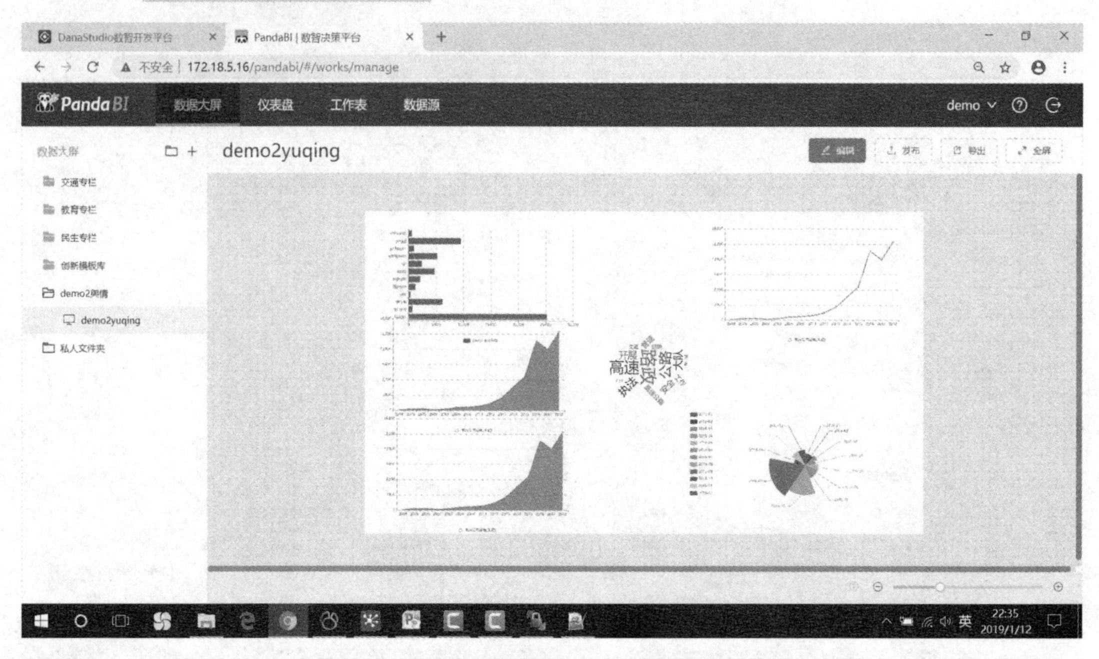


图 7-28　PandaBI 中 demo2yuqing 数据大屏界面

将创建的工作表进行模板展示，点击“编辑”按钮，再点击“图表”按钮，选择工作表“yy_cptj”，点击“确定”按钮，界面如图 7-29 所示。

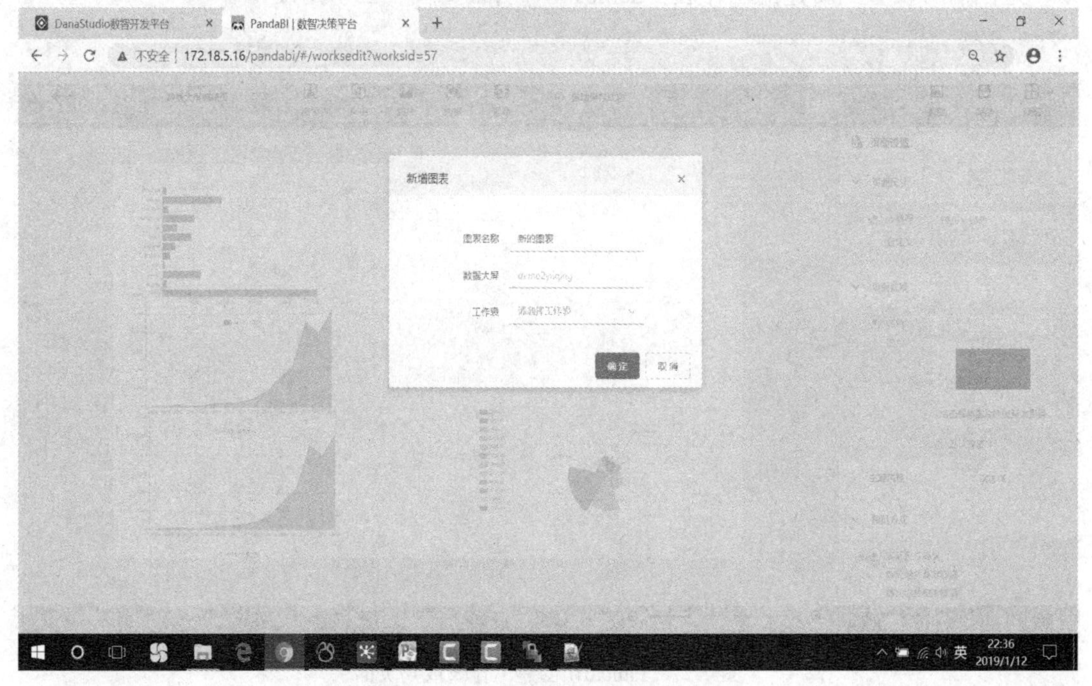


图 7-29　PandaBi 数据大屏新建工作表界面

选择拖动“维度”“度量”后，图表模板选择“标签云”，点击“保存”按钮，新建标签云，如图 7-30 所示。

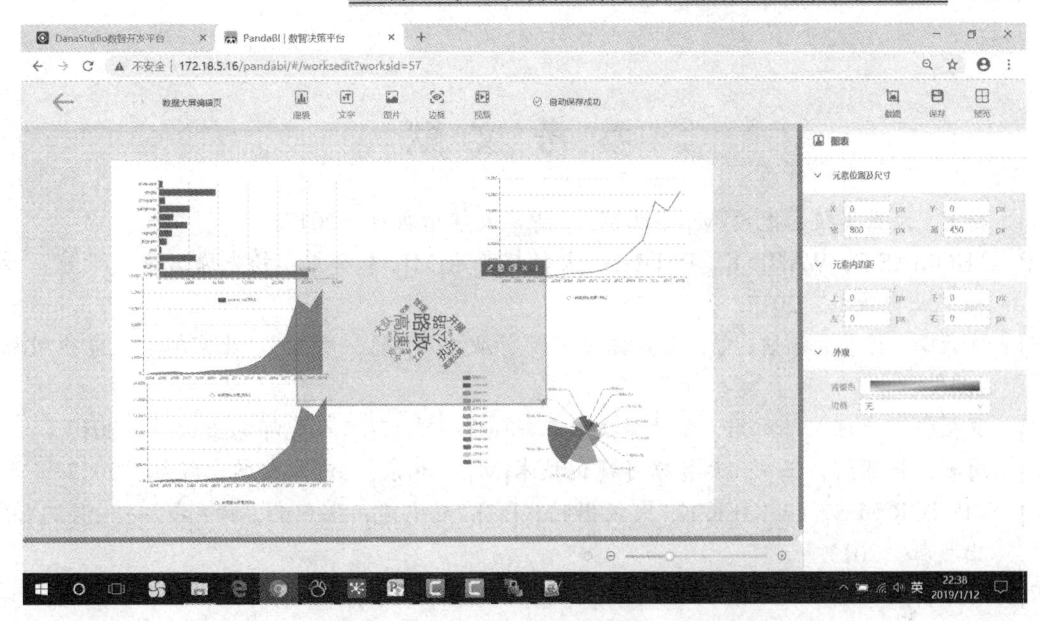


图 7-30　PandaBI 数据大屏编辑图表界面

对各个工作表选择合适的图形模板，最终得到比较明朗直观的展示图，非专业人士同样可以使用，大屏展示图如图 7-31 所示。

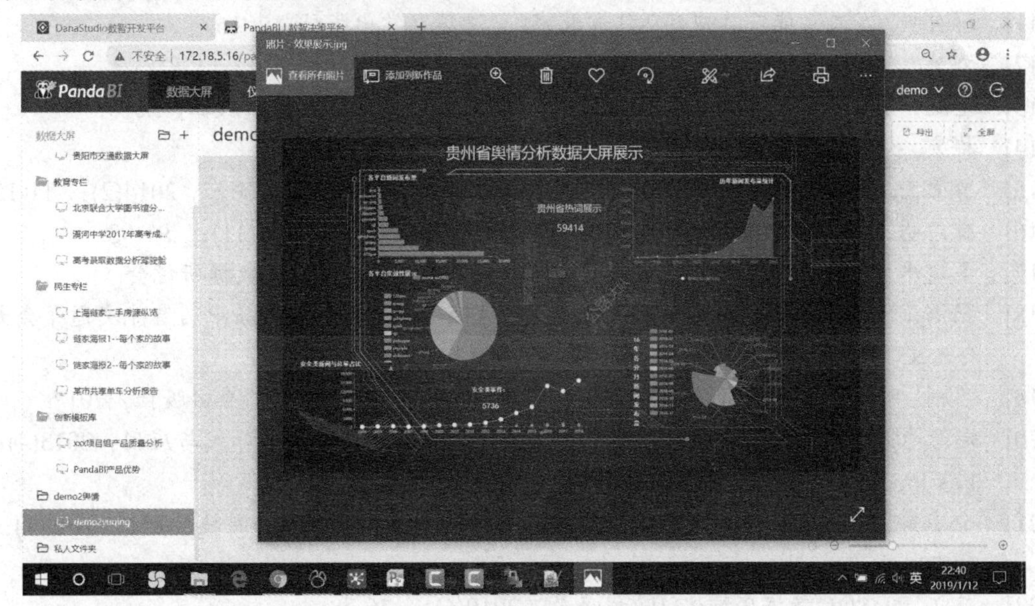


图 7-31　PandaBI 舆情数据分析大屏展示图

## 7.3　实 验 小 结

通过本次实验对案例的演示，对 DanaStudio、PandaBI 等平台的具体功能有更深层次的理解和掌握；掌握了数据爬取、清洗、分析处理及可视化展示过程中相关技术和工具的使用；对大数据技术的整体框架和工作流程有进一步的认识。

# 参考文献


[1] 娄岩. 大数据技术概论[M]. 北京： 清华大学出版社，2017.

[2] THOMAS E，WAJID K，PAUL B. 大数据导论[M]. 彭智勇，杨先娣，译. 北京： 机械工业出版社，2017.

[3] 许云峰，徐华，张妍，等. 大数据技术及行业应用[M]. 北京： 北京邮电大学出版社，2016.

[4] 罗福强，李瑶，陈虹君. 大数据技术基础[M]. 北京： 人民邮电出版社，2017.

[5] 周苏，张丽娜，王文. 大数据可视化技术[M]. 北京： 清华大学出版社，2017.

[6] VIKTOR M S，CUKIER K. 大数据时代[M]. 赵中建，张燕南，译. 浙江： 浙江人民出版社，2013.

[7] 周苏，冯婵璟，王硕苹. 大数据技术与应用[M]. 北京： 机械工业出版社，2016.

[8] 胡铮. 物联网[M]. 北京：科学出版社，2010.

[9] 姚宏宇，田溯宁. 云计算：大数据时代的系统工程[M]. 北京：电子工业出版社，2013.

[10] 曹承志. 人工智能技术[M]. 北京： 清华大学出版社，2010.

[11] 蔡自兴. 人工智能及其应用[M]. 北京： 清华大学出版社，2016.

[12] 刘韩. 人工智能简史[M]. 北京： 人民邮电出版社，2018.

[13] 金聪，郭京蕾. 人工智能原理与应用[M]. 北京： 清华大学出版社，2009.

[14] 梅宏. 大数据导论[M]. 北京： 高等教育出版社，2018.

[15] 曹蓉蓉. 大数据环境下网络安全态势感知研究[J]. 数字图书馆论坛，2014(2)： 11-15.

[16] 魏想明，张晶，向贤松. 大数据精准营销[J]. 企业管理，2016(11)： 91-93.

[17] 吴建平. 大数据时代与智慧交通[C] // 2014 中美创新链接—大数据研讨会.

[18] 张滔，凌萍. 智慧交通大数据平台设计开发及应用[C] // 第九届中国智能交通年会大会论文集： 311-320.

[19] 罗刚. 网络爬虫全解析技术、原理与实践[M]. 北京： 电子工业出版社，2017.

[20] 赵丞. 非结构化数据存储的技术研究与实现数字技术[J]. 设计开发与应用，2013(4)：173-175.

[21] 金雯婷，张松. 互联网大数据采集与处理的关键技术研究[J]. 科技管理，2014(11)：70-73.

[22] 范凯. NoSQL 数据库综述[J]. 程序员，2010(6)： 76-78.

[23] 神州泰岳. 人工智能中的语义分析技术及其应用[J]. 软件和集成电路，2017(4)：42-47.

[24] 孟小峰，慈祥. 大数据管理：概念，技术与挑战[J]. 计算机研究和发展，2013，50(1)：146-169.

[25] 覃雄派，王会举，杜小勇，等. 大数据分析 RDBMS 与 MapReduce 的竞争与共生[J]. 软件学报，2012，23(1)：32-45.

[26] White T.H adoop：the definitive guide：the definitive guide[M]. O'Reilly Media，I nc.，2009.

[27] George L.H Base： the definitive guide[M]. O'Reilly Media，Inc.，2011.

[28] 王鹏. 云计算的关键技术与应用实例[M]. 北京： 人民邮电出版社，2010.

[29] 黄宜华. 深入理解大数据：大数据处理与编程实践[M]. 北京：机械工业出版社，2014.

[30] 蔡斌，陈湘萍. Hadoop 技术内幕：深入解析 Hadoop Common 和 HDFS 架构设计与实现原理[M]. 北京：机械工业出版社，2013.

[31] Apache Hadoop Project. http: //hadoop.apache.org.

[32] HBase.http: //HBASE.apache.org.

[33] Storm. http: //storm.apache.org.

[34] 德拓信息：数据•智能. http: //www.datatom.com/cn.

[35] 百度疾病预测上线. http: //www.cnwp.com/24371.html.

[36] 百度数智平台. http: //di.baidu.com.